普通高等教育"十一五"国家级规划教材

高职高专计算机系列规划教材

微机原理与接口技术

（第3版）

李　芷　杨文显　卜艳萍　编著

電子工業出版社

Publishing House of Electronics Industry

北京·BEIJING

内 容 简 介

本书以 Intel 80x86 微处理器为背景，从应用角度系统介绍 16 位和 32 位微机的系统结构、微处理器、存储器、中断系统、输入/输出接口、控制器接口、数/模和模/数转换接口、总线接口、常用外设接口的工作原理及其应用技术。

全书共 12 章。书中首先介绍微机的软件、硬件技术基础，以及微机接口技术的基本要点，然后分别阐述微机系统的微处理器、汇编语言程序设计、存储器、中断系统、专用控制器、并行/串行通信、数/模和模/数转换器、总线技术、人-机交互接口的组成、工作原理及其应用技术，并对微机系统常用的通用可编程接口电路给出应用实例分析。本书最后一章给出 8 个通用接口应用实验项目示例，供微机课程教学实验选用。

本书可作为高职高专计算机专业、通信工程专业和其他工科专业本课程的教材，也可作为计算机（偏硬件技术）等级考试的培训教材。

图书在版编目（CIP）数据

微机原理与接口技术 / 李芷，杨文显，卜艳萍编著．—3 版．—北京：电子工业出版社，2011.8
高职高专计算机系列规划教材
ISBN 978-7-121-13261-2

Ⅰ. ①微… Ⅱ. ①李… ②杨… ③卜… Ⅲ. ① 微型计算机—理论—高等职业教育—教材 ②微型计算机—接口技术—高等职业教育—教材 Ⅳ. ①TP36

中国版本图书馆 CIP 数据核字（2011）第 059226 号

责任编辑：吕　迈
印　　刷：三河市鑫金马印装有限公司
装　　订：三河市鑫金马印装有限公司
出版发行：电子工业出版社
　　　　　北京市海淀区万寿路 173 信箱　邮编　100036
开　　本：787×1 092　1/16　印张：16.25　字数：416 千字
印　　次：2014 年 1 月第 3 次印刷
印　　数：3 000 册　　定价：33.50 元

凡所购买电子工业出版社图书有缺损问题，请向购买书店调换。若书店售缺，请与本社发行部联系，联系及邮购电话：（010）88254888。

质量投诉请发邮件至 zlts@phei.com.cn，盗版侵权举报请发邮件至 dbqq@phei.com.cn。

服务热线：（010）88258888。

前　言

本书曾于2002年和2006年，分别被教育部列入普通高等教育“十五”和“十一五”国家级规划教材。

“微机原理与接口技术”是计算机科学与技术专业学生必修的一门专业课程，也是与计算机相关工程类各专业学生在计算机应用方面的一门重要选修课程。本教材适用面广，可作为高职高专计算机专业、通信工程专业和工科类其他各专业“微机原理与接口技术”课程的教材，也可作为计算机（偏硬件技术）等级考试的培训教材，还可供从事微机系统设计和应用的技术人员自学和参考。

这是一本内容充实，综合性和应用性强，编写很有特色的教材。编著者结合长期教学实践，注重基础性、系统性、实用性和新颖性，并通过大量的应用实例分析，力求深入浅出地阐述微机系统和接口的工作原理、使用方法。本书还介绍了接口软、硬件技术结合应用的新技术。

“微机原理与接口技术”是一门实践性很强的课程。本教材根据对学生的培养目标要求，侧重于培养学生在微机系统和接口的分析、设计及开发应用等方面能力。要求加强习题练习、实验环节和课程综合设计项目的实践教学，使学生具有一定的微机系统分析、设计能力和较强的接口技术应用能力。

本教材既是计算机专业先修基础课程——“计算机组成原理”、“汇编语言程序设计”等课程的综合应用，又可以作为计算机专业后续课程——“计算机通信”、“计算机网络”、“计算机外部设备”等课程的技术基础，因此，它具有较强的实用性。

本教材教学参考课时数为80～90学时。

本书共12章。第1章介绍微机的软件、硬件技术基础，微机系统组成和结构特点，以及微机应用技术要点；第2章介绍以Intel 80x86微处理器为背景的微机系统结构；第3章介绍以8086/8088汇编语言程序设计；第4章介绍半导体存储器组织和现代微机存储器体系结构；第5章介绍微机接口技术的基本要点，包括接口的功能和分类、I/O接口的组成、接口数据传输的控制方式等；第6章介绍微机的中断系统、中断管理和现代微机的中断技术；第7章介绍专用控制器——中断控制器，DMA控制器，定时/计数器的组成原理和应用；第8章介绍并行通信和串行通信的接口应用技术；第9章介绍数/模和模/数转换接口应用技术；第10章介绍当今流行的微机系统总线接口；第11章介绍常用的人-机交互接口的组成、工作原理及其应用技术；第12章介绍微机原理与接口实验系统，给出8个通用的接口实验项目示例，供微机课程教学实验选用。

本书由李芷、杨文显、卜艳萍合作编著，李芷担任主编。第1，2，3，5，6，7，9，10，11，12章由李芷编写；第4章由卜艳萍和李芷编写；第8章由杨文显编写；附录由李芷整理。孙浩、齐宁超、奚修学、吴奕斐、李涛、陈晔、方春梅、苏德怀等参加了资料整理工作。全书由袁晓宁审校。

由于编著者水平有限，书中难免有疏漏和不当之处，敬请广大读者不吝指正。

编 著 者

2011年4月

目　　录

第 1 章　微型计算机概述

以大规模集成电路工艺和计算机技术为基础的微处理器和微型计算机的问世，是计算机发展史上重要的里程碑，它标志着计算机步履了从电子管→晶体管→中、小规模集成电路→大、超大规模集成电路的演变，并进入了微型计算机时代。

本章介绍微处理器、微型计算机的基本组成、结构特点和应用概论，使读者对微型计算机和微型计算机技术获得一个概括的了解，为本书后面微型计算机原理和接口技术的学习和应用打下基础。

1.1　微型计算机

微型计算机与大、中、小型计算机从其基本结构和工作原理上说，并没有本质上的区别，而主要是它广泛采用了集成度相当高的器件和部件，使其体积大为减小，故称为微型化的电子计算机——微型计算机。

1.1.1　微处理器、微型计算机和微型计算机系统

运算器和控制器合称为中央处理器（CPU）。随着半导体集成工艺的提高，可以将整个CPU——由成千上万个各种门、触发器等电子元器件构成的复杂电路，做成一片大规模集成电路芯片，通常芯片尺寸只有十几至几十平方厘米大小。这种微缩的CPU大规模集成电路称为微处理器（MP，MicroProcessor）。微处理器在微型计算机中也可以称为CPU或MPU。

微处理器由算术逻辑部件（ALU）、控制部件（CU）、寄存器（R）组、片内总线等组成，执行算术/逻辑运算和控制整个微机自动地、协调地完成操作。微处理器本身不构成独立的工作系统，只有与存储器、输入/输出设备的接口电路，以及其他一些辅助电路有机地结合在一起，才具有一台完整的计算机功能。

微型计算机（MC，MicroComputer）是以微处理器为核心部件，再加上半导体存储器（如随机存储器RAM，只读存储器ROM等），输入和输出（I/O，Input/Output）接口电路，以及相应的辅助电路（如，时钟发生器、各类译码器、缓冲器等）而构成的微型化计算机装置，简称微机或电脑。

微型计算机系统（MCS，MicroComputer System）是以微型计算机为主体，配上一定规模的系统软件和外部设备而构成的。系统软件包括操作系统和一系列系统实用程序，为用户使用微型计算机提供各种手段，从而更好地发挥微型计算机系统中的硬件功能。

1.1.2　微型计算机性能指标

微型计算机的性能指标涉及诸多因素，例如，指令系统、系统结构、硬件组织、外设配置、软件配置等。对于微机的使用者来说，至少要了解以下评估微机性能的主要指标。

1. 字长

计算机中所有信息都是用二进制数码（0, 1）表示的，其最小单位是一个二进制数位（bit）。CPU 在处理和传送信息时，往往把一组二进制数码作为一个整体并行操作，这并行处理的一组二进制数称为一个字（Word），字所含有的二进制数位的位数称为字长。字长通常与微处理器的寄存器、运算器、数据传输线的位数一致，因此，字长定义为微处理器并行处理的最大位数。

字长是微机的重要性能指标，也是微机分类的主要依据之一。字长越长，表示计算机运行的精度越高，当然相应的硬件线路也越多。从某个角度也可以说，字长位数的增加提高了并行处理速度。例如，一个 16 位二进制数的传送，8 位机需分两次完成，而 16 位机则只需一次完成，其优越性是显而易见的。高档微机字长已达到 32 位、64 位。

微机中普遍使用字节（Byte）单位，一个字节由 8 位二进制数位组成，通常用 D_7, D_6, …, D_0，从最高位（MSB）到最低位（LSB）表示其各个数位。字长的位数，也常以字节为单位，例如，字长 8 位，也可说成字长 1 字节；字长 16 位，也可说成字长 2 字节，用 D_{15}，D_{14}，…，D_0 表示其各数位，或分别说成高位字节（D_{15}～D_8）和低位字节（D_7～D_0）。

2. 存储容量

存储器（通常指主/内存储器）是微机存放二进制信息的“仓库”，由若干存储单元组成。存储单元一般以字节为单位，即一个存储单元中存放一个字节信息，读出或者写入均是 8 位一起操作。存储单元的编号称为存储地址（二进制编码，但常用十六进制来描述）。微机系统能够直接访问的存储单元数目，称为存储容量。存储容量也可以定义为存储器能够存放信息的最大字节数。

存储单元数目是由传送存储地址的传输线条数决定的。如果 16 条地址线，有 2^{16}=65 536 种组合的地址编码，由此可区分 65 536 个存储单元；如果 20 条地址线，有 2^{20}=1 048 576 个单元地址码。微机中把 2^{10}=1024 规定为 1K，2^{20}=1024K 规定为 1M（兆），2^{30} 规定为 1G，2^{40} 规定为 1T。所以，16 条地址线可寻址 64K 存储单元，20 条地址线可寻址 1 M 存储单元。

由于存储器是以字节（Byte）为单位的，微机存储容量为 64K 字节，或 1M 字节，或 1G 字节等，分别称为 64KB，1MB，1GB 等。

3. 运算速度

计算机完成一个具体任务所花费的时间就是完成该任务的时间指标，时间越短，表明计算机的速度越高。不断提高运算速度，是微机多年发展所努力追求的目标之一。

早期人们选用加法指令作为基本指令（因为加法指令是使用频率最高，最基本的运算指令），以基本指令的执行时间，或者以每秒执行基本指令的条数来大致地反映计算机的运算速度。多数选择后一种表示方法，以百万条/秒（MIP/S）为单位。

现在一般用计算机的主频——系统时钟的频率（每秒时钟个数）来表示运算速度，以 MHz（10^6Hz）为单位。主频越高，表明运算速度越快。高档微机的主频达到 80 MHz～300 MHz。

4. 系统配置

一台微机的配置除了保证正常工作之外，还必须提供必要的人-机联系手段，这包括配置相应数量的外部设备（如键盘、显示器、磁盘驱动器、打印机等）和配置实现计算机操作的相应软件。当然，外设配置档次越高，软件配置越丰富，微机的使用越便利，工作效率也就越高。特别是系统软件和应用软件的配置，在很大程度上决定了微机功能的发挥。

5. 性能/价格比

性能/价格比是选购微机时考虑的重点。用户应该根据实际使用的需求，从性能和价格两个方面进行综合考虑，仔细权衡与比较，取性能/价格高比值的微机系统。

1.1.3 微型计算机的组成

微机是借助于大规模集成电路技术发展起来的计算机。它在组成原理和结构上与一般电子计算机是有许多共性的。其中，最大的共同之处在于：仍是由硬件（Hardware）和软件（Software）两大部分组成的，相辅相成的一个系统。硬件是指那些为组成计算机而有机联系在一起的电子、电磁、机械、光学的元件、部件或装置的总和，是计算机的物理实体——机器系统。软件相对于硬件而言，是方便用户使用和发挥计算机效能的各种程序（Program）和相关文档资料的总称，是计算机的程序系统。

微机系统的硬件和软件更加密不可分，其组成可以归纳为表 1.1。

表 1.1 微型计算机的系统组成

<table>
<tr><td rowspan="10">微型计算机系统</td><td rowspan="7">硬件</td><td rowspan="4">微型计算机
(单片/单板/多板)</td><td>微处理器（MP）</td><td>算术逻辑部件（ALU）、控制器（CU）、寄存器阵列</td></tr>
<tr><td>内存储器（M）</td><td>ROM：PROM，EPROM，E^{2}PROM…
RAM：SRAM，DRAM，NVRAM…</td></tr>
<tr><td>I/O 接口电路（I/O）</td><td>并行 I/O，串行 I/O</td></tr>
<tr><td>系统总线</td><td>地址总线（AB）、数据总线（DB）、控制总线（CB）</td></tr>
<tr><td rowspan="2">外围设备</td><td>外部设备</td><td>输入/输出设备：键盘、CRT 终端、打印机…
外存储器：磁带、磁盘、光盘…</td></tr>
<tr><td>过程 I/O 通道</td><td>模拟量 I/O 通道：A/D 转换器、D/A 转换器
开关量 I/O 通道</td></tr>
<tr><td>电源</td><td colspan="2"></td></tr>
<tr><td rowspan="3">软件</td><td>系统软件</td><td colspan="2">监控程序、操作系统（CP/M，DOS，UNIX，OS-2…）、诊断程序、编辑程序（EDLIN，Edit，Word…）、解释程序、编译程序…</td></tr>
<tr><td>程序设计语言</td><td colspan="2">机器语言、汇编语言、高级语言（BASIC，FORTRAN，Pascal，C…）</td></tr>
<tr><td>应用软件</td><td colspan="2">软件包，数据库（dBASE）…</td></tr>
</table>

微机系统的硬件是机器的实体部分，主要包括主机和外部设备（或称为 I/O 设备）。主机主要由微处理器和内存储器组成，制成一块印制电路板，称为主机板。外部设备主要有显示器、键盘、鼠标、硬盘、软盘、光盘、打印机、绘图仪等。如果微机连网，还要配置网卡、调制解调器等通信设备。外部设备都要通过各自的接口电路（一般也以电路板形式）与主机连接。主机板和外部设备接口板往往是以多板结构形式放置在一个机箱内，合称为主机箱。

微机系统的软件主要包括系统软件，各种程序设计语言，应用软件包等。系统软件是由设计者提供给用户的，充分发挥计算机效能的一系列程序，包括操作系统、语言处理程序和各种服务程序。整个微机是通过系统软件进行管理的。应用软件包（或称为工具包）是用户利用微机提供的系统软件，为解决实际问题而研制的一系列程序，包括用户根据需要而设计的各种程序、数据库管理系统等。

程序设计语言是人和计算机交换信息所用的编程工具语言，分为机器语言、汇编语言、高级语言三类。机器语言是计算机执行指令的二进制代码语言，编程烦琐、易错、直观性差，在实际应用中很少直接采用。微机应用者通常使用高级语言，或汇编语言编写（源）程序，再用相关语言处理程序——系统软件，如编译程序、汇编程序等，把（源）程序“翻译”成机器语言程序。

1.1.4 微机的分类及其应用

微处理器的种类以百计，用不同的微处理器为核心组装成的微机更是种类繁多，将它们进行归纳分类，对用户的设计和选用极为有益。

1. 微机的分类

由于微机的性能很大程度上取决于微处理器，因此，可以从微处理器性能的不同对微机进行分类。按微处理器的组成形式来分，可以分为位片式、单片式、多片式；按微处理器的制造工艺来分，可以分为 MOS 型和双极型；按微机利用的形态来分，可以分为单片机、单板机、多板机等。最通常的是以微处理器的字长作为微机分类标准，分为 4 位、8 位、16 位、32 位微机等。下面以 Intel 系列微机为例，给出微机的分类及其应用的大致情况。

（1）4 位微机

最初的 4 位微处理器是 Intel 4004，后来改进为 4040。常见的是 4 位单片微机，即在一个芯片内集成了 4 位 CPU，（1～2）KB ROM，（64～128）KB RAM，I/O 接口和时钟发生器。这种单片微机价格低廉，但运算能力弱，存储容量小，程序固化在 ROM 中。4 位微机主要用于家用电器、娱乐器件、仪器仪表的简单控制和各类袖珍计算器。

（2）8 位微机

8 位微处理器的推出，表明了微机技术已经比较成熟。8 位微机通用性较强，它们的寻址能力可以达到 64KB，有功能灵活的指令系统和较强的中断能力，还有比较齐全的配套电路。这些特点使得 8 位微机应用范围很宽，广泛用于工业控制、事务管理、教育、通信行业。

（3）16 位微机

16 位微处理器不仅在集成度、处理速度和数据宽度等方面优于前几类微处理器，而且在功能和处理方法上做了改进，在此基础上构成的微机足以与 20 世纪 70 年代的中档小型机匹敌。16 位微机以 Intel 8086/8088 微处理器为代表，使得个人计算机——PC 成为主流机型，以至于不断推出的更高档微机都尽量保持对它的兼容。

（4）32 位微机

由 32 位微处理器构成的微机对小型机更有竞争性，一般作为工作站进行计算机辅助设计、工程设计，或者作为局域网中的资源站点。

2. 微机的应用特点

微机是当今计算机应用领域最主流的机型，这是因为它具有其他计算机不可比拟的特点。

（1）形小、体轻、功耗低

采用大规模和超大规模集成电路的微处理器和系统，其芯片的体积小，重量轻。比如，集成度 6 800 管/片的 M6800 的芯片尺寸是 5.2cm×5.4cm，32 位微机 HP-9000 的 MP 芯片是 6.35cm×6.35cm。外壳封装后的芯片重量一般只有十几克。使用为数不多的芯片，在一块印制电路板上就可以组装成一台微机。微机的功耗一般只有十几瓦，电源体积小，而且易于散热。这个优点应用在小型电子设备、仪器仪表、家用电器、航空航天等方面特别有意义。

（2）性能可靠

由于采用大规模集成电路，系统内组件数大幅度下降，印制电路板上的焊接点数和接插件数目比采用中、小规模集成电路的小型机减少 1～2 个数量级，使微机的可靠性大大提高。微机完全可以做到工作数千小时不出故障，而且对使用环境的要求较低。

（3）价格便宜

由于集成电路技术的进步，生产批量加大，使得微机价格不断向下浮动。同时，价格因素又促使了市场上性能/价格比更高的新品种不断涌现。

（4）结构灵活，适应性强

微机采用总线结构，可以灵活组装，很方便地构成满足各种需要的应用系统，并易于系统进一步扩充。此外，构成微机的基本部件的系列化和标准化，更增强了微机的通用性。更为重要的是微机具有可编程序和软件固化的特点，使得一台标准微机仅通过改变程序就能执行不同任务。这一特点使得微机适应性很强，研制周期也大为缩短。

（5）应用面广

微机广泛应用于信息处理、工业过程控制、人工智能、计算机辅助设计/制造、商业流通、财政金融、办公自动化、家用电器等社会、经济、军事等各个领域，可谓无处不用。

1.2 微机的软件基础

众所周知，计算机的硬件和软件是相辅相成的。CPU、存储器、外部设备等硬件设备，仅仅使计算机具有了计算和处理信息的能力。计算机能真正进行计算和处理信息还必须有软件，即各种程序的配合。

1.2.1 微机中的数和运算

计算机是由基本电路部件构成的一个电路系统。电路通常只有两种稳态：导通与阻塞，饱和与截止，高电位与低电位等。具有两个稳态的电路称为二值电路，采用二值电路来代表数或其他信息，只能用两个数码：0 和 1 表示，这样的物理实现既简单又快捷。这就是计算机的数和运算，以及操作命令等所有信息全部采用二进制数，或二进制编码的缘由。

1. 数制

数制是按进位原则进行计数的科学方法。微机常用的进位计数制是十进制、二进制和十六进制。表 1.2 给出了这三种数制类比的特性。

数制中使用的数码个数称为基（或模），数制的进位原则就是逢“基/模”进一。一个数码在数中的大小，不仅与数码本身的大小有关，而且与其在数中的位置有关。每一个数位上表示的值的大小称为位权值（简称位值）。一个数可以用“按位值展开”（称为位值规则）表达式来描述。位值规则通项公式为

$$N = \sum（数位\ i）\times（数位\ i\ 的位权值）$$

其中 i 为 $n-1$～$-m$，表示从整数的最高 $n-1$ 数位到小数的最低 $-m$ 数位。例如，

$$623.79 = 6\times10^2+2\times10^1+3\times10^0+7\times10^{-1}+9\times10^{-2}$$

$$11011.101B = 1\times2^4+1\times2^3+0\times2^2+1\times2^1+1\times2^0+1\times2^{-1}+0\times2^{-2}+1\times2^{-3} = 27.625$$

$$3AC2H = 3\times16^3+10\times16^2+12\times16^1+2\times16^0 = 15042$$

表 1.2　十进制、二进制和十六进制的特性

	十 进 制	二 进 制	十 六 进 制
数码	0，1，2，3，4，5，6，7，8，9	0，1	0～9，A，B，C，D，E，F
基（或模）	10	2	16
进位原则	逢十进一	逢二进一	逢十六进一
位权值	10^i	2^i	16^i
位值规则通项公式	$N=\sum D_i\times10^i$，i 为 $n-1$～$-m$	$N=\sum B_i\times2^i$，i 为 $n-1$～$-m$	$N=\sum H_i\times16^i$，i 为 $n-1$～$-m$
数制后缀符号	D 或者省略	B	H

2. 数制转换

使用不同数制的数据，常需要进行数制之间的相互转换。

（1）二进制数和十六进制数之间的转换

十六进制实际是二进制的缩写，二进制和十六进制之间有着直接的对应关系，即 $2^4=16$。二进制数和十六进制数之间的转换是 4 位二进制数和 1 位十六进制数的对应转换，十分简便。例如，

11000001B = 0C1H　　　　　　　　7F2AH = 0111111100101010B

如果转换的数有小数，则以小数点为界，分别对整数、小数 4 位一组转换。例如，

01011101.01B = $\underline{0101}$ $\underline{1101}.\underline{0100}$B = 5D.4H

（2）二进制/十六进制数转换成十进制数

二进制/十六进制数转换成十进制数按照表 1.2 中位值规则通项公式，即“乘以位权法”展开计算。例如，

$$1010110B = 1\times2^6+1\times2^4+1\times2^2+1\times2 = 64+16+4+2 = 86$$

$$4D.8H = 4\times16^1+13\times16^0+8\times16^{-1} = 64+13+0.5 = 77.5$$

（3）十进制数转换成二进制/十六进制数

十六进制数转换成二进制/十六进制数，其整数和小数的转换方法是不同的。

① 十进制整数→二进制/十六进制数采用“除基取余法”，即把整数部分辗转除以基（2 或 16），直至商等于 0 为止，得到的一系列余数作为转换数制的整数部分。注意，最先得到的余数是转换的最低有效位。例如，

233D = 0E9H　（除以 16 取余数）　　233D = 11101001B　（除以 2 取余数）

② 十进制小数→二进制/十六进制数采用“乘基取整法”，即把小数部分辗转乘以基（2 或 16），把各次乘积的整数部分分离出来，作为二进制/十六进制的小数部分。注意，最先分离出来的整数是转换的最高小数有效位。例如，

0.25D = 0.01B = 0.4H　　　　　　　　0.5D = 0.1B = 0.8H

0.625D = 0.101B = 0.AH　　　　　　　0.75D = 0.11B = 0.CH

在实际应用中，十进制数→二进制数采用十进制数→十六进制数→二进制数的方法，更为简捷。例如，将 38.625 转换成二进制数。38 辗转除以 16，两次分别得到余数 6 和 2；0.625

乘以 16，得到整数 10（十六进制数为 A）。38.625 转换成十六进制数为 26.AH，继而再转换成二进制数，即

$$38.625D = 26.AH = 100110.101B$$

3. 字符编码

除了数字以外，微机要能识别各种符号，如英文字母、运算符号……把这些符号用若干位 0 和 1 的组合码描述，称为二进制字符编码。每种编码有其一定的编码规则。

微机常用的字符编码有 BCD 码、ASCII 码，我国还使用汉字编码。

（1）BCD 码

BCD 码（Binary Coded Decimal）是十进制数的二进制编码表示。1 位十进制数用 4 位二进制编码表示，0～9 的 BCD 码分别对应 0000～1001 编码。

微机中数字的 BCD 码的表示，分两种情况：用 1 个字节存放 1 位 BCD 码（高 4 位不用），为非压缩 BCD 码；用 1 个字节存放 2 位 BCD 码，为压缩 BCD 码。例如，

10000000B（80H），压缩 BCD 码为 80，01001001B（49H），压缩 BCD 码为 49。

（2）ASCII 码

ASCII 码（American Standard Code for Information Interchange，美国信息交换标准码）是计算机中最普遍使用的 7 位字符编码。2^7=128，它可表示 128 个字符，包括数字符、运算符、大/小写英文字母等可打印字符，以及回车、换行、响铃等控制字符。

微机中用一个字节表示一个 ASCII 码，D_7 位恒为 0。表 1.3 给出了 ASCII 编码表。

表 1.3　ASCII 编码（$b_6 b_5 b_4 b_3 b_2 b_1 b_0$）表

$b_3 b_2 b_1 b_0$	$b_6 b_5 b_4$							
	000（0H）	001（1H）	010（2H）	011（3H）	100（4H）	101（5H）	110（6H）	111（7H）
0000（0H）	NUL(空)	DLE(数据链换码)	SP(空格)	0	@	P	、	p
0001（1H）	SOH(标题开始)	DC1(设备控制 1)	!	1	A	Q	a	q
0010（2H）	STX(正文结束)	DC2(设备控制 2)	"	2	B	R	b	r
0011（3H）	ETX(本文结束)	DC3(设备控制 3)	#	3	C	S	c	s
0100（4H）	EOT(传输结果)	DC4(设备控制 4)	$	4	D	T	d	t
0101（5H）	ENQ(询问)	NAK(否定)	%	5	E	U	e	u
0110（6H）	ACK(承认)	SYN(空转同步)	&	6	F	V	f	v
0111（7H）	BEL(报警)	ETB(组传送结束)	'	7	G	W	g	w
1000（8H）	BS(退一格)	CAN(作废)	(	8	H	X	h	x
1001（9H）	HT(横向列表)	M(纸尽)	)	9	I	Y	i	y
1010（AH）	LF(换行)	SUB(减)	*	:	J	Z	j	z
1011（BH）	VT(垂直制表)	ESC(换码)	+	;	K	[	k	{
1100（CH）	FF(走纸)	FS(文字分隔符)	,	<	L	\	l	|
1101（DH）	CR(回车)	GS(组分隔符)	-	=	M	]	m	}
1110（EH）	SO(移位输出)	RS(记录分隔符)	.	>	N	↑	n	～
1111（FH）	SI(移位输入)	US(单元分隔符)	/	?	O	←	o	DEL

4. 数的表示

微机中的数是用二进制有穷数位表示的。例如，8 位（字节）数是 0～0FFH，可表示 256 个数；16 位（字）数是 0～0FFFFH，可表示 65536 个数。数有无符号数和有符号数之分。

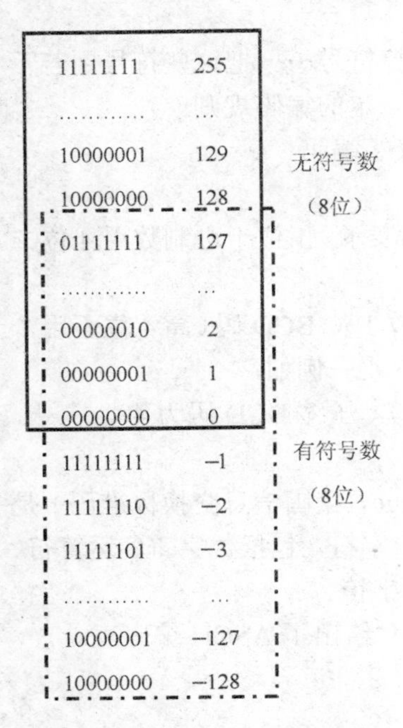

图 1.1　有/无符号字节数范围

（1）无符号数

无符号数是正数，无须符号表示，所有数位都是数值位。n 位无符号数 N 的数值范围是 $0 \leqslant N \leqslant 2^n-1$。例如，无符号字节数为 0～255（图 1.1 中实框所示），无符号字数为 0～65535。

（2）有符号数

绝大多数情况下，数是有正负的。有符号数把符号数值化，正号用“0”，负号用“1”表示；用最高数位做符号（S_f）位，其余数位为数值位。

有符号数有原码、反码、补码三种表示法。

① 原码是“数符 S_f—绝对值”表示法。例如，

0 1000011（+67）　　　1 0111000（−56）

② 正数的反码与原码表示相同。负数的反码是将它对应的正数，连同符号位一起按位取反所得。例如，

0 1000011（+67）　　　1 1000111（−56）

③ 正数的补码也与原码表示相同。负数的补码是将它对应的正数，连同符号位一起按位取反，再在最末数位上加 1 所得。简言之，负数的补码为其反码加 1。例如，

0 1000011（+67）　　　1 1001000（−56）

微机中有符号数均采用补码表示。n 位补码表示的数 N 的数值范围是 $-2^{n-1} \leqslant N \leqslant 2^{n-1}-1$。例如，有符号字节数为−128～127（图 1.1 中虚框所示），有符号字数为−32768～32767。

求一个负数 X 补码的方法：先求 X 对应正数的原码（n 位），然后“按位取反”，并在最末位+1，即，相当于做了一个 n 位的 0−X 运算。例如，

−127 的补码：+127 的原码 01111111，再“按位取反+1”，得 10000001。

（3）定点数和浮点数

如果有符号数中有小数点，微机是通过人-机约定小数点位置的。根据约定的不同，有定点和浮点两种表示法。

定点表示法是指小数点在数中的位置固定。若小数点固定在数值位后，是整数表示，称为定点整数表示；若小数点固定在符号位 S_f 后，数的绝对值必小于 1，称为定点小数表示。

为了扩大数值范围，提高运算精度，微机中的数大都采用浮点表示法。数 N 用表达式

$$N = 2^P \times S$$

表示，浮点描述格式为

D_{n-1} D_{n-2} ………………………………… D_1 D_0

P_f	P	S_f	S

其中，S 为尾数，表示全部有效数字，一般用定点小数表示，S_f 为尾数符号；P 为阶码，用定点整数表示，P_f 为阶码符号。

例如，$N = -320 = 2^6 \times (-5)$，浮点描述为 $N = 2^{110} \times (-101)$；若浮点数的阶码和尾数都规定

用 4 位定点整数原码表示，–320 的浮点数为 01101101B。

5. 基本运算

微机中的基本运算由算术逻辑运算部件 ALU 完成。ALU 既能进行二进制的算术运算，又能进行布尔代数的逻辑运算。

（1）逻辑运算

布尔代数也称为逻辑代数，其变量的数值 0 或 1 并无大小之意，只代表事物的两个不同的逻辑性质。微机中的逻辑运算有：反（非）运算、与（∧）运算、或（∨）运算、异或（⊕）运算。对于多位二进制变量的逻辑运算是“按位”运算的，即各对应位分别进行逻辑运算。

例如，（11001001）∧（00101100）＝ 00001000B（08H）

（11001001）∨（00101100）＝ 11101101B（0EDH）

（11001001）⊕（00101100）＝ 11100101B（0E5H）

（2）算术运算

微机从硬件结构“最简”方面考虑，将算术运算中的乘法和除法，在适当的软件配合下，分别变成加法和减法运算。这样，四则算术运算简化成加/减法运算。ALU 的核心电路是加法器，实现的就是补码的加/减法。

根据补码表示法规则，补码有这样一个特性：一个数的补码，经过两次求补运算可以还原，即$[X]_{补码}$，取反加 1 得$[-X]_{补码}$，再取反加 1 得$[X]_{补码}$。这个特性在补码的加、减法运算中很有用，可以将补码减法变成加法，使得加、减法进一步简化为仅仅只有加法，即

$$[X \pm Y]_{补码} = [X]_{补码} + [\pm Y]_{补码}$$

微机中加、减运算采用补码，不仅十分简便，而且不要判断正负号，符号位一起参加运算，自动得到正确的补码结果（除非出现数值溢出错误）。例如，

$X = 64 - 10 = 54$

$[X]_{补码} = [64]_{补码} + [-10]_{补码} = 01000000\text{ B} + 11110110\text{ B} = 00110110\text{ B} = [54]_{补码}$

$Y = 34 - 68 = -34$

$[Y]_{补码} = [34]_{补码} + [-68]_{补码} = 00100010\text{ B} + 10111100\text{ B} = 11011110\text{ B} = [-34]_{补码}$

综上所述，微机中数，符号都是用 0，1 数码表示的。那么，一个若干位二进制信息到底表示什么含义？这要根据使用场合的“约定”，或者人为的“规定”来体现。表 1.4 给出的 8 位（D_7～D_0）二进制数/符，列举出它们在不同使用场合表示的物理含义。以此为例，帮助大家理解微机中的数制和码制。

表 1.4 微机中（8 位）数/字符表示例

D_7～D_0	十六进制数	无符号数	有符号数（补码）	压缩 BCD 码	ASCII 码
01000001	41H	65	65	41	A
01100100	64H	100	100	64	d
01111111	7FH	127	127	非法码	<DEL>
10000000	80H	128	–128	80	非法码
10010101	95H	149	–107	95	非法码
10011100	9CH	156	–100	非法码	非法码
11111111	0FFH	255	–1	非法码	非法码

1.2.2　指令和指令系统

众所周知，计算机要做一个计算问题，或者处理信息问题，必须把解决问题的步骤，转换成计算机能识别和执行的一步步操作命令。

1. 指令

计算机的指令（Inctrction）是根据CPU硬件结构特点而设计的，能直接执行的基本操作命令。一条指令对应着计算机的一条基本操作，例如，加、减、传送、移位，等等。

通常，一条指令由操作码（OP）和操作数（OD）两部分组成，其中，操作码指出所要执行的操作，操作数指出操作过程中所需的操作数据（操作对象）。指令中操作数的描述是指出操作数据存放于何处，这就是操作数的寻址方式描述。

计算机的指令是由一个二进制编码组成，这称为机器指令。由于机器指令是一串 0 和 1 的组合，人们难记忆、难理解、易出错。所以，人们把机器指令的操作码和操作数用一些助记符号来表示，这称为汇编语言的符号指令。通常，操作码用相应英文词的缩写描述，例如，传送指令操作码用“MOV”，加法指令操作码用“ADD”，等等。这样每条机器指令就易读、易理解、易记忆，也不易出错了。本书均用汇编语言格式书写的符号指令。

2. 指令系统

计算机能直接执行的全部指令的集合，称为该计算机的指令系统（Instruction Set）。实际上，一个计算机的全部指令种类，加上不同的寻找操作数方式的组合，再加上不同的操作数据形式（字节、字、双字等），可构成上千种指令操作。由此可见，指令系统是计算机性能的重要体现。

微机指令系统通常由百余条指令组成。例如，Z80 指令系统有 158 条指令，Intel 8086/8088 指令系统有 133 条指令。

微机的指令系统是硬件和软件之间的桥梁，是汇编语言程序设计的基础。

1.2.3　汇编语言程序

计算机的程序设计语言分为机器语言、汇编语言、高级语言。高级语言非常接近人类自然语言，是通用于各种机器的，面向问题求解过程的程序设计语言。高级语言不能直接利用计算机的硬件特性，执行速度慢，占用存储空间大是其主要缺点。汇编语言和机器语言都是直接对应于一个指令系统，面向机器的程序设计语言。它们能利用计算机的所有硬件特性，直接控制硬件动作，执行时间和占用存储空间的效率完全一样。

汇编语言是一种符号化的机器语言（符号语言），与机器语言是一一对应的。汇编语言能透彻地反映、巧妙地运用计算机的所有硬件特性，在许多运行速度要求高，或者需要直接控制硬件的应用场合，编程人员根据需要，能编制出充分利用硬件功能的各种汇编语言程序。随着微机的迅速发展，特别是它在控制和计算机网络与通信等方面的广泛应用，汇编语言程序设计为广大微机用户普遍使用。

由于汇编语言的易读、易理解、易记忆性，在要求高效率的硬件应用中，汇编语言是最常用的一种编程语言。掌握汇编语言程序设计，有助于我们更好地理解本书讲授的微机工作原理和接口使用的编程方法。

1. 汇编过程和汇编程序

程序（Program）是实现一定功能的一个指令序列。用汇编语言，或高级语言描述的程序为源程序。

汇编语言源程序，必须经过一个“汇编过程”，把汇编语言程序翻译成机器语言程序（目标程序）才能被执行。由于汇编语言与机器语言是一一对应的，汇编过程是“一对一”的翻译过程。

微机的系统软件汇编程序、连接程序、调试程序等，承担了汇编语言源程序“翻译”成执行指令的功能，其“翻译”过程就是汇编过程。

2. 汇编语言程序设计的上机过程

用汇编语言程序解决某个实际问题，是通过一系列有序的操作步骤（编辑、汇编、连接、执行）实现的。这些操作分别有系统软件编辑程序、汇编程序、连接程序和调试程序等支持。

汇编语言程序设计的上机过程，如果以流程图形式描述，如图 1.2 所示。

① 用编辑程序（EDIT，或记事本），建立扩展名为.ASM 汇编语言源程序文件。

② 用汇编程序（MASM，或 TASM），将 ASM 文件汇编成扩展名为.OBJ 的二进制目标文件。

③ 用连接程序（LINK，或 TLINK），将 OBJ 文件连接成扩展名为.EXE 的可执行文件。

④ 在 DOS 环境下，可直接执行 EXE 程序，或者通过调试程序（DEBUG，或 TD）调试和执行 EXE 程序。

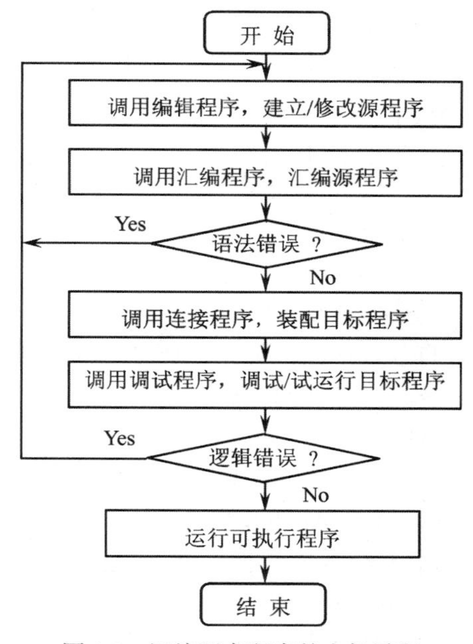

图 1.2　汇编语言程序的上机过程

1.3　微机的结构特点

微机虽然隶属于电子计算机，但有别于其他类计算机，在组成结构和应用技术上有一些独特之处。

1.3.1　微机的总线结构

微机由微处理器、存储器、I/O 接口电路组成，其工作原理与其他计算机一样，仍是程序存储和程序控制原理，但是在组成结构形式上有了较大发展，采用的是总线结构。

总线是传输信号的一组导线，作为微机各部件之间信息传输的公共通道。一个部件只要符合总线标准，就可以连接到使用这种总线标准的系统中。这样的结构使得系统中各功能部件之间的相互关系变成各个部件面向总线的单一关系，不仅简化了整个系统，而且使系统的进一步扩充变得非常方便。总线结构这种模块化（或称为积木化）特点使得微机系统部件的组成相当灵活，实现起来也相当简捷。

微机的核心部件是微处理器，所以微机的总线是指微机主板或单板机上以微处理器芯片为核心的、芯片与芯片之间的连接总线，称为系统总线。微处理器通过系统总线实现和其他部件的联系。总线就好似整个微机系统的“中枢神经”，把微处理器、存储器和I/O接口电路（外部设备与微型计算机相连的协调电路）有机地连接起来，所有的地址、数据和控制信号都经过总线传输。

微机的系统总线结构如图1.3所示。微机的系统总线按功能分成三组，即数据总线（DB，Data Bus）、地址总线（AB，Address Bus）和控制总线（CB，Control Bus），所以微机系统总线结构也称为三总线结构。

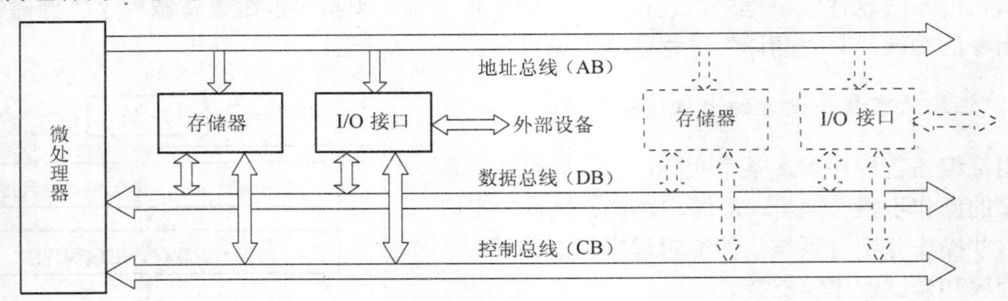

图1.3　微型计算机的总线结构

数据总线（DB）是传输数据或代码的一组通信线，其宽度（总线的根数）一般与微处理器的字长相等。例如，16位微处理器的DB有16根，分别以D_{15}～D_0表示，D_0为最低位数据线。DB上的数据信息在微处理器与存储器或I/O接口之间的传送可以是双向的，即DB上既可以传送读信息，也可以传送写信息。

地址总线（AB）是传输地址信息的一组通信线，是微处理器访问外界用于寻址的总线。AB总线是单向的，其根数决定了可以直接寻址的范围。例如，16位微处理器的AB有20根，分别用A_{19}～A_0表示，A_0为最低位地址线。A_{19}～A_0可以组合成2^{20}=1M不同地址值，可寻址范围00000H～FFFFFH。

控制总线（CB）是传送各种控制信号的一组通信线。控制信号是微处理器和其他芯片间相互联络或控制用的。其中包括微处理器发给存储器或I/O接口的输出控制信号，如读信号$\overline{RD}$，写信号$\overline{WR}$等。还包括其他部件送给微处理器的输入控制信号，如时钟信号CLK，中断请求信号INTR和NMI，准备就绪信号READY等。

1.3.2 引脚的功能复用

出于对工艺技术和生产成本的考虑，大规模集成电路芯片的封装尺寸和引脚数目受到限制。为了弥补一个集成芯片上引脚数目的不足，微机采用了引脚功能复用技术，即把芯片引脚设计成由多个功能“公用”的引脚，以此达到扩充引脚数目的目的。所谓多功能的“公用”引脚，实际是让各个功能“分时”使用该引脚，所以，引脚功能复用也称为引脚分时复用。

随着微机字长和寻址能力的增加，微处理器的引脚功能复用技术越来越普遍。例如，8位微处理器有40引脚（地址线16根，数据线8根，其他是电源和控制线），而16位微处理器（例如，Intel 8086）仍然是40引脚，由于可寻址1MB，需要20根地址线，加上需要16根数据线，如果不采取措施，显然40引脚不够用。采用引脚功能复用的办法，就是将地址总线、数据总线分时使用同一组引脚，即微处理器 8086 的 20 条引脚具有两个功能，在某一时刻传送 20 位地址信息，在另一时刻用其中的 16 条引脚传送 16 位数据信息。

功能复用的引脚必须分时使用总线，才能区分功能，达到节约引脚的目的，这需要有相应的辅助电路，实现分时控制逻辑。所以，采用引脚功能复用技术是以延长信息传输时间，增加系统的复杂性为代价的。

1.3.3 流水线技术

随着超大规模集成电路技术的出现和发展，芯片集成度显著提高，使得过去在大、中、小型计算机中采用一些现代技术，例如，流水线技术、高速缓冲存储器、虚拟存储器等，也借鉴运用到微机系统。特别是流水线技术的应用，使得微机运行模式发生了很大的变革。

所谓流水线技术就是一种同时（或称为同步）进行若干操作的处理方式。这种方式的操作过程类似于工厂的流水线作业装配线，故形象地称之为流水线技术。

微机采用程序存储和程序控制的运行方式。传统上，程序指令顺序地存储在存储器中。当执行程序时，这些指令被相继地逐条取出并执行，也就是说指令的提取和执行是串行进行的。这种串行运行方式的优点是控制简单，但微机有时会出现部分空闲而利用率不高。这是传统的“串行”工作模式的主要局限性。为了提高执行速度，除了采用更高速的半导体器件和提高系统主频以外，再一个解决方法就是使 CPU 采用同时进行若干操作的并行处理方式。

如果把 CPU 的一个操作过程（例如，分析指令、加工数据等）进一步分解成多个单独处理的子操作，使每个子操作在一个专门的硬件站（Stage）上执行。这样一个子操作序列顺序地经过流水线中多个站的处理，而且是在各个站间重叠进行得以完成的。这种操作的重叠性提高了 CPU 的工作效率。

下面以“取指令—执行指令”一个工作周期中要完成的若干个操作为例来说明流水线工作流程。

在串行运行方式中，一个“取指令—执行指令”工作周期一般要顺序完成以下操作：

- 取指令——CPU 根据指令指针所指，到存储器寻址，读出指令并送入指令寄存器。
- 指令译码——对指令进行译码，而指令指针进行增值，指向下一条指令地址。
- 地址生成——很多指令要访问存储器或 I/O 接口，那就必须给出存储器或 I/O 接口的地址（地址在指令中直接给出，或者经过某些计算得到）。
- 存取操作数——当指令要求存取操作数时，按照生成的地址寻址，并存取操作数。
- 执行指令——由运算器 ALU 完成指令操作。

流水线运行方式就可能使上述某些操作重叠。例如，把取指令和执行指令（甚至再加上指令译码）操作重叠起来进行。在执行一条指令的同时，又取另一条或若干条指令。程序中的指令仍是顺序执行的，但可以预先取若干指令，并在当前指令尚未执行完时，提前启动另一些操作。这样并行操作可以加快一段程序的运行过程。

流水线技术的实现必须增加硬部件。例如，上述“取指令—执行指令”的重叠，就需要增加“预取指令”部件来取指令，并且把它存放到一个排队队列中，使微处理器同时进行取指令和执行指令操作。再如，让微处理器中有两个 ALU，一个主 ALU 用于进行算术/逻辑运算等操作，另一个 ALU 专用于地址生成，这样可以使地址的计算和其他操作同时进行。

流水线技术主要目的是加快取指令和访问存储器等操作（这些操作量是很大的），在某些情况下，可以使运行的速度达到数量级增长。此外，要保证流水线有良好性能，必须要有一系列有效的技术支持，例如，流水线协调管理技术和避免阻塞技术等。

流水线技术已广泛应用于16位以上的微机系统，有指令流水线技术、运算操作流水线技术、寻址流水线技术等一系列应用。

1.3.4 微机中常用的数字部件

尽管计算机的数字电路发展迅猛，集成度不断提高，已使得一个实际的微机电路结构相当复杂，但它仍依赖于一些基本原理。对于初学者，要掌握其工作原理和应用技术，就必须将它分解成若干功能块。每个功能块由若干电路部件组成，每个电路部件又由若干微电子器件组成……由“粗”到“细”地进行剖析。这里介绍微机中常用的一些最基本的数字电路的功能结构，以利于对微机系统结构的理解和对接口电路的分析。

1. 基本逻辑门电路

数字电路是一个二值开关电路。计算机中通常用逻辑图来表示逻辑关系。逻辑图是用一系列逻辑符号，描述实际电路中部件之间联系的电路图。它只反映电路的逻辑功能而不反映其电气性能，它的输入与输出的关系就是相应的逻辑函数。

逻辑门是逻辑图中最基本的逻辑符号，它是表征一种逻辑关系的数字门电路。图1.4是实现基本逻辑运算的逻辑门电路的名称、符号和表达式。

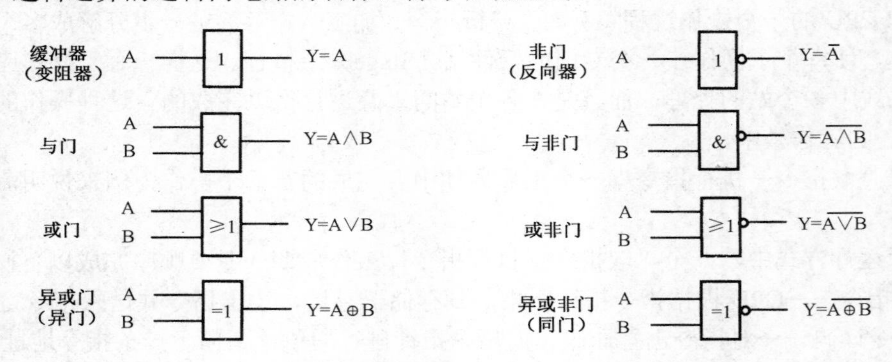

图1.4 基本逻辑门电路符号

2. 三态门

微机的总线结构，意味着挂在总线上的功能部件既要“共享”总线通道，又要保证信息在公共总线上传输时不“乱窜”，能正确地实现信息源和信息目的地的对应传输，而不影响其他不工作的部件。这就需要采用有效办法来避免总线冲突和信息串扰。解决方法之一是采用三态输出电路（三态门）把部件与总线相连。当部件不工作时，与总线相连的三态门处于高阻态，部件犹如与总线断开一样，仅仅是正在工作的部件“独享”总线。

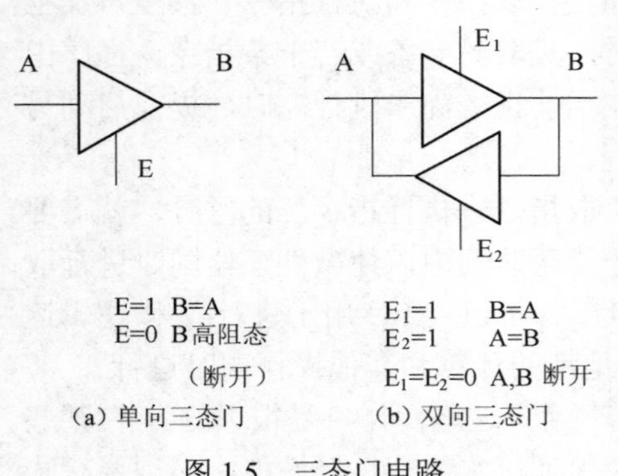

图1.5 三态门电路

所谓三态是指输出电路具有0态（开通，传输“0”）、1态（开通，传输“1”）、高阻态（断开/悬浮输出），图1.5给出了总线结构上广泛采用的单向和双向三态门的电路。三态门“开”或“关”的控制信号一般由微处理器发出。双向三态门是由两个单向三态门构成的，又称为双向电子开关，工作时用两个单向三态门互斥的控制端信号来选通传输方向。

三态门具有较高的输入阻抗和较低的输出阻抗，可以改善传输特性，故对传输数据起到缓冲作用，同时能对传输的数据进行功率放大，具有一定的驱动能力，所以三态门电路还被称为数据缓冲/驱动电路。

3. 数据缓冲/驱动器

由于微处理器的数据总线的负载能力是有限的，如果有比较多的部件挂在数据总线上，CPU 可能就没有足够的功率把数据传输给每个部件。为了解决这个问题，往往需要在数据总线上接一个双向总线数据缓冲/驱动器来传输数据，使数据经放大后再传输给需要该数据的部件。这样，不仅增加了驱动数据的能力，而且也可以简化对挂接部件接口的要求。

Intel 8286（74LS245）是由 8 位双向三态门构成的双向数据缓冲/驱动器，或称为数据收发器，采用 20 引脚的双列直插式封装，其内部逻辑结构如图 1.6（a）所示。

A_0～A_7 和 B_0～B_7 分别是 8 位数据输入/输出端，双向。

$\overline{OE}$（Out Enable）为允许输出控制信号，低电平有效。当 $\overline{OE}$ 为低电平时，允许数据输入/输出，传送方向由 T 控制；当 $\overline{OE}$ 为高电平时，输出端口呈高阻状态。

T（Transmit）为传送方向控制信号，高、低电平均有效。当 T=1，数据由 A→B 传送；当 T=0，数据由 B→A 传送。T 信号常用微处理器的读/写信号（$R/\overline{W}$）来控制。

8286 常用于要有隔离控制的数据传输部件，或者需要增加数据总线驱动能力的数据传输部件，例如，存储器系统和 I/O 接口电路。

4. 数据锁存器

微机系统在信息传输的过程中，往往需要对“短暂”信号进行锁存，以达到时间上的扩展，保证让接收方有足够的时间接收和处理。

Intel 8282（74LS373）是 8 位带单向三态缓冲器的数据锁存器，常用于数据的锁存、缓冲和信号的多路传输，采用 20 引脚的双列直插式封装，其内部逻辑结构如图 1.6（b）所示。

DI_0～DI_7 和 DO_0～DO_7 分别是 8 位数据输入/输出端，单向。

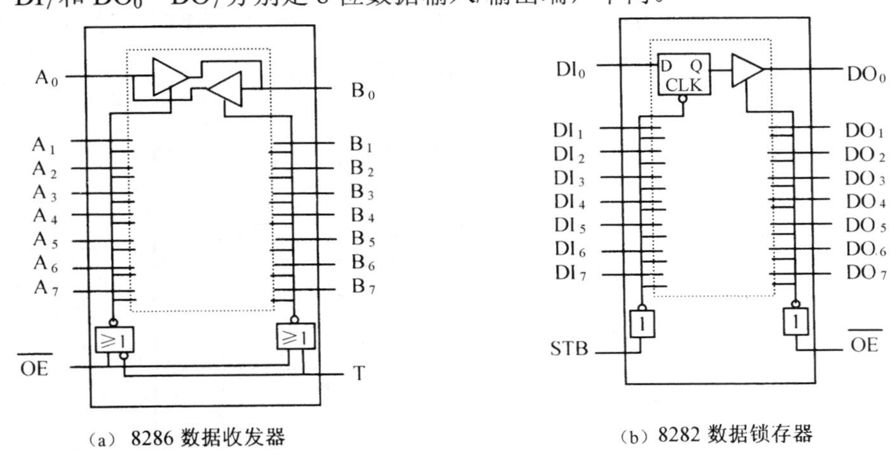

（a）8286 数据收发器　　（b）8282 数据锁存器

图 1.6　Intel 8286 和 Intel 8282 的内部逻辑与引脚

STB（Strobe）为输入选通信号，高电平有效。当 STB 为高电平时，8282 数据传输，即 $DO_0 \sim DO_7 = DI_0 \sim DI_7$，当 STB 由高电平变为低电平时，将输入数据 $DI_0 \sim DI_7$ 锁存。

$\overline{OE}$ 为输出允许信号，低电平有效。$\overline{OE}$ 实际是 8282 内部单向三态缓冲器的输出允许信号。如果将 $\overline{OE}$ 接地保持常有效，8282 总是处于输出允许状态，当 STB 有效时，数据被锁存并直接传送到输出端，这时 8282 就仅仅做锁存器用。如果让 STB 保持常有效，数据直通，当 $\overline{OE}$ 有效时，数据才输出，这时 8282 仅仅做缓冲器用。

5. 译码器

微机中广泛采用译码器对存储器，或输入/输出接口，根据其地址码进行“寻址”。

译码器工作原理是根据输入的组合状态得到唯一的输出有效信号，即对应于当前输入的组合状态码，所有输出中只能有一个输出信号有效，其余均无效。若以输出低电平（逻辑 0）为有效，则高电平（逻辑 1）表示无效，反之亦然。n 位二进制数有 2^n 个不同的编码组合，所以，译码电路有 n 个输入端，就有 2^n 个输出端，这称为 n-2^n 译码器。

Intel 8205（74LS138）译码器是一个 3-8 译码，逻辑电路如图 1.7 所示。

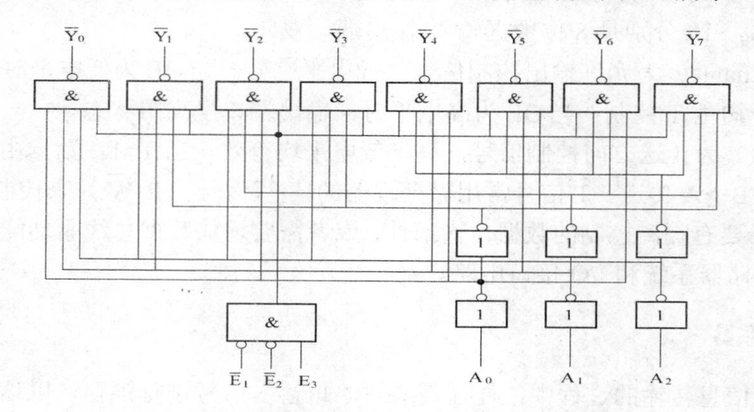

图 1.7　Intel 8205（74LS138）译码器逻辑电路

A_2，A_1，A_0 是译码器 3 个输入端，有 000，001……111 的 8 种输入组合状态。$\overline{Y_0} \sim \overline{Y_7}$ 是译码器 8 个输出端，根据 $A_2A_1A_0$ 的输入组合进行译码，得到 $\overline{Y_0} \sim \overline{Y_7}$ 中唯一的一个（低电平）有效。$\overline{E_1}$，$\overline{E_2}$，E_3 是 8205 的 3 个选通信号，当 $\overline{E_1} \wedge \overline{E_2} \wedge E_3=1$ 时，译码器工作。

Intel 8205 译码器的逻辑真值表，如表 1.5 所示。

表 1.5　Intel 8205 译码器的真值表

E_3 $\overline{E_2}$ $\overline{E_1}$	A_2 A_1 A_0	$\overline{Y_7} \sim \overline{Y_0}$
1 0 0	0 0 0	11111110
	0 0 1	11111101
	0 1 0	11111011
	0 1 1	11110111
	1 0 0	11101111
	1 0 1	11011111
	1 1 0	10111111
	1 1 1	01111111

习　题　1

1.1　解释和区别下列名词术语。

硬件、软件、主机、外部设备、接口

微处理器（MP）、微型计算机（MC）、微型计算机系统（MCS）

存储器、存储单元、存储内容、存储地址、存储容量

指令、指令系统、汇编语言、源程序、目标程序

编辑程序、汇编程序、连接程序、调试程序

总线、总线结构、地址总线（AB）、数据总线（DB）、控制总线（CB）

三态门、数据锁存器、数据缓冲/驱动器、译码器

1.2　将下列十进制数分别转换成二进制数和十六进制数。

（1）84　　（2）217　　（3）35.5　　（4）129.75

1.3　给出下列十进制数的补码（8位）表示。

（1）+127　　（2）−127　　（3）+105　　（4）−64

1.4. 给出下列十六进制数所代表的无符号数和有符号数（用十进制表示）。

（1）50H　　（2）64H　　（3）85H　　（4）0FFH

1.5　将下列算式进行字节补码运算，并指出是否发生溢出。

（1）100+86　　（2）99−123　　（3）78+49　　（4）−75−64

1.6　将下列算式进行逻辑运算。

（1）（01011001）∧（11001100）　　（2）（11010011）∨（10001010）

（3）（10110101）⊕（01100001）　　（4）（01011010）⊕（00001111）

1.7　微型计算机由哪几部分组成？各部分的作用是什么？

1.8　请画出微机系统中三总线结构示意图，并说明采用总线结构的好处。

1.9　微机的引脚功能复用技术和流水线技术的要点分别是什么？

第 2 章　80x86 微处理器及其系统结构

随着大规模集成电路技术的迅速发展，微处理器及其外围芯片的集成度不断提高，功能也越来越强。Intel 公司继 4 位、8 位微处理器之后，1978 年推出了 16 位微处理器 8086/8088，接着推出了更高性能的 80286，1985 年推出了 32 位的 80386，继而又开发出 80486，一直到 1993 年推出了全新的 Pentium（80586）。近年来 Intel 公司不断推陈出新，又相继研制出 Pentium Ⅱ，Pentium III，Pentium IV……Intel 这一飞速更新换代的微处理器系列被称做 80x86 系列，是当今微机领域独领风骚的主流机型。

学习微机原理，首先得弄清微处理器的内部结构和系统组成；了解运行程序时，指令或数据在 CPU 中的流动路径、存放空间、操作时序等；树立起微处理器操作的空间和时间概念，掌握微处理器的工作原理。本章介绍 80x86 系列微处理器的结构、特点和系统组成。

2.1　8086/8088 微处理器

16 位微处理器 8086/8088 的性能远远优于 8 位机，不仅在运行速度、运算能力和寻址范围等纵向能力有很大提高，还由于具有协处理器接口，横向能力也大为提高，在复杂的控制和诊断、字处理、通信网络和终端、图像处理等领域都取得了更为广泛的应用。特别是 80386，80486，Pentium 等更高性能的微处理器都保持了对它的兼容。8086/8088 既有广泛的应用，也有很好的承上启下作用。这是本章在 80x86 系列中选择 8086/8088 微处理器做重点介绍的缘由。

2.1.1　8086/8088 微处理器结构

8086 是个功能很强的 16 位微处理器，集成了 2.9 万只晶体管，单一+5V 电源，主频 5MHz/10MHz，内部和外部的数据总线都是 16 位，地址总线 20 位，可寻址空间达 2^{20}，即 1M。

Intel 公司在推出 8086 之后，又推出了一种准 16 位微处理器 8088。它是 IBM PC/XT 及许多流行的兼容机 AT&T，AST，COMPAQ 等个人计算机的 CPU。8088 和 8086 的内部结构基本相同，两者的软件也完全兼容。它们主要区别是外部数据总线：8086 是 16 位数据总线，而 8088 是 8 位数据总线。由于 8088 的这一特点，使它能与 Intel 外围接口芯片（大多为 8 位）直接连接，系统结构简单，但是，8088 执行相同的程序要比 8086 有较多的外部存取操作，速度较慢。

1. 8086/8088 的编程结构

从功能上看，8086/8088 微处理器的内部结构如图 2.1 所示，由两个独立的工作部件——执行部件（EU，Execution Unit）和总线接口部件（BIU，Bus Interface Unit）组成。

（1）执行部件（EU）

EU 部件由算术/逻辑运算器 ALU，寄存器阵列，EU 控制器等组成。EU 不与外部系统总线相连，只负责指令的译码和执行。EU 从 BIU 的指令队列中取指令，进行指令译码并利用内部寄存器和 ALU 对数据进行处理。执行指令的结果或者执行时所需要的外部数据，都由 EU 向 BIU 发出请求，让 BIU 对存储器或 I/O 端口访问。

EU 的寄存器阵列有 4 个 16 位通用数据寄存器（AX，BX，CX，DX，也可以分成高/低 8 位，分别做 8 位寄存器使用），4 个 16 位专用数据寄存器（BP，SP，SI，DI）和 1 个 16 位状态 Flags。标志寄存器存放 9 位状态标志（其他 7 位未用），如表 2.1 所示。

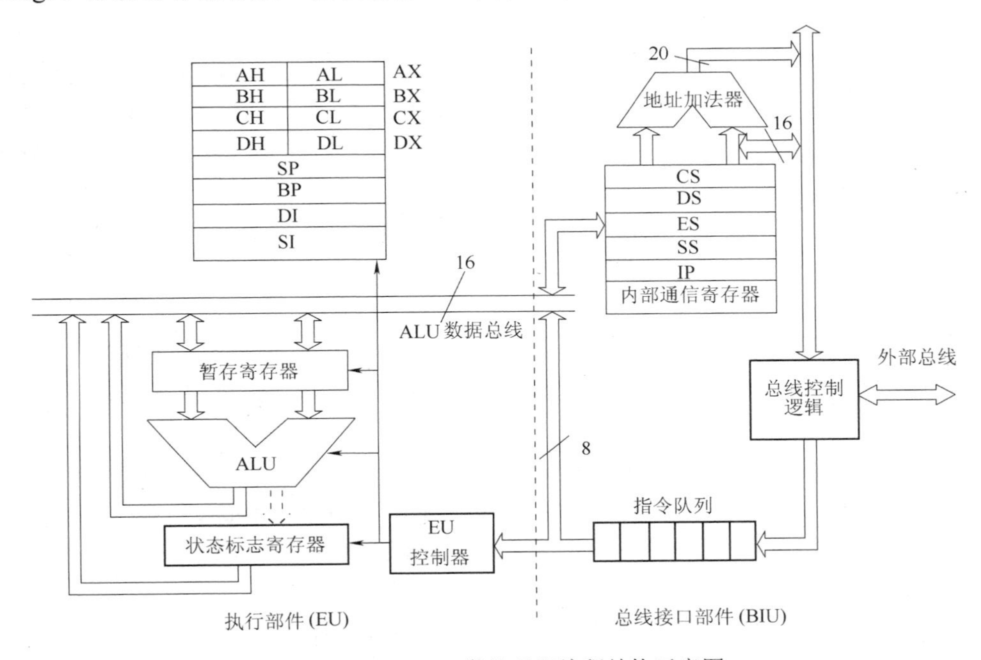

图 2.1　8086/8088 微处理器编程结构示意图

表 2.1　8086/8088 标志位表

标志位名称	数据位	标 志 含 义
零标志 ZF	D_6	表示运算结果是否为零。ZF=1，为零；ZF=0，为非零
符号标志 SF	D_7	表示运算结果的符号位（最高位）。SF=1，为负数；SF=0，为正数
进位标志 CF	D_0	表示最高位上产生的进/借位。CF=1，有进/借位；CF=0，无进/借位
辅助进位标志 AF	D_4	表示 D_3 位上产生的进/借位（一般用做 BCD 码调整时的判断依据）。AF=1，有进/借位；AF=0，无进/借位
溢出标志 OF	D_{11}	表示有符号数运算溢出与否。OF=1，溢出；OF=0，无溢出
奇偶标志 PF	D_2	表示运算结果中偶数或奇数个 1。PF=1，偶数；PF=0，奇数
方向标志 DF	D_{10}	控制串操作的地址增量方向。DF=1，地址递减；DF=0，地址递增
中断标志 IF	D_9	控制可屏蔽中断是否允许。IF=1，中断允许；IF=0，中断禁止
跟踪标志 TF	D_8	控制指令执行方式。TF=1，单步执行指令；TF=0，CPU 正常执行指令

（2）总线接口部件（BIU）

BIU 部件由指令队列（8086 是 6 字节，8088 是 4 字节）、地址加法器、寄存器阵列、总线控制逻辑等组成。BIU 与外部系统总线相连，负责与存储器或者 I/O 端口传送信息，也就

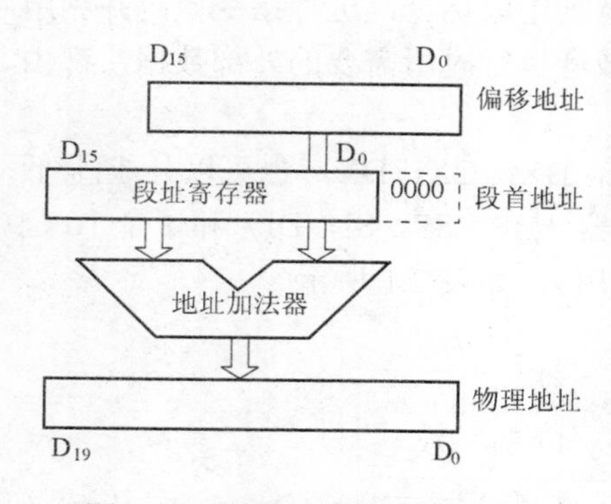

图 2.2　存储器物理地址的形成

是 BIU 管理预取指令（存放到指令队列）和存数、取数的实际过程。

BIU 的寄存器阵列有 4 个 16 位的段址寄存器（CS，DS，ES，SS），1 个 16 位的指令指针寄存器 IP，以及内部通信寄存器。

8086/8088 可寻址 1MB 空间，但内部寄存器和数据总线都是 16 位的，所以需要根据提供的存储器逻辑地址（段址和偏移地址）产生 20 位物理地址。地址加法器把段址寄存器提供的 16 位段址信息，左移 4 位（相当于乘以 16，形成段基址），加上 EU 或者 IP 提供的 16 位偏移地址信息，形成 20 位的物理地址，如图 2.2 所示。即

物理地址（20 位）= 段址（16 位）×16+偏移地址（16 位）

2. BIU 和 EU 流水线式的管理

BIU 和 EU 采用取指令和执行指令“流水线”式的并行工作模式，使得总线控制逻辑和指令执行逻辑之间既互相独立又互相配合，提高了 CPU 效率，这也是 8086/8088 成功的原因之一。

BIU 和 EU 这种流水线式的非同步的管理原则主要有以下 4 点。

① 当指令队列已满，而且 EU 又无访问外部请求时，BIU 便进入空闲状态。

② 当 BIU 空闲，而且指令队列有空字节（8086 有 2 个字节以上，8088 有 1 个字节以上）时，BIU 自动把所跟踪的指令从存储器预取到指令队列。

③ 当 EU 执行完一条指令，按“先进先出”原则从 BIU 指令队列取出下一条指令，进行译码，然后再去执行。执行指令过程中，如果需要访问存储器或 I/O 端口，EU 会请求 BIU 去完成访问外部的操作，如果此时 BIU 正好空闲，立即响应 EU 请求，否则，等完成预取指令后再响应 EU 请求。

④ 当执行转移、调用、返回等指令时，下面将要执行的指令不在指令队列中（这是因为 BIU 只是“机械”地按顺序预取指令），原有指令队列被自动清除，BIU 按新的指令指针跟踪取指令装入指令队列。

2.1.2　8086/8088 的总线周期

计算机必须要有一个系统时钟为 CPU 和总线控制逻辑电路提供时序基准。CPU 就是在外部提供的系统时钟脉冲信号（简称时钟）作用下，按时序执行一个个操作的。系统时钟频率称为主频，以 MHz 为单位，一个系统时钟脉冲的时间长度称为时钟周期（T），以 ns（10^{-9}s）为单位，因此，主频和时钟周期互为倒数。例如，8086 主频为 5MHz，1 个时钟周期是 200ns。

Intel 8284A 是为 8086/8088 设计配套的系统时钟发生器。它采用石英晶体或 TTL 脉冲发生器作为振荡源，输出系统时钟（CLK）的频率为振荡源频率的三分之一。除此之外，振荡源频率经 8284A 驱动后，还向系统提供晶体振荡信号（OSC），外围芯片所需的时钟信号（PCLK）等。8284A 还对外界发出的就绪信号（RDY）和复位信号（RES）经整形并在时钟的下降沿同步后输出，分别作为系统的就绪信号（READY）和复位信号（RESET）。

8086/8088 通过 BIU 完成的一次总线操作，称为一个总线周期。一个总线周期由若干个

时钟周期组成。由于总线上的操作有不同种类，总线周期也分成相应的不同类型，例如，读总线周期、写总线周期、中断响应总线周期……不同的总线周期表示不同的操作时序。

8086/8088 的基本总线周期是由 4 个时钟周期组成的，分别用 T_1，T_2，T_3，T_4 表示相应的时钟周期状态。对于总线读/写操作，在基本总线周期中的时序是：在 T_1 状态，输出读/写对象的地址；在 T_2～T_3 状态，数据总线传送数据；在 T_4 状态，表示读/写结束。

8086/8088 除了基本总线周期的 T_1～T_4 这 4 个时钟周期状态外，还有等待时钟周期 T_W 和空闲时钟周期 T_i 状态。

T_W 状态：当系统中的存储器或 I/O 端口在速度上跟不上 8086/8088 的要求，不能用基本总线周期完成读/写操作时，会通过系统中的"Ready"电路产生 READY 信号。"Ready"电路在 T_3 状态的下降沿检测到 READY 无效信号时，表示数据传送未完成，于是在 T_3 之后插入 1～n 个 T_W；当检测到 READY 有效信号时，自动脱离 T_W 而进入 T_4 状态。为了匹配与存储器或 I/O 设备的数据传输速度，在基本总线周期中插入 T_W 状态，实际上是快速微处理器对慢速存储器或 I/O 设备的一种等待。8086/8088 数据传输的总线周期是（4+n）个 T。

T_i 状态：8086/8088 只有在和存储器或 I/O 端口之间交换数据或装填指令队列时，才由 BIU 执行总线周期，否则 BIU 执行 1～n 个空闲周期 T_i，进入总线空闲状态（空操作）。T_i 只是指总线操作的空闲，对于 8086/8088 内部，仍可进行有效操作（如，EU 进行计算或在内部寄存器间进行传送等）。因此，在两个总线周期之间插入 T_i 状态，实际上是总线接口部件 BIU 对执行部件 EU 的一种等待。

2.1.3 8086/8088 的引脚特性

8086/8088 为 40 引脚的双列直插式组件（DIP）封装。图 2.3 是 8086/8088 的引脚，其中 24～31 引脚功能取决于工作在最小模式还是最大模式有所不同，括号中的引脚名为最大模式的。这里以 8086 为例，介绍最小模式的主要引脚功能。

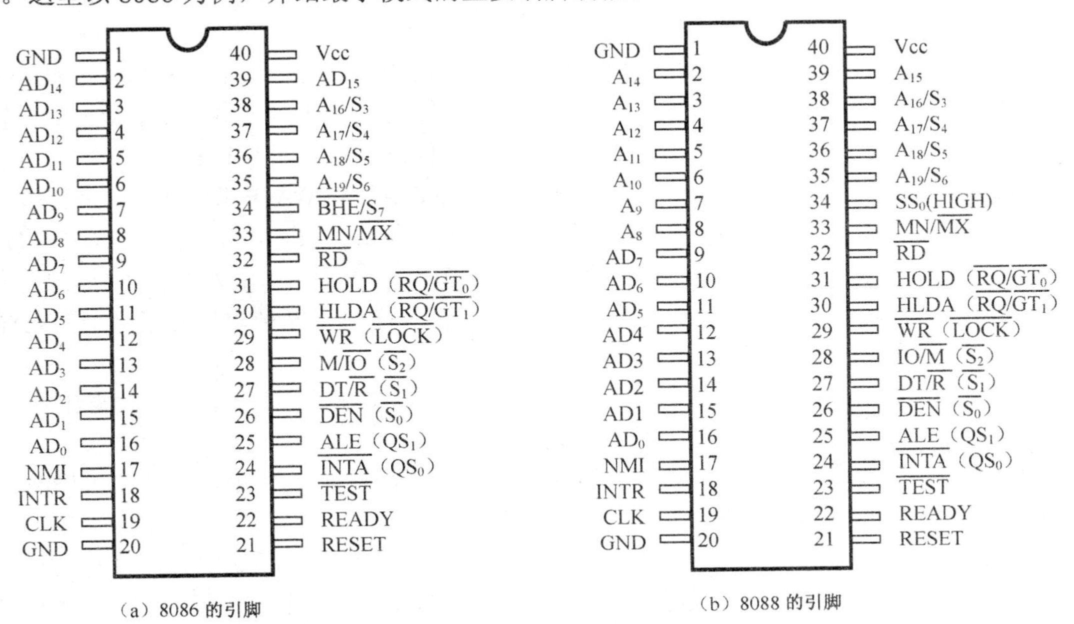

图 2.3 8086/8088 的引脚

$MN/\overline{MX}$：最小/最大模式选择信号，输入，高、低电平均有效。$MN/\overline{MX}=1$，设置为最小模式；$MN/\overline{MX}=0$，设置为最大模式。

CLK：系统时钟信号，输入。CLK 与时钟发生器 8284A 的时钟输出端 CLK 连接。该时钟信号的占空比为 33%（即低、高之比为 2:1）。

AD_{15}～AD_0：地址/数据复用线，双向，三态（8088 是 AD_7～AD_0）。在 T_1 状态，输出要访问的存储器或 I/O 端口的地址；在 T_2～T_4 状态，作为数据传输线。

A_{19}/S_6～A_{16}/S_3：地址/状态复用线，输出，三态。在 T_1 状态，输出 A_{19}～A_{16} 高 4 位地址；在 T_2～T_4 状态，输出 S_6～S_3 CPU 的状态信号。当访问存储器时，T_1 输出的 A_{19}～A_{16} 与 AD_{15}～AD_0 组成 20 位地址信号，可寻址存储器空间 1MB；而访问 I/O 端口时，AD_{15}～AD_0 为 16 位地址信号，可寻址 I/O 端口空间 64KB（A_{19}～A_{16} 为 0000）。状态信号的 S_6 为 0 时，表示当前 8086 占用总线，S_5 表示中断允许 IF 的状态，S_4 和 S_3 组合码表示当前使用的段寄存器（00，01，10，11 分别指 ES，SS，CS，DS）。

ALE：地址锁存信号，输出，高电平有效。ALE 是提供给外部地址锁存器的选通信号，在 T_1 状态发出，表示当前地址/数据复用线上输出的是地址。

$\overline{RD}$，$\overline{WR}$：读/写选通信号，输出，低电平有效，三态。$\overline{RD}=0$，表示存储器或 I/O 端口读操作；$\overline{WR}=0$，表示存储器或 I/O 端口写操作。它们在“同时”是互斥信号。

$M/\overline{IO}$：存储器或 I/O 选通信号，输出，高、低电平均有效，三态。$M/\overline{IO}=1$，表示 CPU 与存储器进行数据传输；$M/\overline{IO}=0$，表示 CPU 和 I/O 进行数据传输（8088 是 $IO/\overline{M}$，信号逻辑相反）。

$\overline{DEN}$，$DT/\overline{R}$：数据允许、数据收/发信号，输出，三态。$\overline{DEN}$ 是提供给外部数据收发器的选通信号，$\overline{DEN}=0$，表示允许传输。$DT/\overline{R}$ 是在允许传输时，控制其数据传输方向的信号，$DT/\overline{R}=1$，表示数据发送，$DT/\overline{R}=0$，表示数据接收。

RESET：系统复位信号，输入，高电平有效。RESET 接时钟发生器 8284A 的 RESET 端，得到一个经同步了的复位脉冲信号。

READY：“准备好”信号，输入，高电平有效。READY 接时钟发生器 8284A 的 READY 端，得到一个经同步了的“准备好”信号。READY=0，表示数据传输未完成，在 T_3 状态之后，自动插入一个或多个 T_W；READY=1，表示数据传输完毕，进入 T_4 状态。

$\overline{TEST}$：等待测试信号，输入，低电平有效。$\overline{TEST}$ 信号和 WAIT 指令结合起来使用。当 CPU 执行 WAIT 指令时，每隔 5 个 T 对该信号进行一次测试。$\overline{TEST}=1$，重复执行 WAIT 指令，直到 $\overline{TEST}=0$，结束 WAIT 指令，执行下一条指令。$\overline{TEST}$ 相当于外部硬件的同步信号。

NMI：非屏蔽中断请求信号，输入，上升沿触发。NMI 中断请求信号不受中断允许标志（IF）的影响，也不能用软件进行屏蔽。

INTR：可屏蔽中断请求信号，输入，高电平有效。INTR 中断请求信号可以被 IF 标志屏蔽。当 INTR=1，并且 IF=1（中断允许），则响应 INTR 中断。

$\overline{INTA}$：中断响应信号，输出，低电平有效。$\overline{INTA}$ 表示响应 INTR 中断，进入中断响应周期（两个连续负脉冲的总线周期）。

HOLD，HLDA：总线请求、总线允许信号，高电平有效。当系统中其他总线控制部件（如，DMA 控制器）要占用总线时，HOLD（输入）和 HLDA（输出）是一对与 8086/8088 配合使用的总线控制联络信号。

以上所有具有三态性质的引脚，在 8086/8088 让出总线控制权时，呈现高阻态。

2.2　8086/8088 的系统组成

8086/8088 微处理器的系统组成可以设计成最小模式和最大模式两种工作组态。

8086/8088 最小模式系统只有一个微处理器（8086/8088），所有总线控制信息都由微处理器直接产生，系统中的总线控制逻辑电路被减到最少，这就是最小模式名称的由来。最小模式适合于较小规模的系统。

8086/8088 最大模式系统是相对最小模式而言的，是中/大型规模的微机系统。最大模式系统也称为多处理器系统，即系统中有多个微处理器，其中一个是主处理器（8086/8088），其他处理器称为协处理器，协处理器专门承担系统某一方面的工作，如数据运算，数据输入/输出等。

2.2.1　8086/8088 系统结构

8086/8088 系统除了最主要的微处理器外，还需要配置许多部件（芯片）。系统的硬件组成虽然由于最小、或最大模式不同而有所差异，但它们的系统组成是有共同点的。

① MN/$\overline{\mathrm{MX}}$ 端接 V_{CC} 或者 GND，分别决定工作在最小模式或者最大模式。

② 采用 8284A 时钟发生器提供系统时钟。8284A 外接 15MHz 振荡源，经三分频后得到 5MHz 主频，接 8086/8088 系统时钟端 CLK。除此之外，8284A 还将外部的复位信号 RESET 和就绪信号 READY，经同步后分别发送给 8086/8088 相应引脚。

③ 用 3 片 8282 数据锁存器，在 T_1 状态时锁存 A_{19}～A_0 地址信号。3 片 8282 的 STB 端接 8086/8088 的 ALE 地址锁存选通信号；$\overline{\mathrm{OE}}$ 端接地，保持内部三态门常通，仅做锁存器使用，所以，这里的 8282 为地址锁存器。

④ 当系统所连的存储器和外设较多时，需要增加数据总线的驱动能力，可选用 8286 数据收发（驱动）器（8086 用 2 片，8088 用 1 片）。8286 的 $\overline{\mathrm{OE}}$ 端接 8086/8088 的 $\overline{\mathrm{DEN}}$ 数据传输允许信号；T 端接 8086/8088 的 DT/$\overline{\mathrm{R}}$ 数据收/发选择信号，做数据传输方向选择。

⑤ 系统还必须有半导体存储器 RAM 和 ROM，外部设备的 I/O 接口，中断管理部件等组件。这些组件根据实际系统的需要进行选配，分别直接与系统总线（AB，DB，CB 三总线）连接。

2.2.2　8086/8088 最小模式系统组成

8086/8088 最小模式的所有控制信号都由 8086/8088 直接给出， AB 总线通过地址锁存器 8282 给出，DB 总线通过数据收发器 8286 给出。图 2.4 给出了一个 8086 最小模式典型的总线部件配置。

8086/8088 最小模式系统除了图 2.4 给出的总线部件配置之外，还要根据实际系统的需要，选配内存储器（RAM 和 ROM）、I/O 接口和 I/O 外部设备、中断控制器等其他组件，这样才构成一个能实际运行的 8086/8088 最小模式系统。

2.2.3　8086/8088 最大模式系统组成

最大模式系统（多处理器系统）有两个或两个以上能进行译码和执行指令的处理器。系统增加的处理器可以是通用处理器，也可以是一个为有效完成某特定任务的专用处理器——协处理器。

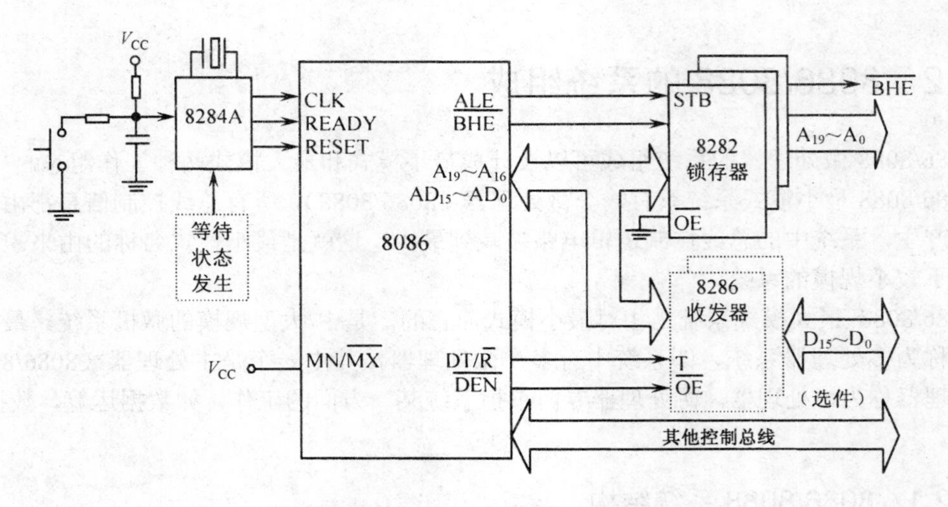

图 2.4　8086 最小模式典型的总线部件配置

最常用的协处理器是数值数据处理器（NDP，Numeric Data Processor）和输入/输出处理器（IOP，I/O Processor）。NDP 是为快速完成包括浮点数、超越函数在内的各种类型数值数据运算而专门设计的协处理器，以 Intel 8087 NDP 最为典型。IOP 是专门执行频繁 I/O 处理操作的协处理器，以 Intel 8089 IOP 最为典型。

最大模式系统组成有多种结构形式，但有一个共同的特征：所有的处理器共享同一个系统总线，共享系统存储器和系统 I/O 设备。因此，多处理器系统必须增加相应的逻辑电路，以解决处理器之间的协调、通信以及多个部件对总线的共享控制等问题。

8086/8088 最大模式系统采用 Intel 8288 总线控制器。许多控制信号不再由 8086/8088 直接发出，而是由 8288 总线控制器对 8086/8088 的控制信号进行变换和组合，得到系统各种总线控制信号，例如，总线控制信号、读/写控制信号、中断响应信号等。图 2.5 给出一个 8086 最大模式典型的总线部件配置。

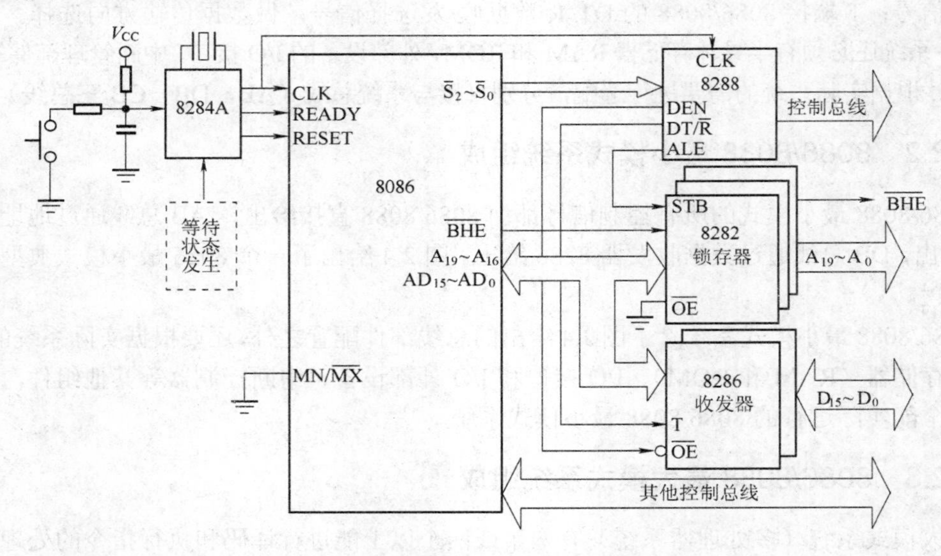

图 2.5　8086 最大模式典型的总线部件配置

8086/8088 最大模式系统的其他组件，例如，协处理器（8087 NDP 和 8089 IOP）、总线裁决器 8289（对总线请求部件进行判优裁决，确保任何时刻只有一个处理器占用系统总线）、中断控制器 8259、存储器、I/O 接口等也要根据实际系统的需要选配。

2.3 现代微处理器系统

由于超大规模集成电路（VLSI）集成度的提高，新一代微处理器，特别是 Intel 80x86 系列高档微处理器——32 位 80386，80486，Pentium 的技术发展，使现代微机的体系结构设计概念不断革新。

2.3.1 80x86 高档微处理器

Intel 80x86 系列的高档微处理器，如 80386，80486，Pentium（80586）等，技术上取得了巨大进展。表 2.2 给出来 Intel 80x86 微处理器主要型号的技术指标对比。

表 2.2 Intel 80x86 微处理器技术指标

型号 / 指标	8086	8088	80286	80386DX	80486	80486DX4	Pentium (80586) P_5
晶体管数（万只）	2.9	2.9	13.4	27.5	120	120	310
引脚数	40	40	68	132	168	168	296
主频（MHz）	5/8	5/8	8/10	16/25/33	25/33/50	75/100	133/166/200
字长	16	16	16	32	32	32	32
外部数据总线	16	8	16	32	32	32	64
外部地址总线	20	20	24	32	32	32	36
物理地址空间	1MB	1MB	16MB	4GB	4GB	4GB	64GB
虚拟地址空间			1GB	64TB	64TB	64TB	64TB
数值协处理器	8087	8087	80287	80387	内置	内置	内置
高速缓冲存储器				外置	内置 8KB	内置 16KB	内置 16KB
工作电压	5V	5V	5V	5V	5V/3.3V	5V/3.3V	3.3V

微处理器从 16 位到 32 位，不仅仅是总线的加宽，更主要的是处理器结构设计概念的革新。32 位微处理器普遍采用流水线技术、指令重叠技术、虚拟存储技术、片内存储管理技术、存储器分段、分页保护技术等。这些技术的应用，使 32 位微机可以更有效地处理数据、文字、图像、图形、语音等各种信息，为实现多用户、多任务操作系统提供了有力的支持。

这里给出 80386，80486 和 Pentium 微处理器的主要技术特点。

1. 80386 微处理器的特点

80386 是第一代 CISC（Complex Instruction Set Computer，复合指令集计算机）体系结构的 32 位微处理器，其主要结构特点有如下 6 条。

① 80386 采用高速 CHMOS-III技术，132 条引脚用陶瓷网格阵列（PGA）封装，具有高可靠性和紧密性；可采用 16MHz/25MHz/33MHz 主频，其速度比 80286 快 3 倍以上。

② 80386 采用全 32 位结构，其寄存器、ALU 和内部总线的数据通路均为 32 位。其数

据总线接口支持动态总线宽度控制，可实现32位或16位数据总线的动态切换；可使用8位、16位或32位等多种数据类型，最大数据传输速率为32MB/s。

③ 80386按功能划分由6个部件组成：总线接口部件（BIU）、指令预取部件（IPU）、指令译码部件（IDU）、指令执行部件（IEU）、存储器管理的分段部件和分页部件。80386采用更先进的流水线工作方式，并行地进行取指令、指令译码、执行、存储器管理、总线和外部接口等操作，而且引入芯片级地址转换的高速缓存，再加上较高的总线宽度，保证较短的平均指令执行时间和较高的系统吞吐率。

④ 80386提供32位外部数据、地址总线，可直接寻址4GB物理存储空间，虚存空间达64TB。80386存储器管理功能比80286也有所增强。

⑤ 80386有三种工作方式：实方式、保护方式和虚拟8086方式。80386新增加的虚拟8086方式，使得多个DOS程序能同时运行，如同像拥有各自的8086机一样。保护方式可支持虚拟存储、保护和多任务操作。

⑥ 80386可配置数值协处理器80287或80387，以实现高速数值处理。

2. 80486微处理器的特点

80486是Intel在1989年推出的新一代32位微处理器，是采用CISC技术的主流产品。80486还采用了RISC（Reduced Instruction Set Computer，精简指令集计算机）技术。RISC体系结构可缩短计算机的设计周期，提高设计的可靠性，特别具有较高的性能/价格比。

80486的主要结构特点有如下6条。

① 80486首次采用RISC技术，有效地优化了微处理器的性能。80486已达到平均一个时钟周期执行12条指令，因此，在相同的时钟频率下，指令执行速度比80386高出（2～4）倍，实现了高速度化和支持多处理器系统的设计目标。

② 80486由8个基本部件组成：总线接口部件（BIU）、指令预取部件（IPU）、指令译码部件（IDU）、执行部件（EU）、控制部件（CU）、存储管理部件（MMU）、高速缓冲存储器（Cache）部件和高性能浮点处理部件（FPU），其中后两个部件是在80386的基础上新增的。80486的内部总线有32位、64位、128位三种。

③ 80486采用突发总线（Burst Bus）与RAM进行高速数据交换。通常CPU与RAM进行数据交换时，取一个地址，交换一个数据，再取一个地址，再交换一个数据。而采用突发总线技术，则每取一个地址，便将这个地址和其后地址的数据一起参与交换，从而大大加快CPU与RAM之间的数据传输率。这种技术尤其适用于图形显示和网络应用。

④ 80486配置了由指令和数据共用的Cache（8KB）。Cache采用4路相连的实现方案，具有较高的命中率（约为92%）。

⑤ 80486芯片内设置一个数值协处理器，直接具有浮点数据处理能力。80486的Cache与协处理器之间有两条高速的32位数据总线（也可并做一条64位总线使用）。高档80486的数据总线宽度甚至可达128位。

⑥ 80486还采用了有助于构成多处理器系统的硬件结构，配置一些构成多处理器系统所必需的功能和信号，使用户能利用80486方便地构成一个高性能多处理器并行系统。

3. Pentium微处理器的特点

Pentium是结合CISC技术和RISC技术的32位微处理器（CRISP），可视为CRISP体系结构处理器的一种“雏形”。Pentium 总体性能大大超过了 80486，但又依然保持了与 80x86 系列微处理器的兼容。Pentium 芯片结构的重大改进，可以归纳为如下 6 条。

① Pentium 采用亚微米级的 CMOS，实现 0.8μm 集成技术。它装有三种指令处理部件：RISC 型 CPU，80386 处理部件和浮点处理部件。

② Pentium 采用超标量流水线设计，由 U 和 V 两条指令流水线构成。每条流水线都拥有自己的 ALU，地址生成电路和与数据 Cache 的接口。这种流水线结构实现了指令并行。

③ Pentium 的内部和外部工作频率一致，分别能达到 66MHz，75MHz，90MHz，100MHz，最高甚至可达到 166MHz。Pentium 的内部总线为 32 位，外部总线为 64 位，在一个总线周期内可将数据传输量增加一倍，数据传输速率已达 528MB/s。

④ Pentium 的浮点运算部件在执行过程分为八级流水，使每个时钟周期至少完成一个浮点操作，并对一些常用的指令采用新的算法，进行固化。Pentium 还改进了指令系统的微程序算法，大大减少指令执行所需的时钟周期，使得运算速度大为提高。

⑤ Pentium 采用双 Cache 结构，两级 Cache 达 16KB～24KB，数据宽度为 32 位。

⑥ Pentium 增设了动态转移预测机构，可以预测分支程序的指令流向，节省判别程序路径的时间，并采用边界扫描和探针方式等多种测试机构，增强错误检测和报告功能。

Intel 公司的创办人之一戈登・摩尔曾提出的摩尔定律（即 CPU 以 18 个月为一个更新换代周期），已经一次又一次地被证实。规模化生产的 Intel 系列微处理器产品历经了：4040，8085，8086/8088，80286，80386，80486，Pentium（奔腾），Pentium MMX（多能奔腾）、Pentium Pro（高能奔腾），Pentium Ⅱ（奔腾Ⅱ），Pentium Ⅲ（奔腾Ⅲ）和最新的 Pentium4（奔腾 4）。按照摩尔定律的预测，到 2011 年，一个微处理器将含有 10 亿个晶体管！而系统功能将是 Pentium 处理器的 150 倍！未来的每一天都可能出现新的创意，推出新的结构。可以说，微处理器发展到此，并不是极至，而只不过是新的开端而已，更新的处理器将会以前所未有的功能展现在世人面前。

2.3.2 32 位微处理器的寄存器

80x86 微处理器从 16 位升级到 32 位，在尽可能兼容的原则下，寄存器中除了保存部分 16 位的之外，大多数升级为 32 位。同时，为了适应 32 位微机新的工作方式和存储管理的需要，增加了一些控制寄存器。

（1）数据寄存器

扩展的 32 位数据寄存器有 EAX，EBX，ECX 和 EDX。仍然可以使用的 16 位数据寄存器有 AX，BX，CX 和 DX，8 位数据寄存器有 AH，AL，BH，BL，CH，CL，DH 和 DL。

（2）地址寄存器

扩展的 32 位，用于内存寻址的寄存器有 ESI，EDI，EBP，ESP 和 EIP。仍然可以使用的 16 位地址寄存器有 SI，DI，BP，SP 和 IP。

在原有 4 个存放段基址的 16 位段寄存器 CS，DS，ES 和 SS 的基础上，新增了 2 个 16 位段寄存器 FS 和 GS。不过，FS 和 GS 中存放的是代表段的一个编号，称为“段选择字”（13 位），还有“表指示器”（1 位）和“段特权级”（2 位）。

除了“段选择字”之外，32 位微机段结构的其他信息（起始地址、段长度、段属性等）组成 64 位的“段描述符”，存放在“局部段描述符表（LDT）”，或者“全部段描述符表（GDT）”中。“段选择字”就是该“段描述符”在 LDT，或者 GDT 中存放的顺序号。“表指示器”就是对 LDT，或者 GDT 的选择。“段特权级”，可取值 0～3。

32 位微机新增了 4 个系统地址寄存器。它们是存放 GDT 首地址的 GDTR，存放 LDT 首地址的 LDTR，存放“中断描述符表（IDT）”首地址的 IDTR，存放任务选择字的“任务寄存器”TR。

（3）控制寄存器

标志寄存器 FLAGS 扩展到 32 位，为 EFLAGS。32 位微机还新增了 5 个 32 位控制寄存器 CR_0～CR_4。

此外，还有 8 个用于调试的寄存器 DR_0～DR_7，2 个用于测试的寄存器 TR_6～TR_7。

2.3.3 32 位微处理器的工作方式

80x86 的 32 位微处理器为了在充分发挥处理器功能的基础上，尽可能地兼容原有产品，兼容原有的大量软件，设计了多种不同的工作方式。目前，32 位微处理器有实地址方式、保护方式、虚拟 8086 方式和系统管理方式 4 种工作方式。

1. 实地址方式

当 32 位微处理器加电或复位时，就进入了实地址方式。实地址方式使用 16 位微处理器的寻址方式、存储器管理和中断管理。实地址方式使用 20 位地址，寻址 1MB 空间，也可以使用 32 位寄存器（需在指令前加寄存器扩展前缀），使用特权级 0，可以执行大多数指令。实际上，实地址方式是把 32 位微处理器当做一个高速 16 位微处理器在使用。

32 位微处理器的实地址方式，主要是用于开机后为进入保护方式做准备。

2. 保护方式

32 位微处理器的基本工作方式是保护方式。保护方式下微处理器支持多任务运行，对任务隔离和保护，进行虚拟存储管理等。

保护方式充分发挥了 32 位微处理器的优良性能。

3. 虚拟 8086 方式

在 32 位微处理器的保护方式下可以运行多个任务。虚拟 8086 方式是保护方式下某个任务的工作方式，即虚拟 8086 方式允许在保护方式下运行多个 8086 程序。

虚拟 8086 方式的任务采用 8086 寻址方式，使用 1MB 内存空间，以最低特权级运行，不能使用特权指令。

4. 系统管理方式

系统管理方式主要是用于电源的管理方式。系统管理方式可以使处理器和外围设备进入“休眠”状态，当有键盘按下，或者鼠标移动时“唤醒”系统。利用系统管理方式可以实现软件关机。

2.3.4 现代微机的系统结构

为了充分发挥高档微处理器的性能，现代微机的系统结构也随之产生了巨大变化，尤其集中地反映在它们的总线结构上。

早期的微机采用简单的“单级总线”结构，即以微处理器为核心的系统总线结构，其最典型的是 PC/XT 总线结构。后续的微机为了提高系统性能，出现了各种标准化的总线，如 ISA，EISA，PCI 等总线，因此出现了适应各种不同速度设备的“多级总线”结构。

这里给出现代高档微机具有代表性的 3 个系统结构模式。

1. 微机 PC/XT 和 PC/AT 的系统结构

以 8088 为主处理器的 IBM PC/XT 微机是最大模式系统，其系统结构如图 2.6 所示。系统结构的核心是 62 线的 PC/XT 总线，其中包括 8 位数据线、20 位地址线、4.77MHz 的时钟信号等。PC/XT 总线数据传输速率为 1.2MB/s。微机的显示器接口、打印机接口、串行通信接口和扩充的存储器等都是以“接口卡”形式通过 62 线扩展插槽与系统连接的。

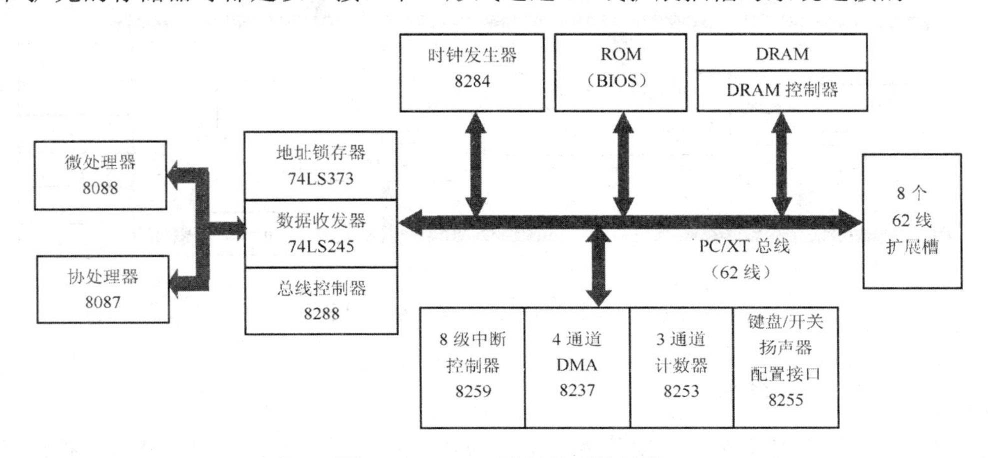

图 2.6　PC/XT 微机的系统结构

随着新微处理器的出现，IBM 公司很快推出了与 XT 总线兼容的，扩充的 PC/AT 总线。PC/AT 总线（98 线）保留原 PC/XT 总线的 62 线，新增 36 线，其中包括 16 位数据线、24 位地址线、15 个硬件中断通道、7 个 DMA 通道、8MHz 的时钟信号等。

PC/AT 微机的系统结构与 PC/XT 结构相似，最主要的区别是扩展槽形式“一分为二”，有 8 个（XT 总线）62 线的扩展槽，6 个（新增的）36 线扩展槽。

此后，PC/AT 总线被国际标准化，定为 ISA（Industry Standard Architecture，工业标准体系结构）总线。

2. 微机的“南北桥”结构

随着高性能微处理器 Pentiun 的出现，现代微机以数据传输的“高稳定”、“高速”为目的，推出了“ISA 总线+PCI 总线”的新型的、多级总线的系统结构。

微机的“南北桥”系统结构是由处理器总线、局部总线（PCI）、系统总线（ISA）三级总线组成，如图 2.7 所示。

“南北桥”结构建立了“存储器—高速外设—低速外设”分层次的多级总线结构。PCI 总线插槽接高速外设接口，ISA 总线插槽接低速外设接口，传统的较低速外设接口集成在 Super I/O 中。

“南北桥”结构各级总线之间的数据传输需要有总线控制器（也称为桥接器）管理。在系统结构图上以相对位置而言，把处理器总线与 PCI 总线之间的桥接器，称为“北桥”，把 PCI 总线与 ISA 总线之间的桥接器，称为“南桥”。这就是“南北桥”名称的由来。

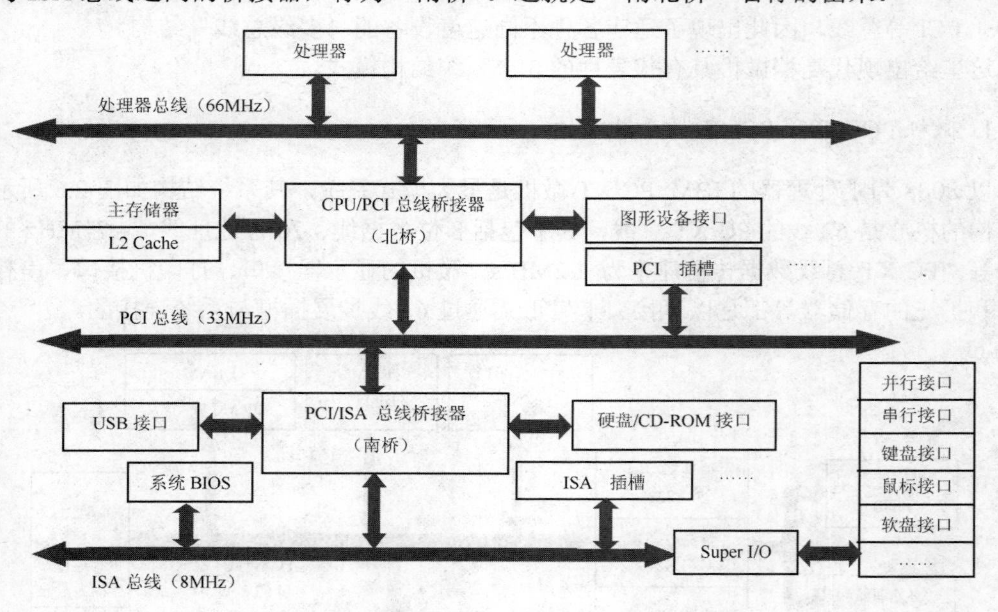

图 2.7 现代微机的“南北桥”结构

3. 微机的“中心”结构

“南北桥”结构仍然存在着数据传输“不够理想”的问题，为此，Intel 公司又推出了“中心”结构的新体系结构，如图 2.8 所示。

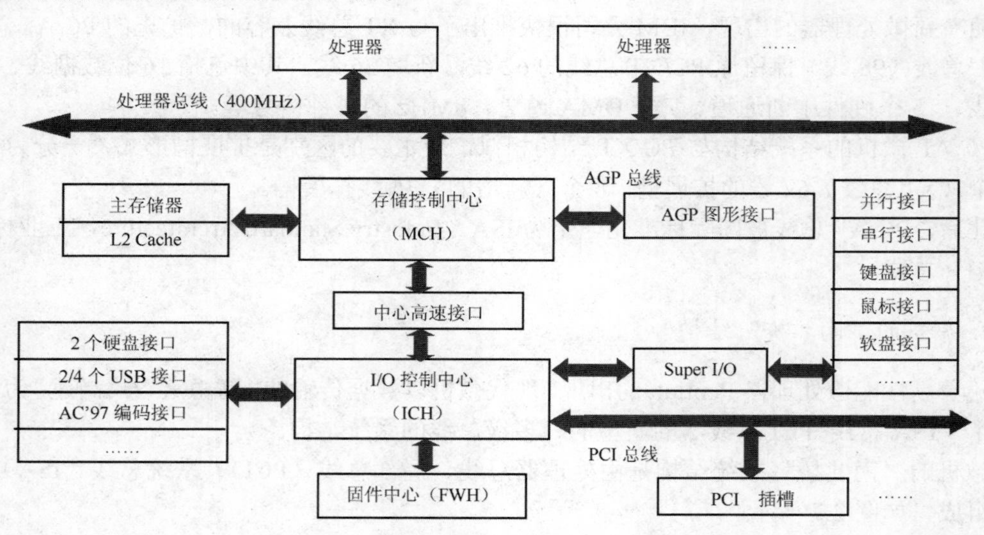

图 2.8 现代微机的“中心”结构

微机的“中心”结构进一步完善了多级总线结构，是目前高档微机普遍使用的微机系统结构。

存储控制中心（MCH，Memory Control Hub），建立了处理器与系统其他设备的高速连接，并通过中心高速接口与I/O控制中心（ICH，I/O Control Hub）连接。MCH还连接高速AGP图形设备接口、电源管理部件和存储管理部件等。

I/O控制中心（ICH）负责建立I/O设备与系统的连接。ICH连接了2个硬盘驱动器IDE接口，2个或4个USB接口，内置了AC'97控制器，提供音频编码和调制解调器编码接口。ICH还连接了Super I/O中心和固件中心（FWH）。FWH主要用于存储系统的BIOS。

习　题　2

2.1　试解释微机系统下列名词术语。

时序	时钟周期	总线周期	
访存空间	物理地址	逻辑地址	地址加法器
地址锁存器	数据收发器	标志寄存器	
指令指针	指令队列	指令译码器	

2.2　Intel 8086/8088微处理器的特点是什么？8086与8088的主要区别是什么？

2.3　8086/8088的执行部件EU和总线接口部件BIU各由哪些器件组成？EU和BIU的主要功能各是什么？

2.4　8086/8088是怎样解决地址线和数据线的复用问题的？ALE信号何时有效？有效电平是什么？

2.5　系统RESET信号有效时（复位），各寄存器内容和总线状态是什么？系统复位，首先执行的是什么指令？

2.6　说明8086/8088微机在进行存储器读、存储器写、I/O读、I/O写操作时，$M/\overline{IO}$，$\overline{RD}$，$\overline{WR}$引脚信号分别是什么逻辑电平组合？

2.7　如果用DEBUG命令显示出8086/8088以下各寄存器的内容：

AX=0000	BX=0000	CX=006D	DX=0000	SP=0120
DS=2000	ES=2000	SS= 4100	CS=1100	IP=00B8

请画出此时存储器分段的示意图，并指出此时的指令地址和堆栈地址。

2.8　试说明8086/8088微机系统结构中以下部件的作用。

Intel 8284A　　　Intel 8282（74LS373）　　　Intel 8286（74LS245）

2.9　给出8086/8088，80386，80486，Pentium微处理器的字长、地址线、数据线的数目，并分别推算出各自的内存寻址空间。

第 3 章　汇编语言程序设计

汇编语言程序是直接用指令系统的符号指令语句编写的程序。与高级语言相比，汇编语言编程比较繁杂，程序可读性和通用性不及高级语言好。但是，用汇编语言编程可以直接控制硬件，直接控制输入/输出接口，实时性能好。此外，用汇编语言编写的程序效率高，节省内存，运行速度快。所以，汇编语言被计算机高级技术人员用来编写计算机系统程序、实时通信程序、实时控制程序等。

本章介绍 Intel 8086/8088 指令系统，8086/8088 汇编语言程序格式，以及顺序结构、分支结构、循环结构和子程序的汇编语言程序设计技术。

3.1　8086/8088 指令系统

Intel 80x86 系列微机的指令系统是一套“复杂指令系统”。不断推出的高档微处理器的指令系统完全兼容了 8086/8088 微处理器的全部指令，所以 8086/8088 指令系统是 80x86 系列微机指令系统的基础。

8086/8088 指令系统有 133 条指令，加上不同的寻找操作数方式，不同的操作数据形式（字节数、字数、双字数）的各种组合，可构成上千种基本操作。由此可见，8086/8088 指令系统是该系列微机性能的重要体现。

3.1.1　8086/8088 指令格式

8086/8088 执行指令语句由标号、操作符、操作数、注释 4 项组成，格式为：

[< 标号 >：]　< 操作符 >　[< 操作数 >]　[；< 注释 >]

8086/8088 指令语句格式中各项之间至少要用一个空格分隔，加方括号的项为可选项，操作符项为必选项。

（1）标号项

标号是自定义的，以“：”结束的一个符号串，表示该指令语句在程序中的“地址”。通常，在需要表明“转移到此处”时给出标号描述。

（2）操作符项

操作符是指令操作功能的助记符号（关键字），通常是指令功能英文词的缩写。这是系统提供的保留字，必须要记住。

（3）操作数项

操作数是指令的“操作对象”。操作数（对象）可以是操作数据，也可以是转移地址。操作数的个数根据不同指令，有 0 个（无）操作数、1 个（单）操作数和 2 个（双）操作数。如果是 2 个（双）操作数，双操作数之间必须用“，”分隔。

（4）注释项

注释是仅仅提供阅读的文字信息，必须是以“；”开始的一个符号串。

3.1.2　8086/8088 寻址方式

微机的寻址方式，是指执行指令的操作数（对象）存放的地方——“地址”。8086/8088的操作数，可以在指令中直接给出，称为“立即数”，也可以指明存放的寄存器，或存储器（内存），或输入/输出（I/O）接口，甚至可以“约定”存放的地方，即“隐含寻址”。

由于 8086/8088 指令的操作数（对象）可以是操作数据，也可以是转移地址，所以，寻址方式可分为操作数寻址方式和转移地址寻址方式两大类。这里只讨论与“操作数据”有关的寻址方式，与“转移地址”有关的寻址方式，将在 3.3.2 节介绍转移指令时给出。

与操作数据有关的寻址方式有立即寻址、寄存器寻址和存储器寻址，而存储器寻址又可分为直接寻址、寄存器间接寻址、寄存器相对寻址、基址变址寻址、基址变址相对寻址，一共有七种寻址方式。

为了能举例说明操作数的寻址方式，这里先简单介绍一条数据传送指令——MOV 指令。MOV 指令有两个（双）操作数，分别称为源操作数和目的操作数，功能是把源操作数传送到目的操作数，数据类型有字节（8 位）数和字（16 位）数两种。MOV 指令的格式：

```
MOV   <目的操作数>，<源操作数>
```

1. 立即寻址方式

立即寻址方式是指操作数以常量形式（立即数），直接在指令中给出。例如，

```
MOV    CX, 9            ; CX ← 9
MOV    AX, 5807H        ; AX ← 5807H
MOV    AL, 42H          ; AL ← 42H
MOV    AH, 11010011B    ; AH ← 11010011B（0D3H）
MOV    AL, 1000         ; 错误，1000 超过了字节数的范围
```

注意，立即数只能作为 MOV 指令中的源操作数。

2. 寄存器寻址方式

寄存器寻址方式是指操作数存放在一个字节/字寄存器中。上面立即寻址方式例中的所有目的操作数的寻址方式就是寄存器寻址方式。源操作数和目的操作数都可以是寄存器寻址方式。例如，

```
MOV    AX, CX           ; AX ← CX
MOV    BL, AL           ; BL ← AL
MOV    AX, CL           ; 错误，寄存器类型不匹配
```

注意，由于 CS：IP 是 DOS 控制的，IP 寄存器不能用，CS 寄存器只可“读”，不可“写”，即不能改变其内容。

3. 存储器（内存）寻址方式

如果操作数存放在存储器中，为存储器（内存）寻址方式。内存操作数是用逻辑地址，即<段址>：<偏移址>描述的。8086/8088 的地址加法器自动形成 20 位的物理地址。

物理地址 ＝ <段址> ×16＋<偏移址>

内存寻址操作数的段址存放在段寄存器（一般是隐含规定）中。内存操作数的偏移址（EA）

有直接、寄存器间接、寄存器相对、基址变址、基址变址相对五种寻址方式。

（1）直接寻址方式

直接寻址是在指令中直接给出操作数的偏移址（EA）。例如，

```
MOV     AL, [1000H]         ；（DS : 1000H）的字节数→AL
MOV     AX, [1000H]         ；（DS : 1000H）的字数→AX
MOV     [2000H], BX         ；BX →（DS : 2000H）
```

例如，

```
N2=1000H                    ；伪指令定义符号数据 N2=1000H
MOV     AX, N2              ；N2 是立即数寻址方式
MOV     AX, [N2]            ；[N2]，即[1000 H]是直接内存寻址方式
```

注意：① 内存寻址描述一定要用方括号，即“[　]”标明。

② 如果是双操作数，不可以都是内存寻址方式。

（2）寄存器间接寻址方式

寄存器间接寻址是用一个 16 位寄存器存放操作数的偏移址（EA），即

EA=（基址/变址寄存器）

内存寻址中使用的寄存器，只能是 BX，BP，SI，DI 之一，其中，BX，BP 为基址寄存器，SI，DI 为变址寄存器。例如，

```
MOV     AX, [BX]            ；（DS : BX）的字数→AX
MOV     AX, [CX]            ；错误，CX 寄存器不能用于内存寻址
```

例如，

```
MOV     AX, SI              ；SI 是寄存器寻址方式
MOV     [SI], AX            ；[SI]是寄存器间接寻址方式
```

（3）寄存器相对寻址方式

寄存器相对寻址的偏移址（EA）是一个寄存器的内容与一个位移量之和，即

EA=（基址/变址寄存器）+〈位移量〉

内存寻址中的位移量是一个 8 位，或 16 位有符号数（补码）。例如，

```
MOV     AX, [BX-100]        ；（DS :（BX-100））的字数→AX
MOV     [BP +2], BX         ；BX →（SS :（BP+2））
```

（4）基址变址寻址方式

基址变址寻址的偏移址（EA）是一个基址寄存器与一个变址寄存器的内容之和，即

EA=（基址寄存器）+（变址寄存器）

基址变址寻址必须使用 BX 和 BP，SI 和 DI 中各一个寄存器组合。例如，

```
MOV     AX, [BX+SI]         ；（DS :（BX+SI））的字数→AX
MOV     [BP +SI], BX        ；BX →（SS :（BP+SI））
MOV     AX, [SI+DI]         ；错误，两个变址寄存器不能组合寻址
```

（5）基址变址相对寻址方式

基址变址相对寻址的偏移址（EA）是一个基址寄存器的内容，一个变址寄存器的内容，一个位移量，三者之和，即

EA=（基址寄存器）+（变址寄存器）+〈位移量〉

例如，

```
MOV    AL, [BX+SI+10]      ；（DS : (BX+SI+10)）的字节数→AL
MOV    [BP+DI-6], CX       ； CX →（SS :（BP+DI-6））
```

4. 内存寻址的段寄存器

内存寻址方式中段址寄存器的隐含规定：如果是直接寻址，或者使用 BX，SI，DI 寄存器之一的间接寻址，段基址均取自 DS 段寄存器；如果使用了 BP 寄存器间接寻址，那么，段基址就取自 SS 段寄存器。

如果不按照上述隐含规定，也可使用“换段前缀”，改变隐含规定的段寄存器。例如，

```
MOV    AX, [1000H]         ；直接寻址方式，段寄存器是 DS
MOV    AX, [BP]            ；寄存器间接寻址方式，段寄存器是 SS
MOV    [BX+10], AX         ；寄存器相对寻址方式，段寄存器是 DS
MOV    ES: [BX+10], AX     ；寄存器相对寻址方式，段寄存器是 ES
MOV    AX, SS: [BX+SI]     ；基址变址寻址方式，段寄存器是 SS
```

3.1.3 8086/8088 指令系统

8086/8088 指令系统（附录 A）共有 133 条执行指令，按功能可以分为 6 大类：数据传送类、算术运算类、逻辑运算和移位类、控制转移类、串操作类、处理器控制类。

这里主要介绍数据传送类、算术运算类、逻辑运算和移位类中常用的指令，控制转移类、串操作类指令，分别在下面相关汇编语言程序设计中讨论。

下面从格式、操作、操作数寻址方式 3 个方面，分类给出每一条指令语句的描述。为了描述的简约性，数据传送方向用“→”标明，操作数的类别和寻址方式用英文词的缩写符号标明。例如，

dst（目的操作数）　src（源操作数）　opr（操作数）　lab（标号）
imm（立即数）　reg（寄存器）　segreg（段寄存器）　mem（内存）

1. 数据传送指令类

数据传送类指令一共有 14 条，见表 3.1 所示。

表 3.1 数据传送类指令简表

指令符	功　能	指令符	功　能	指令符	功　能
MOV	数据传送	PUSH	压入堆栈	POP	弹出堆栈
XCHG	数据交换	XLAT	查表换码		
LEA	取偏移	LDS	取偏移和 DS	LES	取偏移和 ES
PUSHF	标志 R 压入栈	POPF	标志 R 弹出栈		
LAHF	标志 R 低 8 位给 AH	SAHF	AH 给标志 R 低 8 位		
IN	端口输入（读）	OUT	端口输出（写）		

数据传送类指令的数据类型是字节（byte）和字（word），绝大多数是双操作数，两个操作数类型必须一致。数据传送类指令的寻址方式，基本上都与 MOV 指令寻址方式相同，除了 POPF 和 SAHF 外，数据传送类指令均不影响标志位。

（1）数据传送指令 MOV

格式：MOV dst，src

操作：dst ← src

操作数寻址方式（dst、src 寻址配对有以下组合关系）：

dst	src
reg	reg/ mem/ imm / segreg
mem	reg/ imm/ segreg
segreg	reg/ mem

例如，

```
MOV     BX, 1000H
MOV     AL, [1000H]
MOV     [SI], AX
MOV     [2000H], [BX]          ；错误，源/目的操作数不能都是内存寻址
MOV     DS, 2000H              ；错误，立即数不能直接传送给段寄存器
```

可以改为，

```
MOV     AX, 2000H              ；AX= 2000H
MOV     DS, AX                 ；AX→DS，即 DS= 2000H
```

（2）堆栈操作指令

堆栈是一个“先进后出”的内存数据区。堆栈的地址指针是 SS : SP，始终指向堆栈栈顶单元。堆栈操作是从堆栈栈顶压入/弹出数据，压入/弹出堆栈必须是字类型数据。

① 压入堆栈（入栈）指令 PUSH

格式： PUSH src

操作： a) SP – 2 → SP b) src →（SS : SP）

操作数寻址：src = reg / segreg / mem

② 弹出堆栈（出栈）指令 POP

格式： POP dst

操作： a) （SS : SP）→ dst b) SP + 2 → SP

操作数寻址：同 PUSH 指令

例如，

```
PUSH    AX                     ；AX→（SS : SP）
PUSH    [BX]                   ；（DS : BX）→（SS : SP）
POP     CX                     ；（SS : SP）→CX
PUSH    CL                     ；错误，堆栈操作必须是字类型数据
POP     200                    ；错误，立即数不能是堆栈操作数据
```

（3）数据交换指令 XCHG

格式： XCHG opr1，opr2

操作：opr1 ↔ opr2

操作数寻址：opr1= reg / mem opr2= reg / mem

例如，

```
XCHG    [2000H], [BX]          ；错误，不可以直接把两个内存数据交换
```

可以改为，

```
MOV     AX, [2000H]        ；(DS : 2000H) →AX
XCHG    AX, [BX]           ；AX 和 (DS : BX) 交换，即 AX = (DS : BX)
MOV     [2000H], AX        ；AX→ (DS : 2000H)
```

（4）查表换码指令 XLAT

格式： XLAT

操作： AL ←（DS :（BX+AL））

操作数寻址：AL 是隐含寄存器寻址，（BX+AL）是隐含内存寻址

数据表最大容量为 256 个字节，BX 是数据表头的偏移地址（EA），AL 是距离数据表头的位移量（0～255）。例如，

```
MEM     DB      'ABCDEFGHIJKLMNOPQRSTUVWXYZ'     ；定义 MEM 数据表
        MOV     BX, OFFSET MEM     ；BX 取 MEM 数据表头的 EA
        MOV     AL, 2              ；AL= 2
        XLAT                       ；AL= 43H（'C'的 ASCII 码值）
```

（5）地址传送指令

① 偏移地址传送指令 LEA

格式： LEA dst，src

操作： src 的偏移地址（EA）→ dst

操作数寻址： dst = reg   src = mem

② 段基址和偏移地址传送指令 LDS / LES

格式： LDS dst，src

    LES dst，src

操作： a) (src) → dst   b) (src+2) → DS / ES

操作数寻址：同 LEA 指令

地址传送指令的源操作数（src）必须是内存寻址。LDS、LES 指令是内存双字（4 字节）数据。例如，

```
LEA     BX，[2080H]        ；BX = 2080H
LDS     BX，[2080H]        ；BX =（DS: 2080H），DS =（DS: 2082H）
```

上面 XLAT 指令的例子，也可以这样实现，

```
MEM     DB      'ABCDEFGHIJKLMNOPQRSTUVWXYZ'     ；定义 MEM 数据表
        LEA     BX, MEM         ；BX 取 MEM 数据表头的 EA
        MOV     AL, [BX+2]      ；AL= 43H（'C'的 ASCII 码值）
```

（6）标志（Flag）寄存器传送指令

① 标志寄存器入/出栈

格式：PUSHF   ；标志寄存器压入堆栈

  POPF   ；标志寄存器弹出堆栈

② 标志寄存器低位字节传送

格式：LAHF   ；标志寄存器低 8 位 →AH

  SAHF   ；AH→ 标志寄存器低 8 位

标志寄存器传送指令的操作数，即标志寄存器和 AH 寄存器是隐含寻址的。

（7）I/O 接口数据传送指令

格式：IN AL/AX，<端口地址>　　；读输入端口数据（字节/字）

　　　OUT　<端口地址>，AL/AX　；写输出端口数据（字节/字）

I/O 接口数据传送指令的寄存器只能是 AL（字节数据），或 AX（字数据），端口地址是一个 16 位 I/O 接口的地址值（0～0FFFFH）。如果端口地址值在 0～255（0～0FFH），即字节数范围，可以直接给出；如果端口地址值>255，则必须用（也只能用）DX 寄存器间接给出。

例如，

```
IN      AL, 80H         ；读取 80H 端口的数据→AL
OUT     20H , AL        ；AL→送 20H 端口输出
OUT     20H , AX        ；AX→送 20H，21H 端口输出
MOV     DX, 100H        ；DX=100H
OUT     DX, AL          ；AL→送（DX）端口，即 100H 端口输出
```

注意，端口地址绝不能加“[ ]”，因为“[ ]”是内存寻址描述。例如，

```
MOV     AL, [80H]       ；正确，[ 80H ]是内存寻址，（DS : 0080H）→AL
IN      AL, [80H]       ；错误，端口寻址不能用方括号
```

2. 算术运算指令类

算术运算类指令一共有 20 条，分成加、减、乘、（整）除指令和 BCD 码调整指令五组，这里仅介绍加、减、乘、除 14 条指令，见表 3.2 所示。

表 3.2　算术运算类指令简表

指令符	功　能	指令符	功　能	指令符	功　能
ADD	加法	ADC	进位加法	INC	加 1
SUB	减法	SBB	借位减法	DEC	减 1
CMP	比较	NEG	求补		
MUL	无符号乘法	IMUL	有符号乘法		
DIV	无符号除法	IDIV	有符号除法		
CBW	字节符号扩展	CWD	字符号扩展		

算术运算类指令绝大多数是双操作数，操作数可为字节/字类型，寻址方式与 MOV 指令基本相同。算术运算类指令一般都是根据运算结果，设置标志位（ZF，SF，CF，OF）。

（1）加法指令

① 加法指令 ADD

格式：　ADD　　dst，src

操作：　（dst）+（src）→ dst

操作数寻址：　dst = reg/ mem　　　　src = reg/ mem/ imm

② 进位加指令 ADC

格式：　ADC　　dst，src

操作：　（dst）+（src）+ CF → dst

操作数寻址：同 ADD 指令

③ 加 1 指令 INC

格式：　INC　dst

操作：　（dst）+ 1 → dst

操作数寻址：　dst = reg/ mem

（2）减法指令

① 减法指令 SUB

格式：　SUB　dst，src

操作：　（dst）－（src） → dst

操作数寻址：同 ADD 指令

② 借位减指令 SBB

格式：　SBB　dst，src

操作：　（dst）－（src）- CF → dst

操作数寻址：同 ADD 指令

③ 减 1 指令 DEC

格式：　DEC　dst

操作：　（dst）−1→ dst

操作数寻址：同 INC 指令

④ 比较指令 CMP

格式：　CMP　dst，src

操作：　（dst）－（src），不取运算结果，仅根据减法运算结果设置标志位

操作数寻址：同 ADD 指令

⑤ 求补指令 NEG

格式：　NEG　dst

操作：　0 -（dst） → dst　；求（dst）的互补码

操作数寻址：同 INC 指令

例如，求 2 个 32 位（双字）数之和，即 12345678H + 80A7FD28H，

```
MOV    DX, 1234H
MOV    AX, 5678H         ; DX|AX= 12345678H
ADD    AX, 0FD28H
ADC    DX, 80A7H         ; DX|AX=12345678H + 80A7FD28H= 92DC53A0H
```

（3）乘法指令

① 无符号数乘法指令 MUL

② 有符号数乘法指令 IMUL

格式：　MUL / IMUL　src

操作：　如果 src 是字节数，（AL）×（src） → AX（字，16 位）

　　　　如果 src 是字数，（AX）×（src） → DX|AX（双字，32 位）

操作数寻址：src = reg/ mem

乘法指令的被乘数（AL 或 AX），乘积（AX 或 DX|AX）是固定的，隐含寻址，只需给出一个操作数——乘数（src），并根据乘数的数据类型，确定是字节乘法，还是字乘法，字节乘法的乘积一定是字类型，字乘法的乘积一定是双字类型。例如，

```
MUL     AH        ; 无符号数 (AL)×(AH)→AX
MUL     BX        ; 无符号数 (AX)×(BX)→DX|AX
IMUL    AL        ; 有符号数 (AL)×(AL)→AX
IMUL    CX        ; 有符号数 (AX)×(CX)→DX|AX
```

有/无符号数乘法的结果是不一样的。例如，

无符号数字节乘法　　0FFH×1= 00FFH（255×1 = 255）

有符号数字节乘法　　0FFH×1= 0FFFFH（-1×1 = -1）

例如，计算 31×（-4），

```
MOV     AL, 31    ; AL= 31（1FH）
MOV     CL, -4    ; CL= -4（0FCH）
IMUL    CL        ; AX= -124（0FF84H）
```

（4）除法指令

① 无符号数除法指令 DIV

② 有符号数除法指令 IDIV

格式：　DIV / IDIV　src

操作：　如果 src 是字节数，（AX）/（src）→ AL（商），AH（余数）

　　　　如果 src 是字数，　（DX|AX）/（src）→ AX（商），DX（余数）

操作数寻址：src = reg / mem

除法指令的被除数（AX 或 DX|AX），商（AL 或 AX）和余数（AH 或 DX）是固定的，隐含寻址，只需给出一个操作数——除数（src）。例如，

```
DIV     BL        ; 无符号数 (AX) / (BL) →AL（商），AH（余数）
IDIV    BX        ; 有符号数 (DX |AX) / (BX) →AX（商），DX（余数）
```

除法运算可能出现两种错误情况：① 0 做除数的错误；② 除法溢出错误，即“商”超出了规定的数值范围。例如，如果 AX= 600，BL=2，

```
DIV     BL        ; 错误，商 300，超出字节数范围，溢出错误！
```

有符号数除法的余数与被除数的符号相同。例如，

如果 AX = 0010H（+16），BL= 0FDH（-3）

```
IDIV    BL        ; 商 AL= 0FBH（-5），余数 AH= 1
```

如果 AX=0FFF0H（-16），BL= 03H（3）

```
IDIV    BL        ; 商 AL= 0FBH（-5），余数 AH= 0FFH（-1）
```

（5）符号扩展指令

① 字节符号扩展指令 CBW

② 字符号扩展指令 CWD

格式：

```
CBW               ; AL 字节数符号扩展成 AX 字数
CWD               ; AX 字数符号扩展成 DX |AX 双字数
```

符号扩展指令的操作数 AL/ AX / DX 是隐含寻址。例如，

如果，AL=56H，CBW 指令使 AX=0056H；

如果，AL=86H，CBW 指令使 AX=0FF86H。

符号扩展指令常用在 IDIV 指令之前，做有符号被除数的数据类型扩展，即 AL 扩展成 AX，或 AX 扩展成 DX |AX。

例如，计算（−104）除以 25，

```
MOV     AL, -104        ; AL= −104（98H ）
CBW                     ; AL 扩展成 AX（0FF98H）
MOV     BL, 25          ; BL= 25
IDIV    BL              ; AL= −4（商）  AH= −4（余数）
```

3. 逻辑运算和移位指令类

逻辑运算和移位类指令是以二进制数位为单位的“位操作”指令。逻辑运算指令有 5 条，移位指令有 8 条，见表 3.3 所示。

表 3.3　逻辑运算和移位类指令简表

指令符	功　能	指令符	功　能	指令符	功　能
NOT	逻辑非	OR	逻辑或	XOR	逻辑异或
AND	逻辑与	TEST	位测试		
SHL	逻辑左移	SHR	逻辑右移		
SAL	算术左移	SAR	算术右移		
ROL	循环左移	ROR	循环右移		
RCL	带进位循环左移	RCR	带进位循环右移		

逻辑运算和移位类指令绝大多数是双操作数，操作数可为字节/字类型，多数情况会影响标志位。逻辑运算指令的寻址方式与算术运算指令基本相同。

（1）逻辑运算指令

① 逻辑非指令 NOT

② 逻辑与指令 AND

③ 逻辑或指令 OR

④ 逻辑异或指令 XOR

逻辑非、逻辑与、逻辑或、逻辑异或指令的格式和操作，见表 3.4 所示。

表 3.4　逻辑非、与、或、异或指令格式和操作表

逻辑运算指令	格　式	操　作
逻辑非	NOT　dst	~(dst) → dst
逻辑与	AND　dst, src	(dst)∧(src) → dst
逻辑或	OR　dst, src	(dst)∨(src) → dst
逻辑异或	XOR　dst, src	(dst)⊕(src) → dst

操作数寻址：dst = reg/ mem　　　　　src = imm/ reg / mem

逻辑运算指令的标志位 ZF 和 SF 分别取自结果，OF 和 CF 均为 0。例如，

```
AND     AL, 50H         ; AL=（AL）∧50H
OR      AX, [8080H]     ; AX=（AX）∨（DS : 8080H）
AND     AL, 0FH         ; AL 高 4 位清 0，低 4 位保留
OR      AL, 0FH         ; AL 高 4 位保留，低 4 位置 1
XOR     AL, 0FH         ; AL 高 4 位保留，低 4 位取反
```

⑤ 测试指令 TEST

格式： TEST　dst，src

操作：(dst) ∧ (src)，不取运算结果，仅根据逻辑与运算结果设置标志位

例如，

```
ADD     AL, 50H        ; AL=（AL）+ 50H
TEST    AL, 80H        ; AL∧80H，置标志位（测试 AL 的 D7 位）
JNZ     P1             ; ZF 标志“不等于 0”（D7 为 1），转 P1 标号
```

（2）移位指令

① 逻辑左/右移指令 SHL / SHR

② 算术左/右移指令 SAL / SAR

③ 循环左/右移指令 ROL / ROR

④ 带进位循环左/右移指令 RCL / RCR

格式： < 指令符 >　dst，cnt

操作数寻址： dst 是移位的对象，dst = reg / mem

　　　　　　 cnt 是移位的位数，cnt= 1/ CL

移位指令的标志位 ZF 和 SF，根据移位结果设置，CF，左移取自 dst 的最高位，右移取自 dst 的最低位。

移位指令的操作图解，如图 3.1 所示。

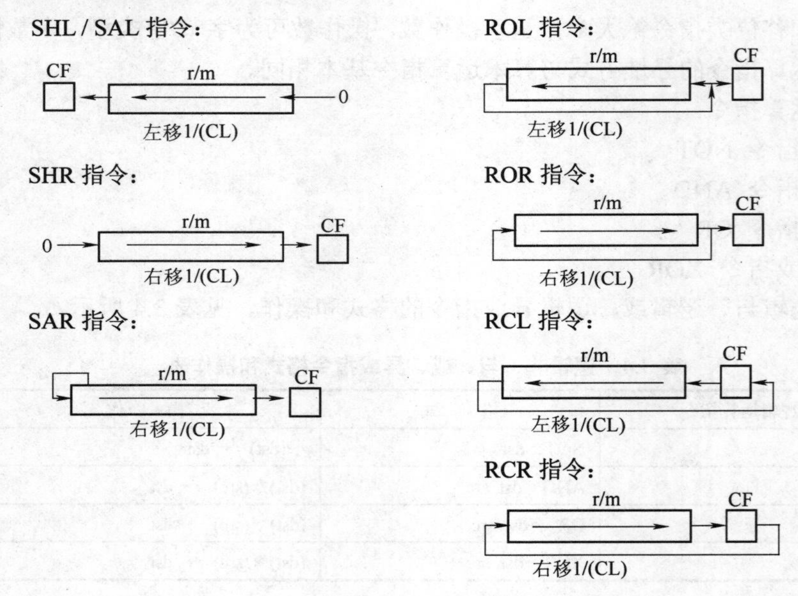

图 3.1　移位指令的操作图解

算术/逻辑左移一位，相当于“乘以 2”；算术/逻辑右移一位，相当于“除以 2”。所以，在做 2 的倍数的乘/ 除法时，常用移位指令来实现。

例如，将双字（DX | AX）算术右移 2 位，即做有符号双字数（DX| AX）除以 4。

```
MOV     DX, 8FF9H
MOV     AX, 8000H      ; DX|AX= 8FF98000H
SAR     DX, 1
```

```
RCR     AX, 1          ；（DX|AX）除以 2
SAR     DX, 1
RCR     AX, 1          ；再除以 2，即除以 4，DX|AX= 0E3FE6000H
```

4. 控制转移指令类

控制转移类指令的操作数是转移的"目标地址"，所以是转移地址寻址方式。控制转移类指令有转移指令（20 条）、循环指令（3 条）、子程序调用/返回指令（3 条）、软件中断调用/返回指令（3 条）。

有/无条件转移指令，将在 3.3.2 节分支程序设计中介绍；循环指令，将在 3.3.3 节循环程序设计中介绍；子程序和软件中断的调用/返回指令，将在 3.3.4 节子程序设计中介绍。

5. 串操作指令类

串操作指令类的操作数涉及到 1 个，或 2 个连续的内存数据（"串"），所以称为串操作。串操作类指令有串传送指令、从串取指令、存入串指令、串比较指令、串扫描指令等，将在 3.3.3 节循环程序设计中介绍。

6. 处理器控制指令类

处理器控制指令类有标志位（CF/DF/ IF）设置指令和微处理器控制指令，见表 3.5 所示。

表 3.5 处理器控制类指令简表

指 令 符	功 能	指 令 符	功 能
CLC	CF=0	STC	CF=1
CMC	CF 取反		
CLD	DF=0	STD	DF=1
CLI	IF=0	STI	IF=1
NOP	空操作	HLT	暂停（等外部中断）
LOCK	封锁总线	WAIT	等待（TEST 信号）

3.2 汇编语言程序

8086/8088 汇编语言源程序由执行指令、伪指令、宏指令语句组成。所以，目前使用的汇编程序（MASM/TASM）在"翻译"汇编语言源程序时，能识别和处理执行指令，伪指令，宏指令。

（1）执行指令语句

执行（符号）指令是提供给汇编程序的，"翻译"成机器能直接执行的指令语句。

3.1 节介绍了 8086/8088 指令系统。

（2）汇编指示（伪）指令语句

汇编指示指令是汇编程序自身提供的，对汇编过程起控制作用的汇编操作命令，即汇编指示指令语句。例如，分配数据存储单元，给标号赋值，控制汇编过程结束等。相对于执行指令，这类指令是"非执行"的，所以，汇编指示指令常被称为伪指令。

本节将介绍 8086/8088 常用的汇编指示（伪）指令。

（3）宏指令语句

宏（Macro）指令是提供给汇编程序的，“功能宏大”的扩展指令语句。宏指令是有唯一命名、按一定语法规则定义、具有独立功能的一个指令语句序列。宏指令实际是功能扩展的“高级”指令。宏指令的运用，有 3 个环节：

宏定义——给一个具有独立功能的语句序列（“宏体”）赋予一个“宏名”；

宏调用——需要使用“宏”时，给出要调用的“宏名”，以及对应宏定义中的形参格式给出“实参”；

宏展开——汇编程序在处理宏调用时进行“宏体”展开，并用“实参”代换宏定义中的形参。

本书不介绍 8086/8088 宏指令，汇编语言程序设计也不涉及宏指令的使用。

3.2.1 汇编语言语句格式

汇编语言源程序的每条语句可以由 4 项组成，语句格式：

[< 名字 >]　< 操作 >　< 操作数 >　[; < 注释 >]

其中，带方括号的为可选项，根据需要取舍。各项之间用空格键或 TAB 键符分界。

1. 名字项

名字项是自定义的一个标识符串，可以是标号名（结束于“:”）、符号常数名、变量名、段名、过程（子程序）名等。

名字项的标识符可以由字母 A～Z / a～z（大/小写字母通用），数字 0～9，特殊字符“@”，“_”，“.”，“?”等可打印字符组成。名字的标识符不能多于 31 个字符（超过的字符省略），第 1 个字符不能是数字符，“.”只能做第 1 个字符。

有效的名字项，例如，NEXT_A，LOOP1，START，FFH，.386，AP???。

无效的名字项，例如，0FFH（十六进制数），'ABC'（字符串数），2ab，S.asm。

2. 操作项

操作项是执行指令、伪指令，或宏指令名，是系统提供的指令操作的功能助记符，为指令语句的关键字，必须记住，并要写正确。

3. 操作数项

操作数项是指令具体操作的对象，可以是操作数据，也可以是转移地址。如果是多个操作数，操作数之间用“,”分隔。

操作数项可以用常数和汇编表达式描述，这将在 3.2.2 节介绍。

在名字项中定义的名字，可以在操作数项中被使用。如果是标号名、过程名，可作为转移地址使用；如果是变量名，可作为内存单元的偏移地址（EA）直接寻址使用；如果是符号常数名，可作为立即数使用；如果是段名，可作为段基址立即数使用。

4. 注释项

注释项（开始于“;”）是说明几条指令，或一段程序功能的文字信息。

3.2.2 汇编表达式

操作数项可以用汇编表达式描述。汇编表达式是由（整数）常数、寄存器、标号、变量等，以及规定的运算符组成的，能被汇编程序识别，并计算出结果的操作数表达式。

根据汇编表达式的计算结果是数值，或者是地址，分为数值表达式和地址表达式两种。

1. 数字常数

数字常数，即立即数，可以是直接给出二进制/十进制/十六进制数、ASCII 字符数值（用单引号括起来的字符）、名字项定义的符号常数等。

例如，11001010B，0A080H，255，'A'（41H），'ok'（6F6BH）。

2. 数值表达式

数值表达式是由常数和数值运算符组成，计算结果是字节/字（整数）数据的表达式。

数值表达式中常使用的数值运算符有：

① 算术运算符 +、−、*、/（整除）、MOD（取余）；

② 逻辑运算符 NOT（非）、AND（与）、OR（或）、XOR（异或）、SHL（左移）、SHR（右移）；

③ 关系运算符 EQ（=）、NE（≠）、GT（>）、GE（≥）、LT（<）、LE（≤），关系运算结果真值为−1，即全 1，假值为 0。

例如，19/7（=2），19 MOD 7（=5），80H OR 78H（=0F8H），88H SHL 2（=20H），
100 NE 102（=−1），100 GT 102（=0）。

3. 地址表达式

地址表达式是由常量、变量、标号、[BP]、[BX]、[SI]、[DI]，以及地址运算符组成，计算结果为内存地址值的表达式。

内存地址有段基址、偏移址、类型三种属性。地址类型分为 BYTE（字节）、WORD（字）、DWORD（双字），NEAR（段内），FAR（段间）5 种。

地址表达式中常用的地址运算符有：

① 地址算术运算符 + 、−（加/减偏移址的相对值）；

② 属性定义运算符 <段寄存器>:（换段前缀）、PTR（类型运算）；

③ 分析运算符 SEG（取段基址值）、OFFSET（取偏移址值）、TYPE（取地址类型值，1/2/4/−1/−2）、LENGTH（取变量单元数）、SIZE（取变量总字节数）

例如，

```
MEM     DB      10H, 20H, 30H, 40H      ；伪指令 DB 定义 MEM 字节变量
        MOV     AX, SEG MEM             ；AX= MEM 的段基址
        MOV     DS, AX
        MOV     BX, OFFSET MEM          ；BX= MEM 的偏移址 EA
        MOV     AL, [BX+2]              ；AL=30H
        MOV     AX, WORD PTR MEM        ；定义 MEM 为字变量类型，AX=2010H
        MOV     AL, TYPE MEM            ；取 MEM 变量类型值，AL=1
```

数值/地址表达式中常用汇编运算符的优先级见表 3.6 所示。

表 3.6　常用的汇编运算符的优先级

运 算 符 号	优 先 级
(), [ ], <>	高
:，PTR，SEG，OFFSET，TYPE	↓
*，/，MOD，SHL，SHR	↓
+，-	↓
EQ，NE，LT，LE，GT，GE	↓
NOT	↓
AND	↓
OR，XOR	低

3.2.3　汇编指示性（伪）指令

汇编语言源程序中指示汇编操作的指令语句称为伪指令。

常用的汇编语言程序伪指令有符号定义、内存数据定义、段定义、过程定义和模块定义五组，见表 3.7 所示。

表 3.7　常用的伪指令语句简表

指 令 符	功　能	指 令 符	功　能
EQU	符号等值	=	等号
DB	字节变量定义	DW	字变量定义
SEGMENT	段定义	ENDS	段结束
ASSUME	段说明	ORG	段内偏移址指针$设置
PROC	过程（子程序）定义	ENDP	过程（子程序）结束
NAME	模块定义	END	模块结束

1. 符号定义伪指令

（1）符号等值伪指令 EQU

格式：　<符号名>　EQU　<符号对象>

（2）等号伪指令 =

格式：<符号名>=<表达式>

EQU 的符号对象可以是任何符号；= 只能是合法的汇编表达式，= 的符号名可以重复定义。例如，

```
count      EQU      19                  ; count =19
b=20
b=b+10                                  ; b 重新定义，b = 30
d=(count+4)*2                           ; d = 46
fnum       EQU      123456H             ; 正确，"123456H" 为符号对象
gnum=123456H                            ; 错误，123456H 超过了 16 位二进制的数值范围
addr       EQU      ES:[BX+SI]
```

如果使用了指令语句，

```
MOV      AX, addr            ; 即汇编为 MOV   AX, ES:[BX+SI]
```

2. 内存变量定义伪指令

内存变量定义伪指令有 DB（字节）、DW（字）、DD（双字）、DQ（8 个字节）、DT（10 个字节）等，最常用的是 DB、DW、DD。

格式：[<变量名>]　DB / DW / DD　<数据表>

操作：定义内存变量、类型（BYTE/ WORD/ DWORD），通过数据表分配内存单元，并存放初始数据。

数据表给出了顺序存放在内存单元中的数据，多个数据之间用“，”分隔。数据表的数据可以是数值表达式（8/16/32 位值）、地址表达式（16/32 位值）、（ASCII 码值——8 位值）、？和数据重复定义子句。

？——仅分配内存单元，不给出初始数据。

重复定义子句——重复定义一批数据，并可嵌套使用。

格式：　<重复次数>　DUP　（<数据表>）

例如，

```
DA1        DB        'DATA SEGMENT'
DA2        EQU       $–DA1                    ; DA2=12（$ 为当前偏移址指针）
DA3        DB        6DH, 62, 15H, 28
DA4        DB        10 dup (0, 5 dup (1, 2), 0)
DA5        DB        '12345'
DA6        DW        7, 9, 298, 1967
DA7=DA6 –DA4                                  ; DA7=125
DA8= $–DA4                                    ; DA8=133
```

3. 段定义伪指令

（1）段定义伪指令 SEGMENT

格式：<段名>　SEGMENT　[<段属性表>]

段属性表为可选项，一般在多模块的大规模程序中使用，这里不讨论。

（2）段结束伪指令 ENDS

格式：<段名>　ENDS

同一个段的 SEGMENT 语句与对应的 ENDS 语句的段名必须一致。

（3）段基址说明伪指令 ASSUME

格式：ASSUME　segreg: <段名>，…

segreg 是 CS、DS、ES 和 SS 之一，段名是已定义的段名。

（4）偏移址指针$设置伪指令 ORG

格式：ORG　<数值表达式>　；数值 0～65535（0～0FFFFH）

例如，定义一个数据段和一个代码段，

```
DATA      SEGMENT                  ; DATA 段开始
          < 数据定义语句序列 >
```

```
DATA    ENDS                        ; DATA 段结束
CGDE    SEGMENT                     ; CGDE 段开始
        ASSUME   CS:CODE, DS:DATA
        < 指令语句序列 >
CODE    ENDS                        ; CGDE 段结束
```

4. 过程定义伪指令

（1）过程定义伪指令 PROC

格式：<过程名>　PROC　[<过程类型>]

过程类型有两种，段内过程类型（NEAR）和段间过程类型（FAR）。

（2）过程结束伪指令 ENDP

格式：<过程名>　ENDP

过程定义的 PROC 语句与对应的 ENDP 语句的过程名必须一致。

过程定义伪指令将在子程序设计中详细介绍。

5. 程序模块定义伪指令

（1）程序模块开始伪指令 NAME

格式：NAME　<模块名>

NAME 伪指令标识程序模块名，可省略不用。如果省略 NAME 伪指令，则用源程序文件名做程序模块名。

（2）程序模块结束伪指令 END

格式：END　[<主程序入口>]

程序模块一定要用 END 伪指令结束，不可省略。一般，主程序模块结束要给出程序入口标号，或者是主程序的过程名。

3.2.4 汇编语言程序段结构

8086/8088 汇编语言程序是标准的段结构形式，段结构体现了程序模块化设计思想。下面给出一个 8086/8088 汇编语言程序段结构示例。

```
DATA    SEGMENT                     ; 定义数据段
        < 数据定义语句序列 >
DATA    ENDS
CODE    SEGMENT                     ; 定义代码段
        ASSUME  CS：CODE，DS：DATA
START:
        < 指令语句序列 >
        MOV     AX，4C00H
        INT     21H                 ; 程序结束，返回 DOS
CODE    ENDS
        END     START               ; 汇编结束，START 为入口标号
```

3.3 汇编语言程序设计

汇编语言程序的设计理念和设计步骤和高级语言程序设计一样，即分析问题、确定解决问题的方法（算法）、用流程图表示算法、编写源程序、上机调试运行（汇编/连接/调试/运行）等。

汇编语言程序设计采用结构化程序设计技术。结构化程序设计体现了程序结构定理化，即采用三种基本结构（顺序结构、分支结构和循环结构）编写程序。

由顺序结构、分支结构、循环结构的任意组合和嵌套构成的结构化的程序，只有一个入口和一个出口，使得程序结构清晰，易于理解、易于修改、易于调试，充分显示了程序模块化设计的优点。

这里，主要以例说明 8086/8088 汇编语言三种基本结构（顺序、分支、循环）的程序设计，子程序设计，以及系统提供的中断调用子程序的使用。

3.3.1 顺序程序设计

顺序结构是最基本的一种程序结构形式，也是最简单的汇编语言程序设计。它是一个完全按顺序逐条执行的指令序列，即指令指针线性增加，程序一直顺序往下执行，中途没有任何分支和出口。

顺序结构往往在某个程序段中大量出现，但作为一个完整的程序较少见。顺序程序设计举例，最多的是做数据运算。

【例 3.1】 计算 $S=(8000-(X*Y+Z))/X$，其中 X，Y，Z，S 均是有符号数字变量。

```
；数据段：
DATA    SEGMENT
  X     DW      600
  Y     DW      25
  Z     DW      -2000
  S     DW      ?, ?                ；存放商和余数
DATA    ENDS
；计算 S 算术表达式程序段：
        MOV     AX, X
        IMUL    Y                   ；DX | AX =X*Y
        MOV     BX, AX
        MOV     CX, DX              ；CX | BX= X*Y
        MOV     AX, Z
        CWD                         ；Z 扩展成双字 DX | AX
        ADD     BX, AX
        ADC     CX, DX              ；CX | BX= X*Y+Z
        MOV     AX, 8000
        CWD                         ；字数 8000，扩展成双字 DX | AX
        SUB     AX, BX
```

```
        SBB     DX, CX          ; DX | AX= 8000-（X*Y+Z）
        IDIV    X               ;（8000-（X*Y+Z））/X
        MOV     S, AX           ; 商（AX）存放到 S 单元
        MOV     S+2, DX         ; 余数（DX）存放到 S+2 单元
```

【例 3.2】把一个字节的压缩 BCD 码，转换成两个字节的 ASCII 码。

```
DATA    SEGMENT
BCD     DB      48H
ASC     DB      ?, ?
DATA    ENDS
CODE    SEGMENT
        ASSUME  CS:CODE, DS:DATA
START:  MOV     AX, DATA
        MOV     DS, AX          ; 设置 DS 数据段基址
        MOV     AL, BCD
        MOV     BL, AL          ; AL，BL 取 BCD 数据（48H）
        AND     AL, 0FH         ; AL=08H
        OR      AL, 30H         ; AL=38H
        MOV     ASC, AL         ; 转换的 38H 存放到 ASC 单元
        MOV     CL, 4
        SHR     BL, CL          ; BL=04H
        OR      BL, 30H         ; BL=34H
        MOV     ASC+1, BL       ; 转换的 34H 存放到 ASC+1 单元
        MOV     AX, 4C00H
        INT     21H             ; 返回 DOS
CODE    ENDS
        END     START
```

注意，本书给出的汇编语言程序设计例题，多数把段结构形式省略了，仅给出相关数据变量定义和主要的程序功能段。

3.3.2 分支程序设计

一个实际应用程序，往往需要根据处理过程中出现的不同条件做出逻辑判断，决定程序的走向。每个逻辑判断有“是”、“否”两种结果。程序必须在逻辑判断处出现两种走向时给出选择，即程序出现了分支，构成了分支结构程序。

汇编语言程序设计，可以有两种情况能实现分支结构。

① 使用条件转移指令，当指定的条件满足时，改变程序走向；否则，程序顺序执行。

② 利用影响状态标志的指令，如算术/逻辑运算、移位、位测试指令提供的标志位测试条件，给出逻辑判断，确定是否转移。

1. 有/无条件转移指令

有/无条件转移指令的操作数是指示转移的目标地址，即地址寻址方式。因为要“转移”，

必然涉及到 CS 和 IP 寄存器的值。如果是“段内转移”，仅涉及 IP；如果是“段间转移”，涉及 CS 和 IP。

（1）无条件转移指令 JMP

格式： JMP dst

操作：计算或得到转移目标处的地址，转移到目标处。

操作数：dst = lab / reg / mem

无条件转移指令的寻址方式分段内/段间直接转移、段内/段间间接转移。

① 段内/段间直接转移：直接给出段内，或段间目标地址的标号。

格式： JMP lab

段内/段间直接转移有以下四种形式：

```
JMP    lab                ；段内直接转移，IP = lab 偏移地址（EA）
JMP    SHORT   lab        ；段内短转移，IP= IP + <8 位位移量>
JMP    NEAR PTR   lab     ；段内近转移，IP= IP + <16 位位移量>
JMP    FAR PTR   lab      ；段间远转移，CS= lab 段地址，IP= lab 偏移地址
```

例如，

```
JMP    PP1                ；段内直接转移，IP = PP1 偏移地址
JMP    SHORT   PP2        ；段内短转移，IP = PP2 偏移地址
JMP    NEAR PTR   PP3     ；段内近转移，IP= PP3 偏移地址
JMP    FAR PTR   PP4      ；段间转移，CS = PP4 段地址，IP = PP4 偏移地址
```

② 段内/段间间接转移：从寄存器，或内存（字/双字）单元中得到目标地址。

格式： JMP reg / mem

例如，

```
JMP    BX                 ；段内间接转移，IP =（BX）
JMP    WORD PTR [BX]      ；段内间接转移，IP =（DS:BX）
JMP    DWORD PTR [BX]     ；段间间接转移，IP =（DS:BX），CS=（DS:（BX+2））
```

无条件转移指令——JMP 指令转移地址的寻址方式有段内直接寻址、段内间接寻址、段间直接寻址、段间间接寻址四种。

（2）有条件转移指令 Jxxx

格式： Jxxx lab

操作数寻址方式：lab 为段内短转移，即 lab 偏移地址的位移量必须在（−128～+127）范围内。

操作：IP = IP + <8 位位移量>（补码）

有条件转移指令，通常在设置，或改变了标志位的指令，如，算术、逻辑运算等指令之后使用。有条件转移指令的功能如图 3.2 所示。

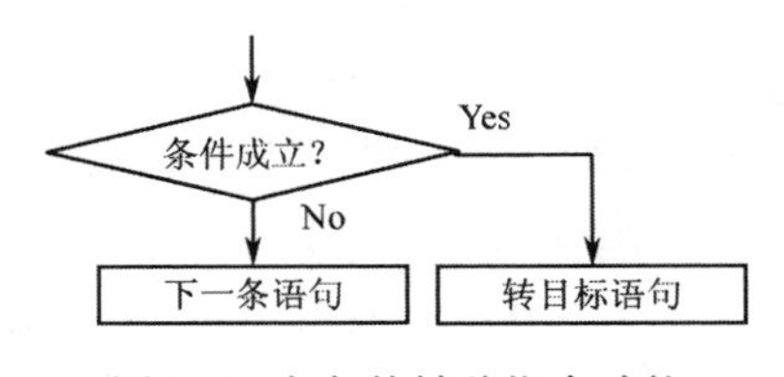

图 3.2 有条件转移指令功能

有条件转移指令一共有 19 条。根据测试标志的情况，有单个标志测试的条件转移指令、多个标志综合测试的条件转移指令。而多个标志综合测试条件，往往是用在两个数据的比较测试，分有符号数比较和无符号数比较。有条件转移指令见表 3.8 所示。

表 3.8　有条件转移指令简表

分　　类	助　记　符	测试标志条件	功　　能
单标志测试条件转移指令	JZ（JE）	ZF=1	为零转
	JNZ（JNE）	ZF=0	非零转
	JC	CF=1	有进/借位转
	JNC	CF=0	无进/借位转
	JS	SF=1	符号位为1转
	JNS	SF=0	符号位为0转
	JO	OF=1	有溢出转
	JNO	OF=0	无溢出转
	JP	PF=1	“1”偶数个转
	JNP	PF=0	“1”奇数个转
	JCXZ	CX=0	CX=0 转
有符号数比较测试条件转移指令	JG	$(SF \oplus OF) \vee ZF=0$	大于转
	JGE	$SF \oplus OF=0$	大于等于转
	JL	$SF \oplus OF=1$	小于转
	JLE	$(SF \oplus OF) \vee ZF=1$	小于等于转
无符号数比较测试条件转移指令	JA	$CF \vee ZF=0$	高于转
	JAE	CF=0	高于等于转
	JB	CF=1	低于转
	JBE	$CF \vee ZF=1$	低于等于转

2. 分支程序的结构

（1）二分支结构

汇编语言程序的二分支结构是用条件转移指令实现的。条件转移指令相当于高级语言的 if—then 语句，即

if　< 单条件 >　then　< 标号 >

【例 3.3】 把有符号字节数 *X* 和 *Y* 的较大者送入变量 *Z*。

；字节变量 *X* 和 *Y* 比较程序段：

```
      MOV     AL, X         ; AL= X
      CMP     AL, Y         ; AL（即 X）和 Y 比较
      JGE     YG            ; X≥Y，转 YG
      MOV     AL, Y         ; X<Y，AL=Y
YG:   MOV     Z, AL         ; 较大数存放到 Z 单元
```

（2）多分支结构

汇编语言程序的多分支结构，相当于是实现高级语言的 if-then-else 语句、case 语句，即

if　< 复合条件 >　then　< 标号 1 >　else　< 标号 2 >

case　< 多选条件 >　do < 标号 1 >，< 标号 2 >，……< 标号 *n* >

汇编语言多分支程序设计，是把 if-then-else 语句的复合条件项，或者 case 语句的多选条件项分解成多个单条件项，用多个条件转移指令的有效组合，实现多分支结构。

3. 分支程序设计

分支结构程序的设计，一般由“产生条件”、“测试”、“定向”和“转移标号”四部分组成。特别要处理好分支结构的“入/出口”，即分支程序的转移标号（入口）和分支程序处理完成（出口），避免某个分支程序错误地进入另一个分支程序。在线性语句序列描述中，分支程序的“出口”常用 JMP 指令实现。

当然，最简单、最基本的是二分支程序设计，而实际应用的分支程序，大多数是多分支结构。对于多分支程序设计，一定要结构清晰、易读、易理解。

多（n）分支结构程序的设计方法一般采用逻辑分解法和地址跳转表法。

（1）分解法分支程序设计

逻辑分解法是把 n（>2）分支结构逐步分解成（n−1）个单分支结构。这种分支程序设计方法适用于 n 分支数不多的应用场合。

【例 3.4】 求 X 字节变量数据的符号函数（3 分支）。

$$Y=\begin{cases}1 & X>0\\0 & X=0\\-1 & X<0\end{cases}$$

```
;求字节变量符号函数程序段：
        MOV     AL, X
        CMP     AL, 0           ;AL（X）与 0 比较
        JZ      ZERO            ;为 0，转 ZERO
        JS      NEGA            ;为负，转 NEGA
        MOV     AL, 1           ;为正，AL= 1
        JMP     OK              ;转公共出口 OK
ZERO:   MOV     AL, 0           ;AL= 0
        JMP     OK              ;转公共出口 OK
NEGA:   MOV     AL, 0FFH        ;AL=−1
OK:     MOV     Y, AL           ;符号函数值存放到 Y 单元
```

（2）跳转表法分支程序设计

n 分支结构程序设计，还可以根据一个“地址跳转表”——连续存放 n 个分支转移的地址数据，根据分支号做计算，选择某分支号的“地址跳转表”地址，从中取得分支入口地址，实现转移。这种分支程序设计方法适用于 n 分支数比较多的应用场合。

地址跳转表法是分支程序设计的一个技巧，主要是设计“地址跳转表”，以及给出“由分支号得到分支入口地址”的算法。

地址跳转表有多种形式，这里给出最简单的“偏移地址跳转表”多分支程序设计。

【例 3.5】 键盘读入一个成绩等级字符 A～D，显示对应的分数段字符串（4 分支）。

```
;数据变量定义：
CHAR    DB      ?                               ;存放键盘输入的字符（ASCII 码）
TABL    DW      ENT_A, ENT_B, ENT_C, ENT_D      ;4 个入口标号的 EA 跳转表
;地址跳转表法程序段：
P1:     ⋮                                       ;键盘输入 A/B/C/D 字符，放入 CHAR 单元
```

```
        MOV     AL, CHAR
        SUB     AL, 41H             ；转换成数字 0～3（分支号）
        CMP     AL, 3
        JA      P1                  ；>3（非 A～D），重新输入字符
        CMP     AL, 0
        JS      P1                  ；<0（非 A～D），重新输入字符
        MOV     AH, 0               ；扩展成 AX
        SHL     AX, 1               ；（AX）* 2
        MOV     BX, AX
        JMP     TABL[BX]            ；转到对应的分支
          ⋮
ENT_A:    ⋮                         ；输出“A : 100～85 !”字符串
        JMP     QUIT                ；转公共出口 QUIT
ENT_B:    ⋮                         ；输出“B : 84～70 ! ”字符串
        JMP     QUIT                ；转公共出口 QUIT
ENT_C:    ⋮                         ；输出“C : 69～60 ! ”字符串
        JMP     QUIT                ；转公共出口 QUIT
ENT_D:    ⋮                         ；输出“D : 59～0 ! ”字符串
QUIT:   MOV     AX, 4C00H
        INT     21H                 ；返回 DOS
```

3.3.3 循环程序设计

在实际应用中，经常需要连续地重复执行一些相同的操作，这适宜使用循环结构程序。

1. 循环程序结构

汇编语言程序的循环结构一般由循环初始化、循环体（重复执行的操作）、循环变量修改和循环结束控制四部分组成。

① 循环初始化：它是循环程序的准备部分，设置循环程序的初始状态，例如，循环变量初值、地址指针初值、寄存器或存储单元初值等。循环初始化仅执行一次。

② 循环体：它是循环程序中需要多次重复执行的处理部分，是循环结构的功能程序段。循环体至少执行一次，但又必须是有限次的执行。

③ 循环变量修改：它和循环体协调配合，对参加运算的数据或地址进行恰当的修改，以保证下一次循环操作能正确地取到操作数或存储结果。

④ 循环控制：它用于保证循环程序按预定的循环次数，或者按预定的条件循环，并能控制循环程序在有限次后正常退出循环（否则为“死”循环）。

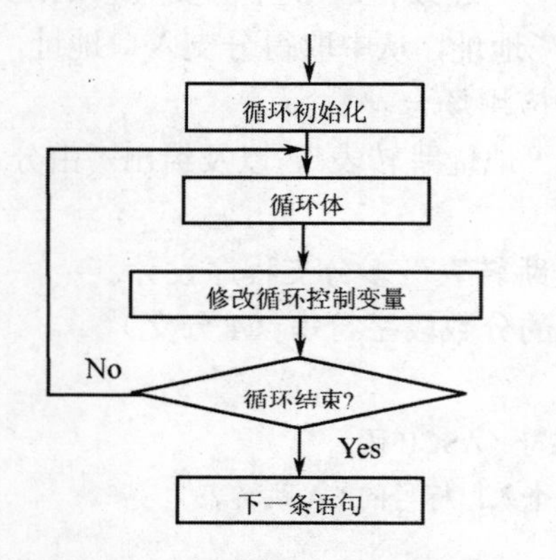

图 3.3 汇编语言循环程序基本结构

汇编语言程序的循环结构如图 3.3 所示。

2. 循环指令

可以很方便地实现循环结构的指令有循环控制指令和串操作指令，其中，串操作指令要结合重复前缀才能实现循环功能。

（1）循环控制指令

循环控制指令有 3 条，LOOP、LOOPZ、LOOPNZ 指令。

格式：　LOOPxx　lab

操作数寻址方式：lab 为段内短转移，即 lab 偏移址的位移量必须在（−128～+127）范围内。循环控制指令的寻址方式与条件转移指令相同。

操作：　IP = IP + <8 位位移量>（补码）

循环控制指令隐含涉及到 CX 寄存器的减 1 操作，做循环次数的计数控制。所以，CX 也常被称做循环计数器。循环控制指令的操作和循环测试条件见表 3.9 所示。

表 3.9　循环控制指令简表

指　令　符	操作和测试条件	功　　能
LOOP	CX-1，CX≠0	循环控制
LOOPZ	CX-1，CX≠0 且 ZF=1	零标志循环控制
LOOPNZ	CX-1，CX≠0 且 ZF=0	非零标志循环控制

例如，

```
        LOOP      PP3                 ; CX-1，CX≠0 转 PP3
```

相当于以下两条指令，

```
        DEC       CX
        JNZ       PP3
```

（2）串操作指令和重复前缀

串操作是对 1 个或 2 个内存存放的一批数据（字符串），连续进行相同或相关的操作（字符串循环操作）。

串操作有串传送、串存储、串装入、串比较、串搜索（扫描）五种，每种串操作又可分为字节串操作和字串操作。串传送、串比较是对两个串（源串和目的串）的操作，串存储、串装入、串搜索是对 1 个串（源串，或目的串）的操作。

串操作指令的操作数是隐含寻址，源串地址指针是 DS : SI，目的串地址指针是 ES : DI。在串操作后，SI 和/或 DI 自动做±1，或±2 修改，其中，做“+”或“−”修改，取决于 DF 标志位，DF=1，修改为“+”，DF=0，修改为“−”；1 或 2 修改，取决于是字节类型，还是字类型串操作。

串操作指令还可以加上重复前缀，实现该串操作的重复执行，即串操作的循环。使用重复前缀，必须用 CX 做重复次数的计数器，CX 预先设置重复次数初值。

格式：< 重复前缀 >　< 串操作指令 >

操作：重复执行串操作指令，并做 CX−1，直到重复串操作的测试条件不成立为止。

串操作指令的重复前缀有 REP、REPZ、 REPNZ，其操作和重复串操作的测试条件见表 3.10 所示。可以看出，串操作指令加上重复前缀，相当于串操作的循环操作。重复前缀类似于循环控制（LOOP）指令的功能。

表 3.10 串操作指令的重复前缀

重复前缀	操作和测试条件	功能
REP	CX-1，CX≠0	重复前缀
REPZ	CX-1，CX≠0 且 ZF=1	零条件重复前缀
REPNZ	CX-1，CX≠0 且 ZF=0	非零条件重复前缀

10 条串操作指令的操作、串操作后 SI 和/或 DI 的修改，以及与之相配的重复前缀见表 3.11 所示。

表 3.11 串操作指令简表

功能	指令符	串操作	串操作后修改	相配前缀
串传送	MOVSB	字节 (ds:si)→es:di	(di)±1→di，(si)±1→si	REP
	MOVSW	字 (ds:si)→es:di	(di)±2→di，(si)±2→si	
串存储	STOSB	字节 (al)→es:di	(di)±1→di	REP
	STOSW	字 (al)→es:di	(di)±2→di	
串装入	LODSB	字节 (ds:si)→al	(si)±1→si	无
	LODSW	字 (ds:si)→al	(si)±2→si	
串比较	CMPSB	字节 (es:di) – (ds:si)	(di)±1→di，(si)±1→si	REPZ
	CMPSW	字 (es:di) – (ds:si)	(di)±2→di，(si)±2→si	REPNZ
串扫描	SCASB	字节 (al) – (ds:si)	(si)±1→si	REPZ
	SCASW	字 (al) – (ds:si)	(si)±2→si	REPNZ

【例 3.6】把存储器中 N 个字节数据"搬家"。

这里给出两种方法，即分别用 LOOP 指令和 MOVSB 指令实现数据"搬家"。

```
；数据变量定义：
BLKS    DB      'THIS IS A PROGRAM FOR STRING MOVING'  ；"搬家"的源串
N       EQU     $- BLKS              ；N 为数据个数
BLKD    DB      N  DUP  (?)          ；存放"搬家"的目的串
；"搬家"程序段 1：
        MOV     AX, DATA
        MOV     DS, AX               ；设置 DS 数据段基址
        LEA     SI, BLKS             ；SI 取源串首地址
        LEA     DI, BLKD             ；DI 取目的串首地址
        MOV     CX, N                ；CX 取数据个数
LOP1:   MOV     AL, [SI]             ；取一个数
        MOV     [DI], AL             ；"搬"一个数
        INC     SI
        INC     DI                   ；SI 和 DI 分别做+1 修改
        LOOP    LOP1                 ；CX−1≠0，继续"搬"数
；"搬家"程序段 2：
        MOV     AX, DATA
        MOV     DS, AX               ；设置 DS 数据段基址
```

```
        MOV     ES, AX          ；设置 ES 数据段基址
        LEA     SI, BLKS
        LEA     DI, BLKD
        MOV     CX, N
        CLD                     ；标志位 DF=0，SI 和 DI 做+1 修改
        REP     MOVSB           ；重复串传送，直至“搬家”结束
```

3. 循环程序设计

汇编语言循环程序设计，根据循环次数确定与否，有两种控制方法，即计数控制法和条件控制法。

（1）计数控制循环程序设计

在循环程序设计中，用计数的方法实现循环控制是最常用的方法，这种方法适用于已知循环次数的场合。计数控制法循环程序一般用 CX 做计数器，与 LOOP 指令配合，采用倒计数做计数控制。

【例 3.7】 计算 $N!$。

如果设定 $N! < 65535$，即 $N!$不超过一个字（16 位）数据范围，N 只能取值 1～8。

```
；数据变量定义：
N       EQU     x               ；x 为 1～8 数之一
ANS     DW      ?               ；存放 N！单元
；计算 N！程序段：
        MOV     AX, 1
        MOV     CX, N           ；循环初始化（AX=1，CX= N）
NEXT:   MUL     CX              ；循环体，即 AX= N*(N-1)*…*1
        LOOP    NEXT            ；CX−1≠0，转 NEXT
        MOV     ANS, AX         ；结果值存放到 ANS 单元
```

【例 3.8】 计算 $SUM = a_1b_1 + a_2b_2 \cdots\cdots + a_{10}b_{10}$。

```
；数据变量定义：
A       DB      89，5，-56，80，19，−5，76，80，100，12        ；A 数组 10 个数据
B       DB      8，−29，102，38，−5，62，30，−10，52，12       ；B 数组 10 个数据
SUM     DW      ?
；计算 SUM 程序段：
        MOV     DX, 0           ；DX=0（计算结果初值）
        MOV     SI, 0           ；SI=0（数组下标初值）
        MOV     CX, 10          ；CX=10（计数初值）
LOP1:   MOV     AL, A[SI]
        IMUL    B[SI]           ；AX = ajbj
        ADD     DX, AX
        INC     SI              ；下标值+1
        LOOP    LOP1            ；CX−1≠0，继续计算
        MOV     SUM, DX         ；结果值存放到 SUM 单元
```

（2）条件控制循环程序设计

如果循环程序的循环次数不确定，但能根据设定的某个条件成立与否，做有限次的循环控制。这种循环程序设计方案就是条件控制法。

【例 3.9】 求满足 $\sum i < 8000$ 的最大数 X。

```
;数据变量定义:
X           DW      ?               ;存放 X 数
CONS = 8000
;求最大数 X 程序段:
            MOV     AX, 0           ;AX=0（Σi 初值）
            MOV     BX, 0           ;BX=0（X 初值）
NEXT:       INC     BX
            ADD     AX, BX          ;求Σi
            CMP     AX, CONS        ;Σi 与 8000 比较
            JB      NEXT            ;小于 8000，继续循环
            DEC     BX
            MOV     X, BX           ;结果值存放到 X 单元
```

（3）多重循环程序设计

以上介绍的循环程序设计是单循环程序。如果在一个循环结构的循环体中，又包含另一个循环结构，这就构成了多重循环程序。下面以二重循环程序设计为例，给出多重循环程序的设计思路。

【例 3.10】 统计 BUF 数据区 64 个字节数中“1”数位的个数，存放到 COUNT 单元。

该统计程序采用二重循环结构。外循环采用计数控制法，CX=64（初值），内循环采用条件控制法。内循环的条件控制程序设计要点：

① AL 中为统计的字节数，AL 逻辑左移 1 位，最低位补 0，最高位移入 CF 标志位；

② 用 ADC BX, 0 指令加 CF 标志值，即（BX）+1，或（BX）+0，做统计；

③ 判 AL = 0 ？；如果 AL = 0，不再统计该字节数，退出内循环。

```
;统计程序段:
            MOV     BX, 0           ;BX=0（统计初值）
            LEA     SI, BUF         ;SI 取 BUF 数据区首地址
            MOV     CX, 64          ;CX=64（外循环初值）
 EX1:       MOV     AL, [SI]        ;
 IN1:       SHL     AL, 1           ;左移 1 位，最高位移入 CF 标志位
            ADC     BX, 0           ;统计，BX 加 CF 标志（0/1）
            CMP     AL, 0
            JNZ     IN1             ;内循环不结束，继续统计该字节数
            INC     SI              ;SI+1
            LOOP    EXl             ;CX−1≠0，继续统计下一个字节数
            MOV     COUNT, BX       ;统计结果值存放到 COUNT 单元
```

【例 3.11】 ARR 数据区有 N 个有符号字节数（ARR 数组）。求 ARR 数组的最大值、最小值、数组元素之和，以及数据平均值。

```
DATA    SEGMENT
 ARR    DB      34, −45, 12, 66, −89, 26, 90, 67, −22, 120, 50, 70, 10, 0, −44, 55
        DB      67, 39, −82, −67, 20, −38, 23, −88, 0, −110, 98, 20, −55, 45
 N      EQU     $-ARR
 MAX    DB      -128                ；预先放最小值
 MIN    DB      127                 ；预先放最大值
 SUM    DW      0                   ；预先放求和初值 0
 PING   DB      ?                   ；存放平均值
DATA    ENDS
CODE    SEGMENT
        ASSUME  CS: CODE, DS: DATA
START:  MOV     AX, DATA
        MOV     DS, AX
        LEA     BX,  ARR            ；BX 取 ARR 数组地址指针
        MOV     CX, N               ；取数据个数
 PP1:   MOV     AL, [BX]
        CBW
        ADD     SUM, AX             ；求和
        CMP     MAX, AL
        JGE     P1
        MOV     MAX, AL             ；求最大值
 P1:    CMP     MIN, AL
        JLE     P2
        MOV     MIN, AL             ；求最小值
 P2:    INC     BX
        LOOP    PP1                 ；循环结束？
        MOV     AX, SUM
        MOV     CL, N
        IDIV    CL                  ；求平均值
        MOV     PING, AL            ；存放平均值
        MOV     AX, 4C00H
        INT     21H                 ；返回 DOS
CODE    ENDS
        END     START
```

3.3.4 子程序设计和系统调用

汇编语言程序的子程序设计是实现程序模块化设计的重要技术之一。本节介绍子程序（过程）定义、子程序调用和返回，以及系统提供的常用软件中断子程序的调用（系统功能调用）。

1. 子程序定义

子程序（过程）是具有一定功能的、独立的一个指令语句集合（程序段），可以在需要时被一次或多次调用。由于是被调用的程序段，所以称为子程序（过程），而调用子程序的程序，称为主程序。

（1）子程序（过程）定义

8086/8088 子程序（过程）的结构定义，是由 PROC 和 ENDP 一对伪指令实现的。

① 过程定义伪指令 PROC

格式：<过程名> PROC [<过程类型>]

过程类型有 NEAR（段内过程类型）和 FAR（段间过程类型）两种，默认为 NEAR（段内过程类型）。

② 过程结束伪指令 ENDP

格式：<过程名> ENDP

一个过程结构定义的 PROC 和 ENDP 语句的过程名必须一致。

（2）子程序调用和返回指令

汇编语言程序是通过 CALL 调用指令实现子程序调用的，转到子程序执行；当执行到子程序中的 RET 返回指令，返回 CALL 调用指令的下一条指令继续执行（主）程序。子程序能正确返回主程序是通过堆栈实现的。

① 子程序调用指令 CALL

格式： CALL <过程名> ；直接调用（定义的过程类型）

CALL 指令的寻址方式和 JMP 指令相同，有段内直接、段间直接、段内间接、段间间接四种调用形式。

```
CALL   NEAR PTR  <过程名>  ；段内（近）直接调用（IP）
CALL   FAR PTR  <过程名>   ；段间（远）直接调用（CS : IP）
CALL   WORD PTR   reg / mem ；段内（近）间接调用（IP）
CALL   DWORD PTR   mem     ；段间（远）间接调用（CS : IP）
```

操作：

a）把返回地址压入堆栈保存（段内：返回 IP 入栈；段间：返回 CS 和 IP 入栈）；

b）转向被调子程序（段内：设置 IP；段间：设置 CS 和 IP）。

例如，

```
CALL  SUB1                  ；根据 SUB1 定义的过程类型调用
CALL  NEAR  PTR  SUB2       ；段内调用，IP = SUB2 偏移址
CALL  FAR  PTR  SUB3        ；段间调用，CS = SUB3 段址，IP = SUB3 偏移址
CALL  WORD  PTR  [BX]       ；段内间接调用，IP =（DS:BX）
CALL  DWORD PTR  [BX]       ；段间间接调用，IP =（DS:BX），CS=（DS:（BX+2））
```

② 子程序返回指令 RET

格式：

```
RET                 ；返回主程序
RET    n            ；返回主程序，并清除堆栈顶 n 个字节（n 为偶数）
```

操作：

如果是段内过程类型，从堆栈弹出 IP；如果是段间过程类型，从堆栈弹出 IP 和 CS。如果是 RET n 返回指令，除弹出返回地址外，(SP)+n→SP。

RET 返回指令的使用，一定要注意两点：

a）子程序结束时，必须执行到 RET 指令；

b）当执行 RET 指令时，SP 要指向 CALL 调用时保存的返回地址，能正确返回主程序。

2. 子程序（过程）结构

子程序（过程）结构必须在代码段结构之内。子程序只能通过 CALL 指令进入，也只能通过 RET 指令返回，其他进/出子程序的方式都是错误的。

【例 3.12】8086/8088 汇编语言子程序设计结构示例。

```
CODE    SEGMENT                         ; 定义 CODE 代码段
        ASSUME  CS : CODE, DS : DATA
START:
        ⋮
        CALL    PRO1                    ; 调用子程序 PRO1
        ⋮
        MOV     AX，4C00H
        INT     21H                     ; 返回 DOS
PRO1    PROC                            ; 定义子程序 PRO1
        ⋮
        < 子程序体 >
        ⋮
        RET                             ; 子程序返回
PRO1    ENDP                            ; 子程序 PRO1 结束
CODE    ENDS                            ; CODE 代码段结束
        END     START                   ; 汇编结束，START 为执行入口标号
```

3. 子程序设计

汇编语言子程序在遵循上述结构形式的基础上，子程序体的设计一般包括以下处理环节：

```
<过程名>    PROC        [NEAR/FAR]
    保护现场
    处理入口参数
    子程序功能段
    处理出口参数
    恢复现场
    RET 返回
<过程名>    ENDP
```

（1）保护/恢复现场

子程序和调用（主）程序中都使用到的寄存器和存储单元称为现场。为了实现子程序能

正确地被一次或多次调用和返回，必须在进入子程序前，或者在子程序中有保护现场环节，并且在子程序返回调用程序前，或者在返回主程序后恢复现场环节。

保存和恢复现场最常用的方法也是利用堆栈特性，保护时将“现场”压入堆栈，恢复时将“现场”弹出堆栈。注意，堆栈操作特性是“先进后出”，保存/恢复的“现场”要正确。

【例 3.13】 子程序保护现场和恢复现场示例。

```
SUB1    PROC
        PUSH    AX
        PUSH    BX
        PUSH    CX              ；保护现场 AX, BX, CX

        POP     CX              ；恢复现场 AX, BX, CX
        POP     BX
        POP     AX
        RET
SUB1    ENDP
```

（2）子程序的参数传递

汇编语言子程序常需要在主程序和子程序之间传递入/出口参数。除了利用寄存器、存储单元传送参数外，还常利用堆栈传递参数。所以，汇编语言子程序设计最大特色是要合理、正确地设计堆栈操作。

① 寄存器传递参数：用寄存器传递子程序入/出口参数。这种传递参数方法最简单、最通用，但由于寄存器数目的限制，传递的参数个数有限。

【例 3.14】 求一个无符号数的十进制/二进制/十六进制的各数位值的和。

例如，104（01101000B，68H）十进制/二进制/十六进制的数位和分别是 5，3，14。

```
；数据变量定义：
NUM     DW      x               ；x 为一个无符号字数据
SUM     DW      ?               ；存放数位和
；主程序：

        MOV     AX, NUM         ；AX 取数 NUM
        MOV     CX, 10          ；CX 取数制 10（/2/16）
        CALL SUBR               ；AX，CX 为入口参数，BX 为出口参数（数位和）
        MOV     SUM, BX         ；数位和存放到 SUM 单元

        MOV     AX, 4C00H
        INT     21H             ；返回 DOS
；求数位之和子程序 SUBR：
SUBR    PROC
        PUSH    DX              ；保护现场 DX
        MOV     BX, 0           ；BX=0（数位和初值）
  LOP:  CMP     AX, 0
```

```
        JZ      OK              ; AX= 0 结束，转 OK（有条件结束循环）
        MOV     DX, 0           ; 被除数高 16 位 DX 清 0
        DIV     CX              ; 除以 10（/ 2 / 16），余数在 DX
        ADD     BX, DX          ; 求数位和
        JMP     LOP
  OK:   POP     DX              ; 恢复现场 DX
        RET
SUBR    ENDP
```

② 存储单元传递参数：用存储单元传递子程序入/出口参数。这种传递参数方法一般使用在传递参数个数较多，并且参数是连续存放在一个数据缓冲区的。

【例 3.15】将例 3.14 用寄存器传递参数改为用存储单元传递参数。

```
；数据变量定义：
NUM     DW      x               ; x 为一个无符号数
DECI    DW      10              ; 数制 10（/ 2/ 16）
SUM     DW      0               ; 存放数位和初值 0
；主程序：
        ⋮
        CALL    SUBR            ; 求 NUM 的数位和
        ⋮
        MOV     AX, 4C00H
        INT     21H             ; 返回 DOS
；求数位之和子程序 SUBR：
SUBR    PROC
        PUSH    DX              ; 保护现场 DX
        MOV     AX, NUM         ; AX 取 NUM 数
        MOV     CX, DECI        ; CX 取数制 10（/ 2 / 16）
  LOP:  CMP     AX, 0
        JZ      OK              ; AX= 0 结束，转 OK
        MOV     DX, 0
        DIV     CX              ; 除以 10（/ 2 / 16）
        ADD     SUM, DX         ; 数位和在 SUM 单元
        JMP     LOP
  OK:   POP     DX              ; 恢复现场 DX
        RET
SUBR    ENDP
```

③ 堆栈传递参数：把传递的入口参数依次压入堆栈，然后调用子程序；子程序取出堆栈中的参数使用；使用 RET *n* 指令返回主程序，弹出堆栈的入/出口参数。

用这种方法传递参数，特别要注意入/出口参数在堆栈中的位置，并正确使用堆栈指针，做“先进后出”的堆栈操作。

【例 3.16】将例 3.14 用寄存器传递参数改为用堆栈传递参数。

```
; 数据变量定义：
NUM     DW      x                   ; x为一个无符号字数据
SUM     DW      ?                   ; 存放数位和
; 主程序：
        ⋮
        MOV     AX, NUM
        PUSH    AX                  ; 数NUM压入堆栈
        MOV     AX, 10
        PUSH    AX                  ; 数制10（/2/16）压入堆栈
        CALL    SUBR
        POP     AX                  ; 从堆栈取数位和（出口参数）
        MOV     SUM, AX             ; 数位和存放到SUM单元
        ⋮
        MOV     AX, 4C00H
        INT     21H                 ; 返回DOS
; 求数位之和子程序SUBR：
SUBR    PROC
        PUSH    DX                  ; 保护现场DX
        MOV     BP, SP              ; BP= SP（当前栈顶指针）
        MOV     AX, [BP+6]          ; AX取堆栈中的数NUM
        MOV     CX, [BP+4]          ; CX取堆栈中的数制10（/2/16）
        MOV     BX, 0               ; BX为数位和初值0
  LOP:  CMP     AX, 0
        JZ      OK                  ; AX= 0结束，转OK
        MOV     DX, 0
        DIV     CX                  ; 除以10（/2/16）
        ADD     BX, DX              ; 求数位和
        JMP     LOP
  OK:   MOV     [BP+6], BX          ; 数位和（出口参数）送到堆栈
        POP     DX                  ; 恢复现场DX
        RET     2
SUBR    ENDP
```

（3）子程序设计说明

子程序设计完成后，一般都要给出必要的文字说明。子程序设计说明的内容包括：

a）子程序名；

b）子程序功能；

c）子程序入/出口参数和传递方式；

d）子程序使用的寄存器和内存单元；

e）子程序应用示例。

子程序还可以设计成各种更为复杂的结构形式，如子程序调用其他子程序（子程序嵌套），

子程序调用自身（子程序递归调用），子程序被中断并再次被中断程序调用（子程序可重入）等。

4. 系统功能调用

IBM PC 微机系统提供了一些具有输入/输出（I/O）设备、文件和内存管理的例行（中断）子程序，让用户用软件中断指令调用它们，这称为系统功能调用。系统提供的中断子程序是段间过程类型。

（1）软件中断指令

软件中断指令有软件中断调用指令和中断返回指令。

① 软件中断指令 INT

格式：　　INT　*n*

n 为中断类型号，数值范围 0～255（0～0FFH）。INT　*n* 指令功能，相当于“CALL　< *n* 号中断子程序 >”，实现 *n* 号中断子程序的段间调用。

② 中断返回指令 IRET

格式：　　IRET

IRET 指令和 RET 指令功能相同，返回 INT 指令调用处。只不过 IRET 是专用的中断子程序的返回指令。

（2）系统功能调用

系统功能调用分为 BIOS 功能调用和 DOS 功能调用，可以用 INT *n* 指令实现功能调用。

BIOS（附录 B）是系统提供的基本输入/输出（I/O）中断子程序，驻留在系统的 ROM 中。BIOS 主要有系统加电自检、引导装入、主要 I/O 设备驱动和接口控制等系统功能，是操作系统与外设之间的“软接口”，处于系统软件的最底层。常用的 BIOS 是中断类型号 *n* 为 10H～1CH 的功能调用，如 10H 号是显示器 I/O，16H 号是键盘 I/O。

DOS 功能调用（附录 C）是 MS-DOS 提供的，中断类型号 *n* 为 21H 的功能调用。DOS 功能调用有 90 多个子功能，入口参数 AH 寄存器设置子功能号。

DOS 功能调用可以分为五类管理，字符 I/O 管理、文件管理、内存管理、作业管理、其他资源管理。

（3）常用的 DOS 功能调用方法

① 返回 DOS 功能调用，入口参数 AH=4CH，AL=0（返回码 0）。

```
MOV     AX, 4C00H
INT     21H
```

② 字符 I/O 的 DOS 功能调用。

a）01H 子功能：读一个字符到 AL，并回显，入口参数 AH=01H，出口参数 AL。

```
MOV     AH, 01H
INT     21H
```

b）08H 子功能：读一个字符到 AL，不回显，入口参数 AH=08H，出口参数 AL。

```
MOV     AH, 08H
INT     21H
```

c）02H 子功能：显示 DL 的字符，入口参数 AH=02H，DL。

例如，

```
MOV     DL, 'A'
MOV     AH, 02H
INT     21H
```

d）09H 子功能：显示 DS : DX 指向的终止于'$'的字符串，入口参数 AH=09H，DS，DX。

例如，

```
STRING      DB      '12345asdfghjkZXCVBNM67890$'
            MOV     AX, SEG STRING
            MOV     DS, AX
            MOV     DX, OFFSET STRING
            MOV     AH, 09H
            INT     21H
```

e）0AH 子功能：读字符串到 DS : DX 指向的数据缓冲区，入口参数 AH=0AH，DS，DX。

存放键盘输入数据的缓冲区格式：

字节 0　　　　预设缓冲区的字节个数 *n*

字节 1　　　　键盘实际接收的字符个数

字节 2～*n*+1　　接收输入的字符串（如果多于 *n* 个字符则丢弃）

例如，

```
STRING      DB      20, ?, 20 DUP (?)
            MOV     AX, SEG STRING
            MOV     DS, AX
            MOV     DX, OFFSET STRING
            MOV     AH, 0AH
            INT     21H
```

【例 3.17】从键盘读取一个字符串，把其中的小写字母转换成大写字母显示。

```
；程序段：
AGAIN:  MOV     AH, 8
        INT     21H             ；AL 读键盘字符（不回显）中断调用
        CMP     AL, 0DH         ；回车键的 ASCII 码值是 0DH
        JZ      EXIT            ；是回车键转 EXIT，程序结束
        CMP     AL, 'a'
        JB      OK              ；小于'a'的字符，转字符显示
        CMP     AL, 'z'
        JA      OK              ；大于'z'的字符，转字符显示
        SUB     AL, 20H         ；是'a'～'z'字符，转换成大写字母
OK:     MOV     DL, AL
        MOV     AH, 2
        INT     21H             ；DL 字符显示中断调用
        JMP     AGAIN           ；继续读一个字符
EXIT:   MOV     AX, 4C00H
        INT     21H             ；返回 DOS
```

习 题 3

3.1 根据题意填空。

（1）可以做存储器操作数寻址的寄存器是______，______，______，______。

（2）8086/8088 状态标志位有______，______，______，______，______，______，控制标志位有______，______，______。

（3）一个逻辑地址为 2000H : 12A7H 存储单元的物理地址是_________。

（4）堆栈数据操作的特性是__________；队列数据操作的特性是__________。

（5）在同一程序中，可以连续重复执行的程序段是________结构。

3.2 请指出下列语句中寻址方式的错误之处。

（1）MOV CX, [AX]	（2）ADD BL, 500
（3）POP AL	（4）MUL AL, BL
（5）AND 100, AX	（6）SUB [BX], [DI]
（7）MOV DS, 2000H	（8）RCL BX, 4
（9）XCHG BX, 4078H	（10）INC [SI]

3.3 按题意给出合适的 1～2 条指令。

（1）将 AX 和 250 做有符号数乘法。

（2）将 AX 和 SI 寄存器间接寻址的存储器操作数相加，和放在 AX 中。

（3）将 AL 的高 4 位数据保留，低 4 位数据置 1。

（4）将 AX 的高 8 位和低 8 位数据互换。

3.4 设 AX=8B6AH，BX=00FFH，分别给出以下指令执行后 AX 的值。

（1）ADD AX，BX ；AX= _________H

（2）SUB AX，BX ；AX= _________H

（3）AND AX，BX ；AX= _________H

（4）OR AX，BX ；AX= _________H

（5）XOR AX，BX ；AX= _________H

3.5 给出执行以下计算的指令序列，其中 X，Y，Z，$W1$～$W3$ 均为 16 位无符号数内存变量。

（1）$W1 \leftarrow 2*X-3*Y+Z$

（2）$W2 \leftarrow (X*Y-215)/Z+4*X$

（3）$W3 \leftarrow (X \wedge Y) \oplus Z$

3.6 说明下列程序段的功能。程序段执行后，HEX 单元的值是什么？

```
；数据变量定义：
ASC     DB      41H
HEX     DB      ?
；程序段：
        MOV     AL, ASC
        CMP     AL, 39H
        JBE     NEXT
```

```
        SUB     AL, 7
NEXT:   SUB     AL, 30H
        MOV     HEX, AL
        HLT
```

3.7 编写能完成以下功能的程序段。

（1）利用加法和移位指令将无符号字节数 *A* 乘以 6，将积送到 *B* 单元。

（2）求有符号字数 *A*，*B* 的绝对值，将较小的绝对值送到 *C* 单元。

（3）设 *A* 数组有 50 个字节数，将数组元素之和送到 *B* 单元。

（4）求 *X* 字数据的符号函数，将符号函数值送到 *Y* 单元。

3.8 统计 BUF 数据区 256 个字节数据中零、正数、负数的个数，分别存放到 ZERO、POSI、NEGA 单元。

第 4 章　微机存储器

存储器是计算机实现记忆功能的部件，用来存放数据和程序（统称为信息）。存储器的容量越大，表明能存储的信息越多，计算机的处理能力也就越强。由于计算机的大部分操作要频繁地和存储器交换信息，存储器的工作速度往往钳制了计算机的处理速度。因此，计算机总是希望它的存储器容量要大，速度要快。

微机系统一般用半导体存储器作为主存储器（简称主存或内存），存放当前与 CPU 频繁交换的信息；而用软磁盘、硬磁盘、光盘等外部存储器作为辅助存储器（简称外存或辅存），存放相对来说不经常使用的，可永久保存的大量信息。

微机的存储器系统为了满足 CPU 对存储容量和存储速度的要求，信息通常是分级存储的。典型的存储系统采用高速缓冲存储器（Cache）—主存储器—辅存储器的三级存储层次结构。其中，Cache 容量最小而速度最快，辅存容量最大。

本章主要讨论构成微机主存的半导体存储器的性能、特点、组成，以及如何与 CPU 连接。还介绍了高档微机存储器系统的体系结构和存储技术，包括并行主存储器结构、高速缓冲存储器和虚拟存储器。

4.1　半导体存储器

半导体存储器由于具有集成度高、功耗低、可靠性好、存取速度快、成本低等特点，从而作为构成微机主（内）存储器的最主要的存储器件。

4.1.1　半导体存储器的性能指标

半导体存储器的主要性能指标有以下 5 点。

（1）存储容量

存储器容量，即存储空间的大小，是存储能力的指标。存储器以字节为单位编址，所以用字节数表示存储器容量。但是，内存空间的大小受到微机系统地址位数的限制。例如，8086 的总线 20 位，内存最大存储容量为 1M 字节，即 1MB。

（2）存取速度

存储器的存取速度可用最大存取时间或存取周期来描述。存储器的存取时间定义为从接收到存储单元的地址码开始，到它取出或存入数据为止所需时间，单位为纳秒（ns）。半导体存储器最大存取时间范围为十几纳秒到几百纳秒。存取周期是指一次完整的读/写操作所需要的全部时间。

（3）功耗

功耗指每个存储单元的功耗，单位为微瓦/单元（μW/单元），或给出每块芯片的总功耗，单位为毫瓦/芯片（mW/芯片）。它不仅涉及消耗功率的大小，也关系到芯片的集成度。还要考虑微机的电源容量和由此产生的热量以及机器的组装和散热问题。

（4）可靠性

可靠性是指存储器对电磁场、温度等外界变化因素的抗干扰能力。半导体存储器由于采用大规模集成电路结构，可靠性高。可靠性一般用平均无故障时间来描述。半导体存储器的平均无故障时间通常在几千小时以上。

（5）价格

微机的主要特点是体积小、重量轻、价格便宜、使用方便。因此存储器的体积大小，价格高低，也成为人们关心的指标。

4.1.2　半导体存储器的分类及其特点

半导体存储器的种类很多，按存取方式分为两大类：随机存取存储器（RAM，Random Access Memory）和只读存储器（ROM，Read Only Memory）。

1. 随机存储器

随机存储器 RAM 中的信息可以读出，也可以写入，可称为可读可写存储器；由于存放的信息会因断电而丢失，又可称为易失性存储器。RAM 常用于暂时性的存放输入/输出数据、中间计算结果和用户程序，以及用做堆栈和用做与外存储器或 I/O 设备交换信息的缓冲区。

2. 只读存储器

只读存储器 ROM 是一种一旦写入（称为固化）信息，就只能读出的固定存储器。由于存放的信息不会因断电而丢失，又可称为非易失性存储器。ROM 通常用来存放固定的程序和数据；如，监控程序，操作系统的核心部分，BASIC 语言解释程序，以及存放各种固定表格和常数等。

半导体存储器按制造工艺原理还可分为双极型（Bipolar）和 MOS（Metal Oxide Semiconductor）型。用 MOS 器件构成的 RAM，根据存储信息的机理的不同，又可分为静态 RAM（SRAM）和动态 RAM（DRAM）。ROM 根据信息固化方式的不同，又可分为掩膜 ROM，一次性可编程 ROM（PROM），紫外线擦除可编程 ROM（EPROM），电擦除可编程 ROM（E^2PROM）和快擦写存储器（Flash Memory）等。

半导体存储器的分类如图 4.1 所示。

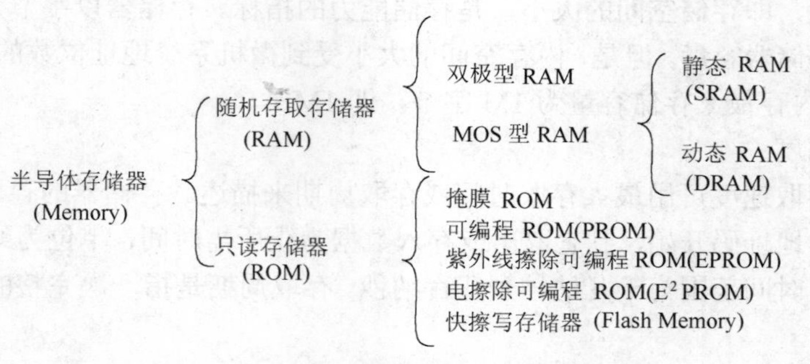

图 4.1　半导体存储器的分类

3. 常用半导体存储器的特点

下面是微机中最常用的半导体存储器的特点。

① 双极型 RAM 以晶体管触发器作为基本存储电路，管子较多。它存取速度快，但和 MOS 型 RAM 相比集成度低、功耗大、成本高，主要用于速度要求较高的微机和大中型机。

② MOS 型 RAM 存取速度虽不及双极型 RAM，但制造工艺简单、集成度高、功耗低、价格便宜，在半导体存储器中占有重要地位。静态 RAM（SRAM）以双稳态触发器作为基本存储电路，由于采用 NMOS 电路，集成度较高。动态 RAM （DRAM）利用电容电荷存储信息，由于采用的元件比静态 RAM 少，集成度更高，功耗更小，但由于分布电容有电荷泄漏，要求在（2～4）ms 中周期性地刷新电容上的电荷保证存储信息，这就需要附加刷新电路。除此之外，从总的性能来看，DRAM 优于 SRAM。一般小容量的存储器系统采用 SRAM，大容量的存储器系统采用 DRAM。

③ EPROM 是一种可用紫外线进行多次擦除，并能重写的 ROM。擦除时，把器件从应用系统上拆卸下来（称为脱线），放在紫外线下照射约 20 min，然后用专门的编程器固化信息。EPROM 的编程写入速度较慢，但由于它可以多次改写，特别适合科研工作的需要。

④ E^2PROM 是一种可用特定电信号进行擦除和编程的 ROM。固化信息时，不将器件从应用系统上拆卸下来（称为在线），通过外加极性不同的电压进行擦除和编程。擦除和编程所用的电流极小，可用普通的电流供电。E^2PROM 在线擦除和写入的特点，比 EPROM 使用起来更加方便，但目前存取速度较慢，价格也较高。

⑤ 快擦写存储器（Flash Memory）是在 E^2PROM 基础上发展起来的，但比 E^2PROM 擦除和改写速度快得多。Flash Memory 有一类与 E^2PROM 类似，加高电压时可以擦除和改写，还有一类只需加一种电压，通过软件就可以实现改写。Flash Memory 是一种非挥发性存储器，断电后仍能长期保存信息，不需配置后备电源。它正逐渐取代传统的 EPROM 和 E^2PROM。

4.1.3 存储器芯片的基本组成

存储器的最小记忆单位是基本存储电路。大规模集成电路技术把许多基本存储电路集成为存储器芯片，再由若干个存储器芯片有机地组合成存储器。

1. 基本存储电路

基本存储电路是存储一位二进制信息的电路，由一个具有两个稳定状态（“0”和“1”）的电子元件组成。由于半导体存储器种类多，这里以 MOS 型六管 SRAM 和单管 DRAM 的基本存储电路为代表，说明基本存储电路的存储原理。

六管 SRAM 的基本存储电路如图 4.2 所示。T_1，T_2 组成一个双稳态触发器，T_3，T_4 作为负载电阻，T_5，T_6 分别是和字线、位线 1/位线 2 连接起来的，由字线控制的读/写操作选择门。当地址译码该基本存储电路未被选中时，字线保持低电平，T_5 和 T_6 截止，触发器与位线隔开，位线 1 和位线 2 保持高电平。

当地址译码该基本存储电路被选中时，字线为高电平，T_5，T_6 导通，A 点与位线 1（数据线）相连，B 点与位线 2（数据线）相连。若进行写“1”操作，T_1 截止（A 点高电平），T_2 导通（B 点低电平）；若进行写“0”操作，T_2 截止（B 点高电平），T_1 导通（A 点低电平）；而且这个状态一直保持到重新写入新的数据时为止。若进行读操作时，T_1，T_2 管的状态，或者说是 A，B 点的电平分别被送到位线 1 和位线 2，实现读信息的操作。

相比较而言，SRAM 的集成度低、功耗大，而 DRAM 则是利用电容电荷存储信息，无须组成双稳态触发器，管数少，集成度高，功耗低。

DRAM的基本存储电路有三管型和单管型等。单管DRAM的基本存储电路如图4.3所示，是由一个晶体管T和一个与源极相连的电容C_g组成的。信息存储在电容C_g上，C_g有无电荷分别表示“1”和“0”。

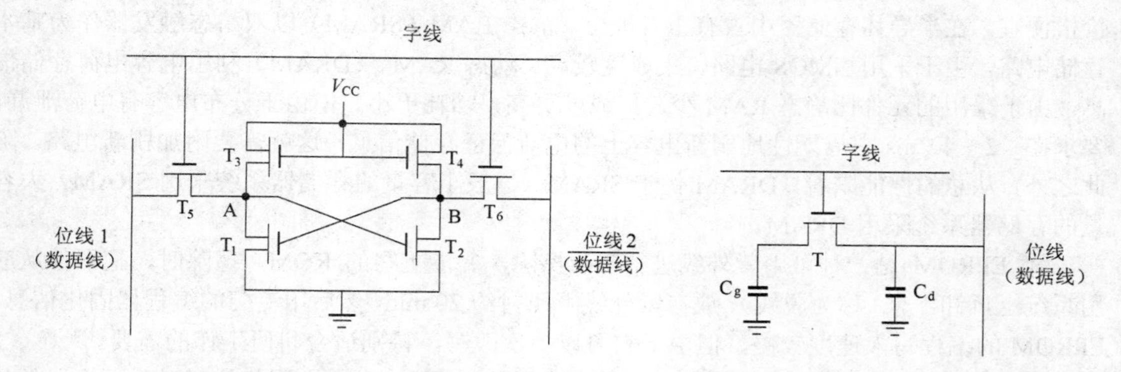

图4.2　六管SRAM的基本存储电路

图4.3　单管DRAM的基本存储电路

同样，字线选通为高电平，T导通。当进行写操作时，位线（数据线）的状态通过T写到C_g存储，即写入“1”时，C_g被充电至高电平，写入“0”时，C_g被放电至低电平。当进行读操作时，原来存储在C_g上的电荷在C_g和分布电容C_d之间重新分配，由于C_d比C_g大10倍以上，因此读出的信号必须经过放大以后才能输出。

DRAM必须每隔（2～4）ms定期进行刷新。这是因为DRAM所存储的信息是存放在芯片内部的电容上的，由于电容要缓慢地放电，时间久了就会使存放的信息丢失。所以要在所存放的信息未“丢失”之前读出，放大，再照原样写入，这个过程就称为DRAM刷新。

一个基本存储电路只存放一位二进制信息，当一根字线并接8个基本存储电路时，便构成了一个字节的存储单元。若某一根字线选通，即该存储单元的8个基本存储电路同时选通，就可以对该存储单元并行进行读/写操作。

2. 存储器芯片的基本组成

半导体存储器芯片是一个在数平方厘米面积上集成成千上万个基本存储电路的大规模集成电路，通常由存储矩阵（体）、单元地址译码器、数据缓冲/驱动和读/写控制逻辑4部分组成。图4.4给出了存储器芯片基本组成示例图。

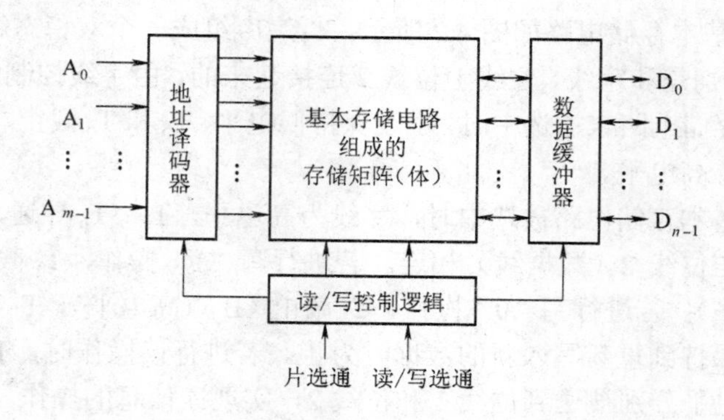

图4.4　存储器芯片的基本组成示例图

存储器芯片的容量是指芯片能存储的二进制位数，即基本存储电路数目，通常用 $M×N$ 表示，M 代表存储单元数，N 代表每个存储单元的位数。如 1 024×1，表示该存储芯片有 1 024 个存储单元，每个存储单元 1 位，该芯片只能当 1 位存储器使用。再如容量为 256×4 的芯片，其容量同样为 1 024 位，但是它却有 256 个存储单元，能当 4 位存储器使用。所以，$M×N$ 的存储器芯片容量表示，也能大致反映其逻辑构成。

① 存储矩阵是存储器芯片的核心，是基本存储电路的集合。将一定数目的基本存储电路按矩阵阵列组织起来，这就是存储矩阵（或称为存储体）。例如，4 096 个基本存储电路排列成 64×64 的矩阵阵列。

② 存储矩阵的每个存储单元都有自己的编号，即存储单元地址。要对一个存储单元进行读/写，必须先给出它的地址，这就是计算机“存储器按地址访问”的原理。存储器芯片的地址译码器接收来自 CPU 的地址信号，产生片内单元地址选择信号，以便选中存储矩阵中某一个存储单元，使其在存储器控制逻辑的控制下进行读/写操作。

③ 存储器芯片的数据输入/输出大多数为双向、三态的数据缓冲器结构。只有芯片被选中时才真正挂接到数据总线上，否则呈现高阻态。

④ 存储器芯片控制逻辑最基本的作用是：接收来自 CPU 或外部电路的控制信号，经过组合变换后，对存储矩阵、地址译码器和数据缓冲器进行控制。存储器芯片的控制信号有：芯片选通信号 $\overline{CS}$（或 $\overline{CE}$，简称片选信号），$\overline{CS}$ 有效，存储芯片从备用状态切换到工作状态，否则，存储芯片呈高阻态，不工作；输出允许信号 $\overline{OE}$，$\overline{OE}$ 有效，打通输出缓冲器到数据总线；读/写控制信号 $R/\overline{W}$ 或写允许信号 $\overline{WE}$，用来指明是读操作还是写操作。

对于一些特殊存储器芯片除了以上 4 个基本组成部分之外，还有自己本身特有的组成部分，例如，动态 RAM 的读出放大和刷新电路，EPROM 的信息固化编程电路等。

表 4.1 给出了具有代表性的 4 种存储器芯片组成特性。

表 4.1　有代表性的存储器芯片的组成特性

芯片型号	$M×N$	地址线	数据线	控制线	特殊电源
SRAM 6116	2K×8	A_{10}～A_0	D_7～D_0	$\overline{CS}$，$\overline{OE}$，$\overline{WE}$	
DRAM 2164	64K×1	A_7～A_0 （行，列地址复用）	D_{in}，D_{out}	$\overline{RAS}$，$\overline{CAS}$，$\overline{WE}$	V_{DD}（+21V） V_{BB}（−5V）
EPROM 2764	8K×8	A_{12}～A_0	O_7～O_0	$\overline{CE}$，$\overline{OE}/V_{PP}$，$\overline{PGM}$	V_{pp}（+21V）
E^2PROM 2817	2K×8	A_{10}～A_0	I/O_7～I/O_0	$\overline{CE}$，$\overline{OE}$，$\overline{WE}$，$RDY/\overline{BUSY}$	±5V

4.2　存储器与系统的连接

存储器芯片以一定的形式与系统相连就组织成为存储器。

微机的存储器通常采用字节组织的结构。用半导体存储芯片组成存储器时，应在选定芯片的类型后，根据要组成的存储器的容量来确定组成存储器所需的芯片数目。设存储器芯片的容量为 $M×N$，存储器的容量为 G 字节，存储器所需芯片的数目为 T 片，则

$$T=\frac{G}{M}\times\frac{8}{N}$$

例如，组成一个 64KB 的 RAM 存储器，若用静态 RAM 6116（2K×8）芯片组成，T=64/2×1=32（片）；若用动态 RAM 2116（16K×1）芯片组成，T=64/16×8=32（片），32 片分

成4组，每组8片。

4.2.1 数据线、地址线和读/写线的连接

确定了存储器芯片的类型和数目之后，存储器芯片以一定的组织形式，与系统总线（AB，DB，CB总线），以及相关外围电路实施连接组成存储器。

由于静态RAM不需要刷新电路，所以，它与系统的连接比动态RAM的连接简单。下面主要以静态RAM芯片为例，说明存储芯片与数据线、地址线和读/写线的连接要点。

1. 数据线的连接

存储器芯片的数据线是双向的，包括数据输入和数据输出。一般，存储器芯片内都有双向三态缓冲器，芯片数据线的各位可以直接和CPU的数据总线上相应的数据位挂接起来。而对于没有数据缓冲器的存储器芯片，必须要外加数据缓冲器，如Intel 8286（74LS245），和CPU的数据总线相连。

2. 地址线的连接

地址总线（A_{19} ~A_0）提供的存储器地址一般分成两部分：一部分地址（地址总线从A_0开始的低位地址部分），用于对每个芯片的存储单元进行寻址，称为片内地址；另一部分地址（除片内地址外的高位地址部分），用于对各个存储芯片进行选择，称为片选地址。片内地址，可以直接和存储芯片的地址线相连。片选地址，一般经过存储器译码电路，如Intel 8205（74LS138）译码器，生成存储芯片选择信号，和各个存储芯片的片选端$\overline{CS}$相连。

3. 读/写控制线的连接

CPU通过控制总线发出的存储器读/写操作控制信号主要有：$\overline{RD}$，$\overline{WR}$和M/$\overline{IO}$。M/$\overline{IO}$=1，$\overline{RD}$=0是对存储器读；M/$\overline{IO}$=1，$\overline{WR}$=0是对存储器写。读/写控制线一般是通过如图4.5所示的门电路将这三个信号进行逻辑组合，产生存储器读信号$\overline{MEMR}$和存储器写信号$\overline{MEMW}$，分别接存储器芯片上的输出允许信号$\overline{OE}$和写允许信号$\overline{WE}$。

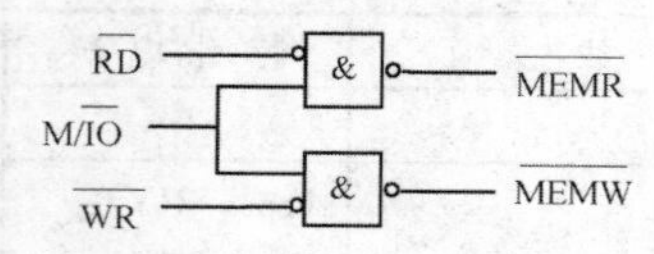

图4.5 存储器的读/写控制信号

4.2.2 存储器容量的扩充

当单个存储器芯片的容量不能满足系统要求时，需要用多片（所需片数的计算如上所述）组合，以扩充存储器的容量。若需要扩充存储单元（以字节为单位）的位数，称为位扩充；若需要用若干个芯片（或芯片组）扩充存储器的字节数，称为字节扩充。

下面举例介绍存储器位扩充和字节扩充的连线方法。

1. 位扩充方法

例如，用静态RAM 2114（1K×4）芯片扩充成1KB存储器，需要2片。这2片芯片的地址线A_9～A_0，片选信号$\overline{CS}$，以及读/写控制信号$\overline{WE}$都分别并接在一起，只有各片的数据线D_3～D_0各自独立，一片接数据总线的D_7～D_4，另一片接数据总线的D_3～D_0。2114存储器位扩充的连接如图4.6所示。

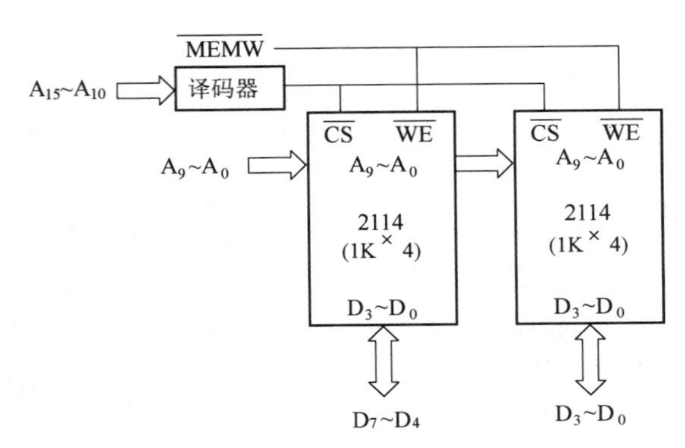

图 4.6　存储器位扩充连接示意图

2. 字节扩充方法

例如，用 EPROM 27512（64K×8）和静态 RAM 6116（2K×8）做存储器字节扩充，构成 8086/8088 系统 128KB ROM 和 4KB RAM 存储器，其字节扩充的连接如图 4.7 所示。

4 片存储器芯片的数据线、读/写信号的连接方式基本一样。地址线的连接：27512 的片内地址 A_{15}～A_0，6116 的片内地址 A_{10}～A_0，分别各自接地址线的 A_{15}～A_0 和 A_{10}～A_0。采用 2-4 译码电路产生 4 个片选信号，这 4 个片选信号分别取自 A_{19}，A_{18} 组合状态 00，01，10，11 的译码。根据以上的连接，表 4.2 给出了该例各存储器芯片的地址范围。

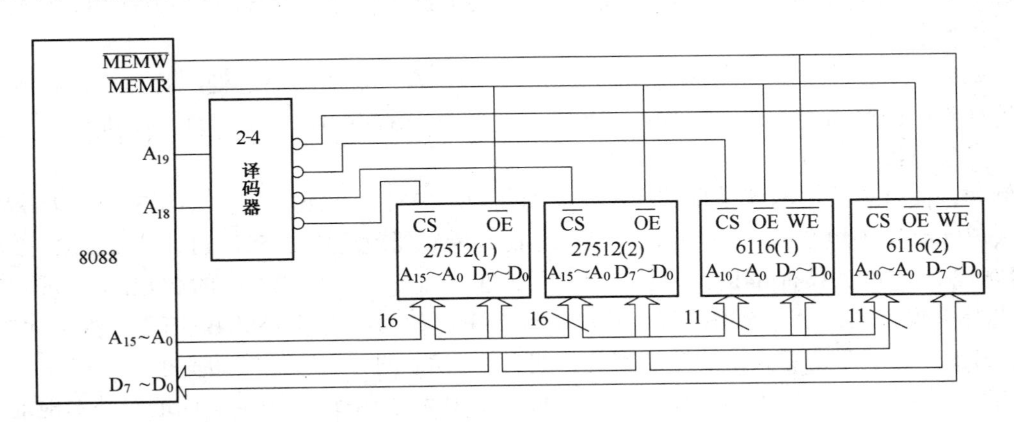

图 4.7　存储器字节扩充连接示意图

表 4.2　EPROM 27512 和静态 RAM 6116 的基本地址范围

芯　片	$A_{19}A_{18}$　$A_{17}A_{16}$　A_{15}～A_{11} A_{10}～A_0	地 址 范 围
27512（1）	1 1　0 0　× ·············· ×	C0000H～CFFFFH
27512（2）	1 0　0 0　× ·············· ×	80000H～8FFFFH
6116（1）	0 1　0 0　0 ··· 0　× ··· ×	40000H～407FFH
6116（2）	0 0　0 0　0 ··· 0　× ··· ×	00000H～007FFH

4.2.3 片选信号的产生

CPU 对存储单元的寻址必须要保证其唯一性，即一个存储地址只能寻址到一个对应的存储单元。

如果是由多个存储器芯片组成存储器，存储单元寻址分两级进行选择：首先选择存储器芯片，产生存储器芯片选通信号，即片选信号；然后在片选信号有效的前提下，从该芯片中选择某一存储单元，即片内寻址。片内寻址是根据片内地址码，由芯片内部地址译码电路寻址实现的；片选则是根据提供的片选地址码，通过存储器外部的译码电路产生的。

存储器片选信号的产生方法有以下 3 种。

1. 线选译码法

如果把片选地址码中的某些地址线，直接（不经过译码电路）用来做各个芯片的片选信号，这种方法称为线选法。做线选的地址线，在寻址时只能是一位有效，其余位均应无效。因为，片选信号是低电平有效，作为线选的地址线在同一时刻，只能有一位为低电平，其余为高电平，这样才能保证每次唯一选中低电平的那一个芯片，不会造成寻址冲突。

线选法的优点是无须译码，片选电路最简单，缺点是各存储器芯片间的地址不连续。

2. 局部（部分）译码法

如果把片选地址码的一部分地址线，通过译码电路产生片选信号，这种方法称为局部（部分）译码法。

局部译码法的优点是可以简化译码电路的，但是有明显的不足之处，就是存在着地址重叠。地址重叠的区域绝不可再分配给其他芯片，只能空着不用，否则寻址会不唯一，出现多个芯片竞争总线而使存储器无法正常工作。

例如，图 4.7 采用的就是局部译码法。对于 27512 芯片来说，A_{17}，A_{16} 未用，无论它们取什么值（有 4 种组合），只要 $A_{19}A_{18}$=11 或 10，译码器就选中 27512（1）或 27512（2）芯片。27512 芯片本身只有 64KB，但却占用了 20 位地址空间（1MB）中的 256KB 空间。对于 6116 芯片来说，A_{17}～A_{11} 未用，每个芯片本身 2KB，却仍占用了 256KB 空间。这样，4 片芯片（132KB）由于存在着大量的地址重叠，使全部 1MB 的可用存储空间变小了。在采用局部译码的存储器中，存储地址通常取未用的高位地址值为全 0，这样确定的地址叫基本地址（表 4.2 给出的就是基本地址范围）。

3. 全局（完全）译码法

如果把全部片选地址码做译码电路的输入，进行译码而产生各个片选信号，这种方法称为全局（完全）译码法。全局译码的优点是存储空间连续，每个芯片的地址范围是唯一确定的，而且可以保留暂时不用的片选信号，便于存储系统的扩充。

例如，上述存储器位扩充例子的图 4.6 中的译码电路，除了片内地址 A_9～A_0 之外的 A_{15}～A_{10}（6 根地址线）做译码电路输入，进行 6-64 全局译码。

微机系统中广泛采用全局译码法，设计存储器或 I/O 接口的片选信号译码电路。译码电路一般都用 Intel 8205 译码器（即 74LS138 译码器）实现。

4.2.4 微机内存储器组织

微机内存储器容量一般都达到 KB，MB，甚至 GB（$1G=2^{30}$）数量级。那么，在物理上微机内存空间是怎样组织的呢？

1. 微机内存空间结构

较大内存空间的微机系统通常是以多模块（插件板）的结构形式来组织存储芯片的。微机系统板（主机板）上有一个基本的存储模块，作为微机系统的基本内存，而其他的存储模块则做成插件板形式。当需要扩展内存容量时，只需把内存插件板插到系统板的插槽里，就能方便地实现存储系统的扩充。

图 4.8 为典型的内存空间结构示意图。整个内存分成若干个模块，每个模块由存储器接口和存储芯片矩阵组成。例如，总容量 256KB 的存储模块由 4 个芯片组构成，每一组有 8 个 64K×1 芯片，为 64KB 存储器，整个存储模块组成一个 4×8 的存储芯片矩阵。同一组 8 个芯片的片选信号端连在一起，它们总是同时被选中或同时未被选中。

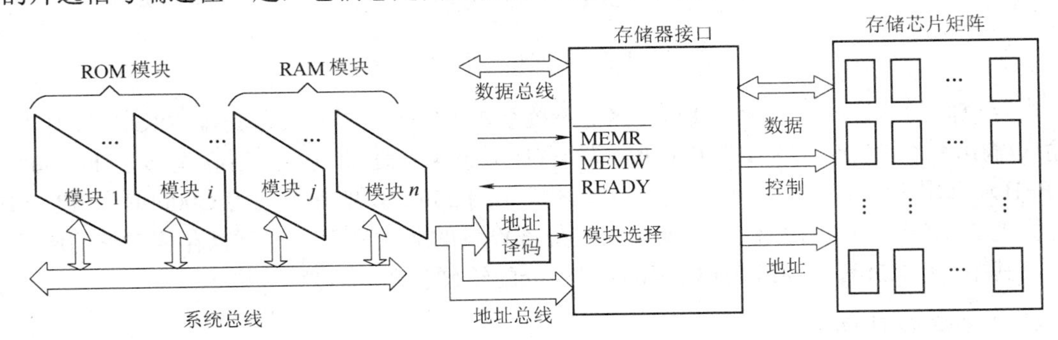

（a）多个模块构成的内存空间　　（b）内存模块结构示意图

图 4.8　典型的内存空间结构

微机内存用最高若干地址位译码产生对模块的选择（块寻址），用接下来的若干位地址译码产生片选信号，实现对选定存储模块中某一组/片存储芯片的选择（片寻址），用再剩下的若干位地址实现对存储芯片内存储单元的选择（片内寻址）。这种分内存模块和模块内芯片矩阵的结构形式，利于实现块寻址、片寻址和片内寻址的分级译码，节省地址译码电路，提高寻址效率，并能保证寻址的唯一性。

2. IBM PC 微机内存组织

内存储器的模块式结构组织，除了考虑（以插件板形式）便于系统的硬件扩充之外，还可以按不同的功能区域组织其模块结构。内存按使用功能可以划分成不同的区域，例如，系统程序区、用户程序区、数据区、堆栈区等。一般不同的区域选用不同型号的存储器芯片，这样就可以把一个功能区域作为一个模块，用相应的同一种型号器件构成。这里以 IBM PC/XT 及其兼容机的内存空间安排为例说明微机内存储器组织。

IBM PC/XT 及其兼容机采用 Intel 8088 微处理器，地址线 20 位，具有 1MB 的内存空间寻址能力，地址范围 00000H～FFFFFH。IBM PC/XT 的 1MB 存储空间分为两大区域：RAM 区和 ROM 区，并统一编址，存储空间分配如图 4.9 所示。

从 00000H 开始的地址低位部分是 RAM 区（768KB）。PC/XT 系统板安装了 256KB 的 RAM，利用 RAM 选件板可以扩充到 640KB，这一部分称为常规存储器或基本存储器，其地址范围是 00000H～9FFFFH。640KB 的 RAM 区用来存放部分系统程序和用户程序，其中最低 1KB（00000H～003FFH）存放中断向量表。A0000H～BFFFFH（128KB）RAM 区为显示缓冲区，分配给显示器适配卡上的存储器使用。对于不同的显示器，实际使用的存储区域各不相同，例如，单色显示器的缓冲区 4KB，使用 B0000H～B0FFFH，彩色图形显示器的缓冲区 16KB，使用 B8000H～BBFFFH。

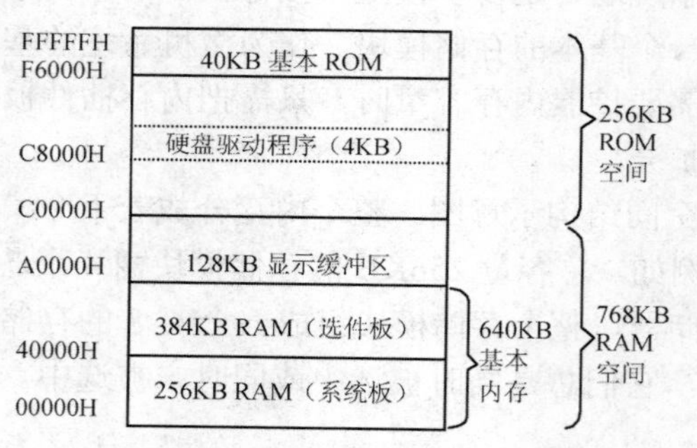

图 4.9　IBM PC/XT 内存空间分配

内存空间的地址高位部分是 ROM 区。系统基本 ROM 配置一般只安排 40KB（8KB 为基本输入/输出系统 BIOS，32KB 为 BASIC 解释程序），分配在地址空间的最高端部分（F6000H～FFFFFH）。选用 ROM 选件板，可以把 ROM 区扩充到 256KB，地址范围为 C0000H～FFFFFH。扩充板上的 ROM 可以存放汉字字库、某些外部设备的驱动程序，也可以存放完整的应用软件等，其中，C8000H～C8FFFH 的 4KB 已经分配给硬盘驱动程序。

3. 存储器设计要点

存储器系统的设计，除了它的组织结构之外，还应综合考虑以下 4 点。

（1）芯片的选择

要根据存储器系统的实际要求、用途，以及容量、结构和价格等因素来选择各类存储器芯片。存储器芯片的容量和结构直接关系到系统组成的形式和成本的高低。一般在满足存储系统总容量的限度内，尽可能选用集成度高、存储容量大的芯片。

（2）总线的负载

CPU 的输出线的直流负载能力一般能驱动一个 TTL 负载。小型系统中，CPU 可以直接和存储器芯片相连。而较大的微机系统，就必须考虑 CPU 能否带得动存储器负载。通常采用 8 位双向总线驱动器（Intel 8286/8287）来增加数据总线负载能力。

（3）速度的匹配

选用存储器芯片时，必须考虑它的存取速度和 CPU 速度的时序配合。为简化外围电路，充分发挥 CPU 的工作速度，应尽可能选择与 CPU 时序相配的芯片。目前存储器芯片的存取速度越来越快，在一定程度上缓解了速度匹配的矛盾。

（4）地址的分配

存储器系统的每个模块，每个芯片都有各自的地址范围。在构成和扩充存储器时，通过各级地址译码电路产生各个块/片选信号，要保证对存储器寻址的唯一性。

4.3 现代存储器体系结构

在高性能微机系统中，高速度、大容量、低价格是评价存储器性能的三大指标，也是存储体系设计的主要目标。如果仅仅只用一种技术组成单一的存储器是不可能同时满足上述要求的，只有采用层次结构，把几种存储技术结合起来，才能解决存储器高速度、大容量和合理价格三者的矛盾。

本节主要从微机存储体系结构的角度，讨论存储器系统的分层次体系结构和提高存储体系性能的若干技术。包括：为提高信息吞吐量的并行主存储器结构，为提高 CPU 访存速度的高速缓冲存储器（Cache）和为扩大用户编程逻辑空间的虚拟存储技术。

4.3.1 并行主存储器结构

众所周知，存储器本身的速度往往跟不上 CPU 对它的速度要求，尤其是在高速的、流水型处理的微机系统中更加突出，这成为限制系统速度的一个瓶颈。多体存储器结构，即并行主存储器结构，可以加速 CPU 访问主存的平均速度，有益于解决 CPU 和主存的速度差别。

存储器结构最简单的是单体单字存储器，CPU 一次只能访问一个存储字。而并行主存的基本原理是：采用字长 w 位的 n 个容量相同的存储器并行连接组成一个更大的存储器。这种存储器在一个存取周期内并行存取 n 个字，虽然存储元件仍保持原有速度，但单位时间内存储器提供的信息量扩大了 n 倍，有效地提高了信息吞吐率。并行主存结构分为单体多字方式和多体交叉存取方式。

1. 单体多字并行主存

单体多字结构是多个并行存储器公用一套地址寄存器和地址译码器，多个字使用同一个的地址编码并行访问各自对应单元，这样 CPU 每访问一个地址就可以同时读/写多个存储字。单体多字结构如图 4.10 所示，n 个容量相同（例如，m 个字）的存储器 M_i 中 m 个字都是顺序编址，每个字 w 位。若给出的地址码为 A，则 n 个存储器同时访问各自对应的 A 单元，读/写 n 字×w 位。也可以将这 n 个存储器作为一个存储器（单体），每个存储地址对应于 n 个字（多字），因此称为单体多字并行主存。

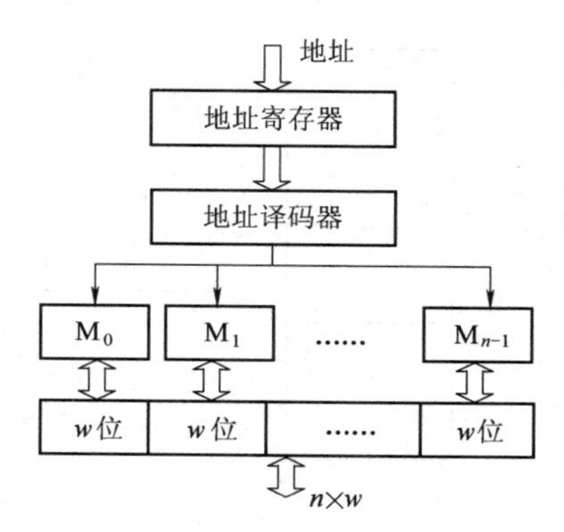

图 4.10 单体多字并行主存

单体多字并行主存非常适用于向量运算类的特定环境。一个向量型操作数包含 n 个标量操作数，例如，矩阵运算中的 a_ib_j=a_0b_0，a_0b_1，…，可按同一地址分别存放于 n 个并行主存之中，在执行向量运算指令时，可以一次并行存取，这样访问主存的速率就提高了 n 倍。

2. 多体交叉存取并行主存

多体交叉并行主存是把大容量存储器分成 n 个容量相同，有各自的地址寄存器、数据线、时序控制，进行独立编址的存储体（所以称为多体）。各存储体地址编号采用交叉方式（即交叉编址），就是将一套地址码按顺序交叉地横向分配给各个并行存储体。以 4 个存储体组成的多体交叉存储器为例：M_0 存储体的地址序列是 0，4，8…；M_1 存储体的是 1，5，9…；M_2 存储体的是 2，6，10…；M_3 存储体的是 3，7，11…

多体并行存取是指以 n 为模的交叉存取。把一段连续的程序或数据，也按照交叉编址方式类似地交叉存放在 n 个存储体中，对并行存储体采取分时访问的时序。仍以 4 个存储体为例，模为 4，4 个存储体分时启动读/写，时序均错开 1/4 个存取周期，即启动 M_0 后，在 1/4 个存取周期时启动 M_1，同时存取 M_0，在 1/2 个存取周期时启动 M_2，同时存取 M_1，在 3/4 个存取周期时启动 M_3，同时存取 M_2，依次类推。对于每个存储体来说，其存取周期没有变化，而从整个存储器来看，在一个存取周期内却访问了 4 次存储器。

多体交叉存取方式，需要一套多体存储器控制逻辑（简称存控部件），比较复杂。采用多体交叉存取方式，CPU 可以流水式寻址，使各存储体并行工作，减少等待时间，甚至能达到零等待状态。所以多体交叉存取很适合于支持流水线处理方式，是高速流水型微机典型的主存结构。

结合单体多字并行主存方式，多体交叉存取并行主存又可分成多体单字交叉存取和多体多字交叉存取两种方式。显然，多体多字交叉存取方式进一步提高了访问存储器的速度，但是，控制逻辑也相应要复杂得多。

4.3.2 高速缓冲存储器

如果要求存储器的速度非常高，主存存储器全部采用高速存储器芯片组成，将会使系统的价格大大提高。通常的做法是用一些高速的静态 RAM（SRAM）组成小容量的存储器，称为高速缓冲存储器（Cache），而用廉价的速度稍慢的动态 RAM（DRAM）组成大容量的主存。这样就构成了一个两级存储器结构：Cache—主存。Cache 位于主存与 CPU 的通用寄存器组之间，其容量一般为（8～32）KB。高档微处理器甚至在芯片内又集成了 1～2 个 Cache，形成两级 Cache 结构。微机主板上 Cache 存储系统的基本结构如图 4.11 所示，主要由 Cache 控制器（虚框内）和 Cache 存储体两部分组成。

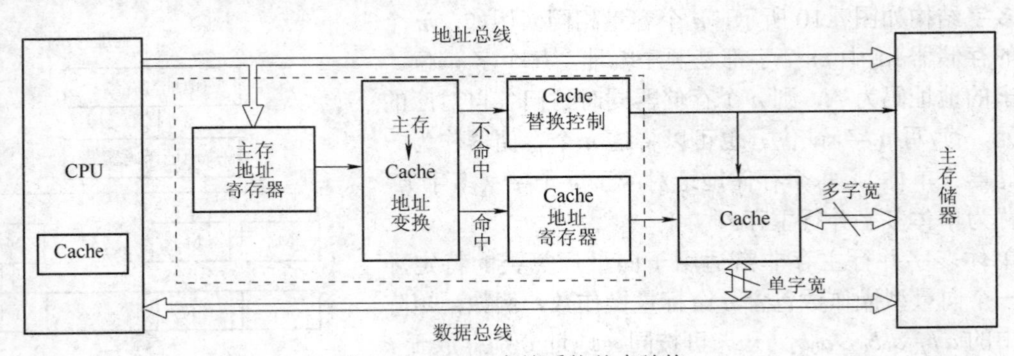

图 4.11　Cache 存储系统基本结构

Cache 用来存放当前最活跃的程序和数据，作为主存某些局部区域的副本。例如，存放现行指令地址附近的程序，当前要访问的数据区内容等。之所以这样做，是基于编程时指令地址和数据存放地址基本上是连续的，对程序段的执行和数据的存取往往需要连续操作，所以对存储器的访问大多集中在一个局部的连续区域中，这种现象被称为程序的局部性。根据对主存操作往往是“局部”的这一实际状况，可以动态地将一个局部区域的内容从主存复制到 Cache，使对主存的存取“映射”为对 Cache 的操作。由于 Cache 的高速，从而提高了存取速度。

CPU 访问主存储器时，先到 Cache 中访问，若找到所要的内容，称“命中”（根据程序局部性原理，命中概率总是较高的），就完成了访问；若在 Cache 中找不到所需访问的内容，称“不命中”，这才去访问主存（主存总是能找到的），并把本次访问找到的内容置换到 Cache 中。因此，随着程序的执行，Cache 内容相应地被动态替换。Cache 这一存储控制机理完全是由 Cache 控制器硬件实现的。对于程序员来说使用的仍是主存地址，所以 Cache 过程似乎是透明的。

为了实现 Cache 存储系统功能，Cache 控制器需要解决：Cache 的内容与主存之间的映像关系，将访问主存的地址转换成访问 Cache 的地址，实现对 Cache 的读/写，更新 Cache 内容的替换算法等。

1. 地址映像方法

应用某种函数把主存地址映射到 Cache 中定位，称做地址映像。当主存信息按这种映像关系装入 Cache 后，访问主存的地址应变换为相应的 Cache 地址。要能实现这一点，将主存和 Cache 的存储空间划分成若干大小相同的页（或称块），例如，主存容量为 1MB，划分成 2048 页，每页 512B；Cache 容量为 8KB，划分成 16 页，每页也是 512B。由于主存空间大，Cache 空间小，因此，必须让 Cache 的一个页与主存的若干个页相对应，即若干主存地址将映射成同一个 Cache 地址。Cache 地址映像方式有直接映像、全相联映像和组相联映像三种。

（1）直接映像

每个主存地址映射到 Cache 中一个指定地址的方式称为直接映像。直接映像方式的地址映像结构如图 4.12 所示，每个主存页只能映射到某一固定的 Cache 页中。

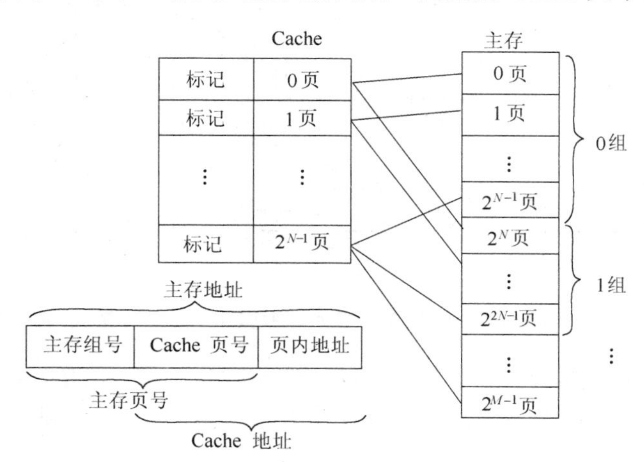

图 4.12 直接映像的 Cache 组织和主存地址格式

映像规则是：把 Cache 分成 2^N 页，主存按同样大小顺序分页，再顺序分组，每组 2^N 页，主存的 I 页号与 Cache 的 J 页号之间的对应关系可用如下函数表示

$$J = I \bmod 2^N$$

即，以 2^N 为模的重复映像关系。

为了实现与 Cache 地址的映像和变换，主存地址分成如图 4.12 中所示的各个部分，在 Cache 方面，为每一页设立一个主存标记，记录该页在主存的组号（即主存地址的第一部分内容）。

直接映像方式地址变换速度快，比较简单，容易实现，但不够灵活，页冲突（主存有多个页同时要装入Cache同一个位置）概率较高。

（2）全相联映像

主存的每一个页可以映射到Cache的任何一个页位置，这种方式称为全相联映像。也就是说，如果要淘汰Cache的某一页，则可调入任何一个主存页。全相联映像方式的主存地址分成两部分：高位部分是主存页号，低位部分是页内地址。Cache的主存标记，记录的是主存页号。

全相联映像方式比直接映像方式灵活，可以达到很高的命中率，只有在Cache中页全部装满后，才会出现页冲突。但是，这种映像方式由于是“自由映像”，不能从主存地址码中直接提取Cache页号，地址映像速度很慢，控制复杂，实现比较困难。

（3）组相联映像

组相联映像方式又称为页组映像，是介于前两种映像方式的一种折中方案。组相联映像方式将主存和Cache都以页为单位顺序分组。例如，Cache有2^N页，分成2^I组，主存有2^M页，以2^I页分组，即主存组内的页数和Cache的组数相同。映像规则是：主存的各页与Cache的组号之间有固定映像关系，但可以自由映射到对应Cache组中的任何一页，如图4.13所示。

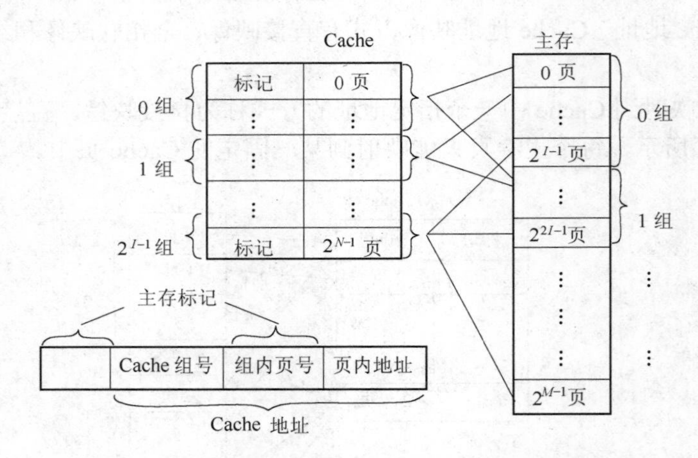

图4.13 组相联映像的Cache组织和主存地址格式

组相联映像方式的判断页命中和替换算法比全相联映像方式简单，映像定位比直接映像方式灵活，页冲突率比直接映像方式低，命中率介于直接映像和全相联映像方式之间。

2. 替换策略

Cache刚调入新内容时，访问成功率较高，随着程序的执行，访问频繁区域将逐渐迁移，Cache中的内容逐渐变得陈旧，命中率将下降，就需要更新内容。替换控制器常用的替换策略（算法）有以下两类。

（1）先进先出（FIFO）策略

FIFO按调入Cache的先后决定淘汰的顺序，即在需要更新时，总是淘汰最先调入Cache的页。这种方法容易实现，系统开销（为实现替换算法而系统花费的时间）少，但不一定合理。因为有些页虽然调入较早，但仍可能在使用。

（2）近期最少使用（LRU）策略

为 Cache 的各页建立一个 LRU（Least Recently Used）表，随时记录它们的调用情况。当需要替换时，将在最近一段时间内使用最少的页予以替换。显然，这是按调用频繁程度决定淘汰的顺序，比较合理，Cache 的访问命中率较高。但是比 FIFO 策略复杂，系统开销稍大。

3. Cache 的读/写过程

Cache 在确定了地址映像方式和替换策略后，相应的读/写过程如下所述。

（1）读操作

访主存时，一方面将主存地址送往主存，启动读主存，同时将主存地址送 Cache，按所用的映像方式从中提取 Cache 地址，例如，Cache 页号和页内地址。将相应的 Cache 页的标记与主存地址中的主存页标记进行比较，如果二者相同，表明访问 Cache 命中，从命中的 Cache 页中读出数据，送往 CPU，不等主存读操作结束，就可继续下一次访存操作；如果标记不符合，或是按映像方式搜索完毕仍未找到相符的 Cache 标记，表明本次访问 Cache 失败（不命中），则根据主存地址从主存中读取，送 CPU，并考虑是否需要更新 Cache 某页的内容。偶尔一次不命中，不一定立刻替换，一般在命中率变低时才考虑替换。如果替换，则以页为单位整页更新，并相应地修改 Cache 标记。

（2）写操作

Cache 的写操作和读操作一样先要进行地址映像，在命中时才执行 Cache 写操作，否则就是正常的主存写操作。Cache 写操作通常有两种写入方法。

一种方法称为标志交换方式（或称写回法），先暂时只写入 Cache 有关单元，并用标志予以注明，直到该页需要从 Cache 中替换出来时，才一次性地写入主存。这种方式主要是为了不在快速写入 Cache 的过程中插入较慢速的写主存操作，可以保持程序运行的快速性。但是，在页替换写回主存前，主存中没有这些对应的更改内容，与 Cache 不一致，有可能导致失误。

另一种方法称为写直达法（Write-through），即每次写入 Cache 的同时也写入主存，主存与 Cache 始终保持一致性。这种方式比较简单，能保持主存与 Cache 副本的一致性，但是这种方式要插入慢速访问主存操作，而且有些写入过程可能是不必要的（例如，暂存中间结果的写入）。

4.3.3 虚拟存储器

虚拟存储器（VM，Virtual Memory）是建立在主存－辅存物理结构基础之上，由负责主存－辅存之间信息调度的硬件装置——存储管理部件（MMU）和操作系统的存储管理软件所组成的一种存储体系层次。主存－辅存存储层次，再加上 Cache，组成典型的“Cache－主存－辅存”三级存储系统层次结构，如图 4.14 所示。

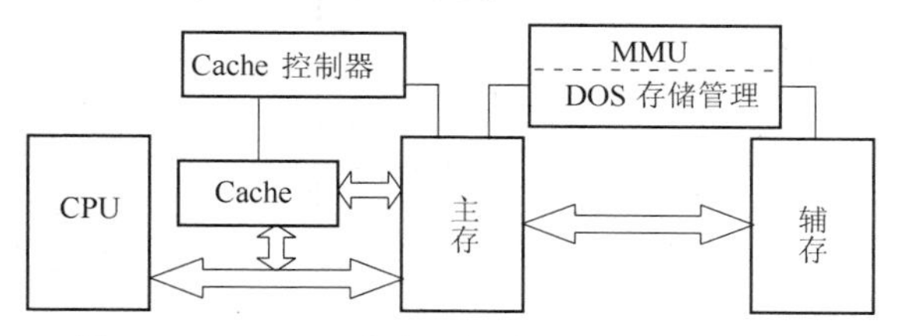

图 4.14　Cache－内存－辅存三级存储层次结构

主存一辅存存储系统，对于应用者来说，好像有一个比实际主存大得多的，可使编程空间不受限制的虚（主）存空间存在，并可用接近主存的速度在这个虚拟存储器上运行。

虚拟存储器采用软件和硬件的综合技术，将主存、辅存的地址空间统一编址，用户采用逻辑地址（虚地址）分模块进行编程。所编程序和数据在操作系统管理下先送入辅存（一般是磁盘），然后会自动地将当前急需运行的模块调入主存，供CPU操作，其余暂不运行模块留在辅存中。

CPU执行程序时，按照程序提供的虚地址访问主存。首先由虚拟存储管理部件MMU（高档微处理器，如80386，80486，已将MMU集成在CPU芯片内）判断该地址内容是否在主存中。若已调入主存，则通过地址变换机制将程序中的虚地址转换为主存的物理地址（实地址），据此访问主存实际单元。若尚未调入主存，则通过缺页中断程序，以页为单位进行调入或实现主存内容更换。上述过程对于用户程序是不透明的，用户看到的只是用位数较长的虚地址编程，可访问存储空间很大，遍及整个辅存空间。显然，这是一个“虚拟主存”。

不难看出，虚拟存储器（虚存）与主存的关系类似于主存与高速缓冲存储器（Cache）的关系。虚存的软、硬件管理，主要是解决主存与辅存的空间如何分区管理，虚、实之间如何映像，虚、实地址如何转换，主存与辅存之间如何进行内容调换等，其策略与Cache所用策略非常相似。虚拟存储器一般有页式、段式、段页式三种管理方式。

1. 页式虚拟存储管理方式

页式虚拟存储管理方式是主存、辅存之间调度的最简单的方式。将虚存空间与主存空间都划分成若干个大小相同的页（常见的有512B，1KB，2KB，4KB等），虚存的页称为虚页，主存的页称为实页。用户编程时也将程序的逻辑空间分为若干虚页。相应的虚地址可分为两部分：高位段是虚页号，低位段是页内地址。

在主存中建立一个页表，提供虚、实地址变换和控制信息。在MMU中设置一个页表基地址寄存器，存放当前运行程序的页表的起始地址。页表以虚页号为序的若干行组成，每一行记录了与相应虚页的若干信息项：盘页号（块号）、控制位、实页号等。盘页号（块号）项指明该虚页在磁盘中的起始地址。控制位项有若干位，有装入有效位、修改位、替换控制位、读写允许位等。实页号项登记了对应的主存页号。

图4.15给出来访问页式虚拟存储器时，虚、实地址的转换过程。当CPU根据虚地址访存时，首先将虚页号与页表起始地址合成，形成访问页表的地址，根据页表地址读出页表内容，判断该虚页是否在主存中。若已调入主存，从页表中读得对应的实页号，再将实页号与页内地址合成，得到对应的主存实地址，访问实际的主存单元。

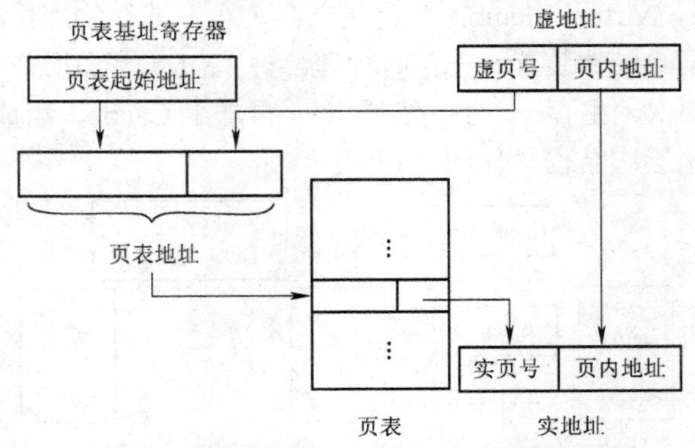

图4.15　页式虚拟存储器地址转换示意图

若该虚页尚未调入主存，则产生缺页中断，以中断方式将所需页内容调入主存。如果主存空间已满，则需在中断处理程序中执行替换算法，将可替换的主存页内容写入辅存，再将所需页调入主存。

页面调进的方法可分为预调和请调两种。预调是指不久即将用到的页面预先调进主存，在需要时可立即访存。但是要预测哪些页面将要用到，是比较困难的。因此，较多使用的是请调方式，即发现当前 CPU 访问的页面不在主存时，才产生缺页中断（或称调页中断），进行页面调进。这种方法比较容易实现，但是在需要访存时插入至少一页的调进，可能影响响应速度。

页面调出的淘汰算法有先进先出（FIFO）、近期最少使用（LRU）等，其思路与 Cache 替换算法相似。还有一种最优算法（OPT），即事先预测主存中各页将被访问的先后顺序，将最后才被访问的页面内容调出。这种算法虽然合理，但不易实现，因为预测是很困难的。

页式虚拟存储器是按存储器自身的物理结构分页的，有利于存储空间的利用与调度。但是，页的划分不能反映程序的逻辑结构，一个在逻辑上独立的程序模块本该作为一个整体处理，但可能被机械地按大小划分在不同页面上，这给程序的执行、保护与共享带来不便之处。

2. 段式虚拟存储管理方式

段式虚拟存储管理方式是将用户程序按逻辑结构（即按模块划分）分为若干段，各段大小可变。相应地，虚拟存储器也随程序的需要动态地分段，并将段的起始地址与段的长度等信息记录在段表中。

典型的段表结构记录了段号、装入位、段起点、段长、其他控制信息等。装入位表明该段是否已调入主存。如果已在主存中，段起点登记其在主存中的起始地址。与页式的不同，段长可变，要有段长登记。其他控制信息包括读、写、执行的权限等。

段式虚地址也分为两部分：高位是段号，低位是段内地址。虚、实地址变换与页式地址变换相似，如图 4.16 所示。与页式不同的是，从段表中读出的是该段在主存中的起始地址，与段内地址（偏移量）相加，得到对应的主存实地址。

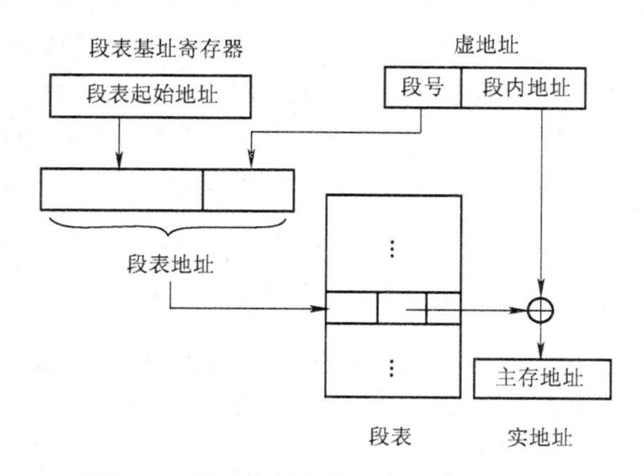

图 4.16　段式虚拟存储器地址转换示意图

段式虚拟存储器的调进、调出替换算法，与页式虚拟存储器相似。

由于段式虚拟存储器面向程序的逻辑结构分段，可大可小，因此，存储空间的分段与程序的自然分段相对应，以段为单位进行调度、传送与定位，有利于对程序的编译处理、执行、共享与保护。但是，段的大小可变不利于存储空间的管理与调度。一方面段内必须连续，因各段的首、尾地址没有规律，地址计算比页式管理稍为复杂一些。当一个段的程序执行完毕，新调入的程序段可能小于回收的段空间，各段之间会出现空闲区（即所谓零头），造成浪费。

3. 段页式虚拟存储管理方式

综合段式和页式虚拟存储器的优点，许多微机采用段页式虚拟存储管理方式。段页式虚拟存储器用分段来组织其逻辑地址空间，用分页来管理物理存储空间结构的综合存储管理策略。这种虚拟存储管理方式是把主存空间按页划分，程序按其逻辑结构分段，每段再分为若干大小与实页相同的页。相应地建立段表与页表，分级查表实现虚实地址的转换。以页为单位调进或调出主存，按段共享与保护程序及数据。

段页式虚拟存储管理的虚、实地址变换，如图 4.17 所示。

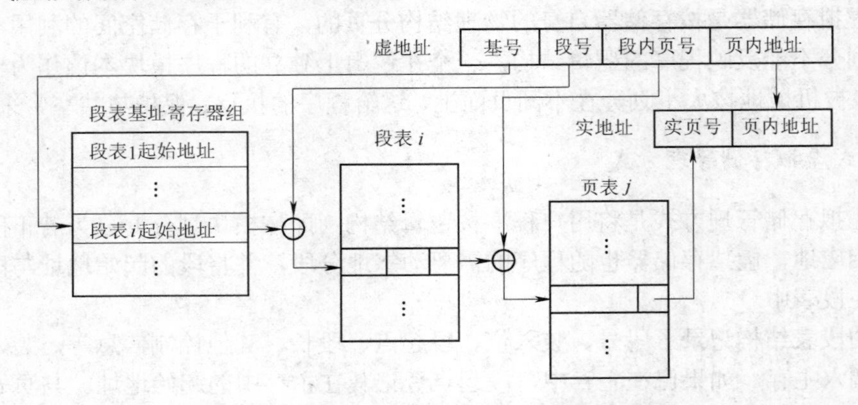

图 4.17　段页式虚拟存储器地址转换示意图

如果计算机采取单道程序工作方式，则虚地址包含段号、段内页号、页内地址三部分。如果采用多道程序工作方式，则虚地址包含基号、段号、段内页号、页内地址四部分。每道程序有自己的段表，这些段表的起始地址存放在段表基址寄存器中。相应地，虚地址中每道用户程序有自己的基号（又称为用户标志号），根据它选取相应的段表基址寄存器，从中获得自己的段表起始地址。将段表起始地址与虚地址中的段号合成，得到访问段表的对应地址。从段表中取出该段的页表起始地址，与段内页号合成，形成访问页表的对应地址。从页表中取出实页号，与页内地址拼装，形成访问主存单元的实地址。

习　题　4

4.1　半导体存储器芯片主要有哪几种类型？各有什么特点？试举例说明。

4.2　8086/8088 系统为最小模式，当从存储器 20000H 地址单元读取一个字节数据时，给出对存储器的控制信号和它们的有效逻辑电平。

4.3　若用 1K×1 位 RAM 芯片组成 16KB 的存储器，需要多少芯片？在地址线中有多少位参与芯片内单元寻址？用多少位做芯片组选择信号？（设地址总线为 16 位）

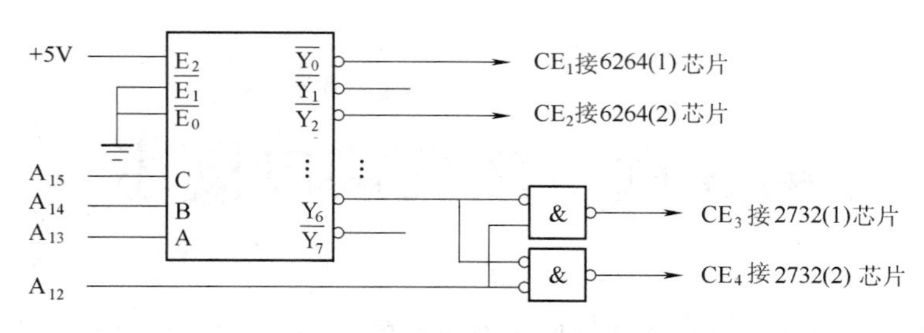

图 4.18　习题 4.4 的译码电路

4.4　某存储器子系统是由 2 片 8K×8 位的 6264 静态 RAM 芯片和 2 片 4K×8 位的 2732 EPROM 芯片组成，采用完全译码方式，地址 16 位，译码电路如图 4.18 所示。请确定每一块芯片的地址范围。

4.5　试用静态 RAM 芯片 62256（32K×8 位）和 EPROM 芯片 27512（64K×8 位）组成一个 8088 最小模式存储器子系统。要求 RAM 的容量为 64KB，起始地址为 60000H；EPROM 的容量为 128KB，起始地址为 C0000H。请设计译码电路，并画出存储器子系统与地址总线、数据总线和译码电路的连线图。

4.6　为什么要使用 Cache？Cache，主存和辅存，CPU 能直接访问的有哪几个？

4.7　试说明微机 Cache，主存和辅存的层次结构特征。

4.8　什么是虚拟存储器？虚拟存储器的分段、分页式存储管理各有什么特点？

第 5 章　微机接口概述

一个实际的微机系统，除了微处理器、存储器以外，还必须与各种外部设备（外设）打交道。系统总线是符合特定总线标准的，通用的信息通路，各个外设通过系统总线与 CPU 进行信息交换。由于键盘、显示器、打印机、磁盘机等各种外设各具特殊性，往往不能直接与系统总线相连，需要一个中间环节进行数据缓冲、数据格式转换、通信控制、时序和电平匹配等工作。这个中间环节就是接口（Interface）电路。接口位于系统总线与外设之间，是 CPU 与外设进行控制和信息交换的中转站。

本章介绍微机系统的接口分类、接口功能、I/O 接口的基本组成，以及 CPU 与外设之间数据传送的控制方式等接口的基本知识。以后各章将分述微机系统通用的各类接口及其应用技术。

5.1　微机接口

5.1.1　微机接口与接口技术

外设是构成微机系统的重要组成部分。以各种外部形式描述的程序、数据等信息通过外设输入给微机，微机把各种信息和处理的结果以一定的物理载体反映出来，通过外设进行输出。微机常用的 I/O 设备有键盘、鼠标、扫描仪、麦克风、CRT 显示器、打印机、绘图仪、调制解调器、软/硬盘驱动器、光盘驱动器、模/数转换器、数/模转换器等，种类繁多。从物理构成来看，外设有机械式、电子式、机电式、磁电式和光电式；从处理的信息来看，外设有数字信号、模拟信号，而模拟信号又有电压信号、电流信号等；从工作速度来看，不同外设的工作速度差别很大。另外，微机与不同的外设之间所传送信息的格式和电平的高低也多种多样。

微机系统为了便于实现 CPU 的控制处理，或者为了与各种复杂外设交换 I/O 信息，往往是通过挂接在系统总线上的各种接口电路来实现的。因此，微机接口是一个特定的管理/协调、信息变换/缓冲部件，在硬件线路与软件实现上，保证完成微机和外设之间具有其特定要求和方法的数据传送。

接口技术是专门研究 CPU 和外设之间的数据传送方式、接口电路工作原理和使用方法的一门软、硬件综合应用技术。

5.1.2　接口的分类

微机接口的种类繁多，作用各异，有各种分类方法。按照接口的特征，通常有以下几种分类方法。

1. 按接口通用性分类

（1）通用接口

通用接口是可供若干类外设使用的标准接口。例如，Intel 系列的并行 I/O 接口 8255，串行 I/O 接口 8251 和 8250 等。通用接口的最大特性就是可编程性，即用编程方法设定接口的工作方式、功能和工作状态，以适应各种外设的不同要求。因此，通用接口可连接多种不同的外设而不必增加特殊的附加电路，使用最为普遍。

（2）专用接口

专用接口是为某种用途或某类外设而专门设计的接口电路，例如，CRT 显示控制器、软磁盘控制器、DMA 控制器等。

2. 按接口功能分类

（1）辅助/控制接口

这类接口是与主机配套的，使微机系统实现某特定系统功能所需要的辅助/控制电路，包括总线仲裁、存储管理、中断控制和 DMA 控制等。例如，能得到各种时钟信号的定时/计数器，管理多个中断请求的中断控制器，实现 DMA 传送的 DMA 控制器等。

（2）通用 I/O 接口

这类接口不是针对某种用途或某种 I/O 设备而设计的，它以服务于多种用途和多种设备为目标，例如，并行、串行通信接口，模/数、数/模转换接口等。

（3）专用 I/O 接口

这类接口是为某种专门用途或某种 I/O 设备而设计的接口，例如，CRT 显示器接口、打印机接口、键盘接口、硬盘驱动器和软盘接口等。

3. 按数据传送的格式分类

（1）并行接口

这类接口与系统总线之间、接口与外设之间、都是以并行总线方式传送信息，即每次传送一个字节或一个字的全部代码。

（2）串行接口

这类接口与外设之间采用串行方式传送数据，即每个字节或字是逐位依次传送的，而接口与系统总线之间总是以并行方式传送数据。因此，一般在串行接口中要设置实现“串-并”和“并-串”转换的移位寄存器和相应的时序控制逻辑。

4. 按接口硬件复杂程度分类

（1）接口芯片

接口芯片大多是可编程的大规模集成电路。它们可以通过 CPU 输出不同的命令和参数，灵活地控制相连的外设进行相应的操作。例如，定时/计数器芯片、中断控制器芯片、DMA 控制器芯片、并行接口和串行接口芯片等。

（2）接口卡

接口卡是由若干个集成电路按一定的逻辑结构组装成的一个部件。它可以直接集成在系统板上，也可以制成一个插卡插在系统总线槽上。按照对所连接外设控制的难易程度，该控制卡的核心器件，或为一般的接口芯片或为微处理器。带微处理器的接口卡称为智能接口卡，这种卡上必有 EPROM 芯片，固化其控制程序，例如，硬盘驱动器控制卡，高速图形显示卡等。

5.1.3 接口的功能

接口的基本功能就是要能够根据系统要求对外设进行管理与控制，实现信号逻辑和工作时序的转换，保证 CPU 与外设之间能进行可靠而有效的信息传送。从广义角度，微机接口一般具有以下 7 项功能。对于一个具体的接口，未必全部具备这些功能，但必定具有其中若干项功能。

1. I/O 数据缓冲/锁存功能

设置接口的目的往往是为 CPU 和外设之间提供数据传送通路，但是 CPU、存储器以及外设之间在速度上存在很大差异，为了解决这个问题，接口中必须对数据进行缓冲或者锁存，以避免数据丢失，实现数据缓冲和速度匹配。

2. 设备选择和寻址功能

微机系统通过接口可以带多台外设，而 CPU 在同一时间里只能与一台外设进行信息交换，这就要求有译码电路，通过译码电路对接口，即对外设进行寻址。寻址功能就是根据 CPU 送出的地址信号和相应的控制信号选中接口和接口内部的 I/O 端口。通常地址总线上的高位地址用来选择接口，低位地址用于接口内部寄存器或锁存器的选择，只有被选中接口的外设才能与 CPU 进行数据通信。

3. 数据格式转换功能

对于外设和 CPU 之间采用不同数据格式进行数据传送的接口，必须具备数据格式转换功能。一般接口与系统总线之间采用并行传送，而外设可能采用并行传送，也可能采用串行传送。例如，对于采用串行传送的外设，接口需要设置有“串-并”和“并-串”转换功能；对于采用并行传送的外设，系统数据总线的宽度可能是 16 位、32 位或 64 位，而外设的数据宽度通常是一个字节，因而需要将字节拼接成指定宽度的字。

4. 电平信号转换功能

系统总线与外设的电源标准可能是不同的，则它们的电平信号也可能不同。例如，主机使用+5V 电源，而某个外设使用+12V 电源，这就要利用接口实现电平的转换，使采用不同电源的设备之间能够进行信息传送。

5. 控制功能

CPU 是通过接口控制外设的，接口应能接收 CPU 的命令和解释命令，并根据命令的含义产生相应的控制信号送往外设。例如，接口采用中断方式控制信息的传送，则接口中要有相应的发送中断请求信号，包括发送中断类型号以及接收中断响应信号的中断逻辑；接口采用 DMA 方式控制信息的传送，则接口中要有相应的 DMA 控制逻辑。

6. 可编程功能

为了使接口具有较强的通用性和灵活性，应该有多种工作方式，并且可以在程序中用软件来设置接口的工作方式，以适应不同的用途。

7. 错误检测功能

作为数据通信的接口应能对数据传送过程中出现的错误进行检测。

5.2 I/O 接口的基本结构

接口的组成有两种方案：一种是由寄存器、缓冲器等通用集成电路构建而成，这样组装的接口一旦完成，功能就确定了而不能改变；另一种是用可编程的集成电路组成的，接口的功能、工作参数等可以通过指令设定或选择，这样组成的接口有较大的灵活性。微机接口大多采用后一种方案。

接口的组成结构取决于接口与外设之间传送信息的类型和传送控制方式。

5.2.1 接口与外设之间的信息

CPU 与外设之间可以进行各种信息的交流，将它们概括起来有数据信息、控制信息和状态信息三大类。各种信息在 I/O 接口中存放在不同的寄存器中，数据信息存放在 I/O 接口中的输入数据或输出数据寄存器中，状态信息存放在状态寄存器中，而控制信息写入控制寄存器中。

1. 数据信息

数据信息有数字量、模拟量和开关量 3 种形式，根据机器字长可分为 8 位、16 位、32 位和 64 位等。

① 数字量信息是以若干个二进制位组合的形式表达的数值或字符，这类信息可以直接与 CPU 传送。例如，由键盘或光电读入机读入的信息，由 CPU 输出到显示器或打印机的信息等，这些都直接是数字量的信息。

② 模拟量信息是指时间上连续变化的量，如温度、压力、流量等各种工程物理量，这些信号一般先转换成模拟的电压或电流信号，再经过 A/D 转换变成数字量，才能被计算机系统接收，并进行处理。同样，计算机系统处理完的信号如果要送到执行机构，也必须经过 D/A 转化，即由数字量转换为模拟量。

③ 开关量信息是只有两个状态的量，如开关的合与断、继电器线圈的通电与断电，电动机的运转与停止等，可以用 1 位二进制位的两个取值“0”和“1”来表示两种状态。例如，16 位字长的机器一次可以输入或输出 16 个开关量。

2. 控制信息

控制信息是 CPU 通过接口向外设发布的各种控制命令信息。这些控制命令主要用于 I/O 设备的工作方式设置等。

3. 状态信息

状态信息是外部设备向 CPU 提供外设当前工作状态的信息，CPU 接收到这些状态就可以了解外设的情况，适时准确地进行有效的数据传送。

常见的外设状态信息有输入设备“准备好”（READY）信号、输出设备“忙”（BUSY）信号等。如果 READY 为 1，则说明输入设备已经准备好输入数据，CPU 可以读取外设的数据信息，否则，输入设备没有准备好，CPU 就不能读取有效的数据；如果 BUSY 为 1，说明输出设备正在工作，CPU 不能向它传送数据，直到 BUSY 为 0 时，即输出设备不忙时，CPU 才能向输出设备写数据。

5.2.2 I/O 接口的基本组成

虽然构成微机接口不同功能的电路各不相同，但是在基本结构上都是由数据锁存/缓冲器、状态寄存器、命令寄存器、地址译码和控制逻辑等各个电路组成的。图 5.1 给出了一个典型的 I/O 接口电路的基本组成，以及与系统总线和 I/O 设备的连接。

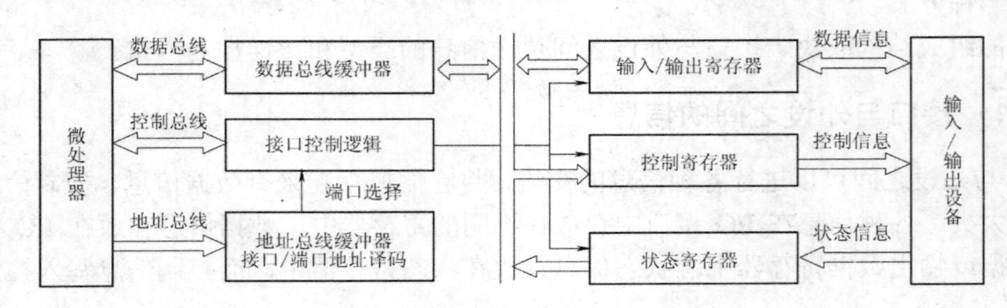

图 5.1　I/O 接口电路的基本组成

1. 端口

I/O 接口通常设置有若干个寄存器，用来暂存 CPU 和外设之间传送的数据、状态和控制信息。一般有 3 类寄存器，分别是数据寄存器、状态寄存器、控制寄存器。接口内的寄存器通常也被称为端口。每个端口有一个独立的地址，CPU 用不同的端口地址来区别各个不同的端口寄存器，对它们分别进行读/写操作。

（1）输入/输出寄存器

输入数据寄存器用来暂时存放外设送往 CPU 的数据，而输出数据寄存器用来暂时存放 CPU 送往外设的数据。数据输入/输出寄存器，可以在高速 CPU 与慢速外设之间实现数据的同步传送。

（2）控制寄存器

控制寄存器存放由 CPU 发来的，用以规定接口电路或外设的工作方式和功能的控制命令等信息。接口大都具有可编程的特点，可以通过对控制寄存器编程，给出不同工作方式和功能的选择参数。控制寄存器的内容只能由 CPU 写入，不能读出。

（3）状态寄存器

状态寄存器保存接口和外设的各种状态信息，供 CPU 查询。例如，向 CPU 提供外设的忙/闲、就绪/不就绪，正确/错误等状态信息。CPU 可以读取状态寄存器的内容，了解接口和外设的工作状态，以及数据传送过程中出现的情况，进行决策，使接口的数据传送任务顺利完成。

由此可见，CPU 与外设之间的数据、状态和控制信息都是以“数据”形式，分别存放在接口不同的寄存器中，它们是通过系统数据总线与 CPU 相互传送的。所以，CPU 对外设的数据输入/输出，以及联络、控制等操作，都是通过对相应端口的读/写操作来完成的。

2. 数据总线和地址总线缓冲器

数据总线缓冲器用于实现接口内部数据总线与系统数据总线相连接，而地址总线缓冲器用于实现接口的地址选择线与系统地址总线的相应端连接。

3. 接口/端口地址译码电路

接口/端口地址译码电路用于选择接口和接口内各寄存器（端口）的地址，保证端口寄存器与端口地址之间的一一对应关系，以使 CPU 与外设之间能够准确无误地选择相应端口进行信息的传送。所以，通过端口地址译码选通端口是接口的基本功能之一。

CPU 在执行输入/输出指令时，向地址总线发送外设接口的端口地址。一般，端口地址码分为两部分：高位地址码用做对接口的选择，译码产生接口选通（片选）信号；低位地址码用做对接口中端口的选择，译码产生端口选通信号。所以，一个接口的若干个（一般是 2^i 个）端口地址通常是连续地址。

【例 5.1】对某接口输入/输出数据、状态数据、命令数据的读/写操作。

某接口有数据输入、数据输出、状态、命令 4 个端口，端口地址分别为 38H，39H，3AH，3BH。当 A_{15}～A_2 14 位地址码为 0000 0000 0011 10 时，译码得到该接口片选（$\overline{CS}$）信号有效，表明接口被选中；A_1，A_0 2 位地址码的 4 种组合 00，01，10，11 的选择，分别表示选中本接口的数据输入端口、数据输出端口、状态端口、控制端口。可以用以下指令实现对它们的读/写操作。

```
IN      AL，38H          ；AL 中读取了该接口的数据信息
OUT     39H，AL          ；把 AL 中的数据从该接口输出
IN      AL，3AH          ；AL 中读取了该接口的状态信息
OUT     3BH，AL          ；把 AL 中的命令信息从该接口输出
```

4. 接口控制逻辑

接口内部控制逻辑实现系统控制总线（主要有 RESET，M/$\overline{IO}$，$\overline{RD}$，$\overline{WR}$ 等信号）与内部控制总线信号之间的变换。控制逻辑主要产生对接口内部的控制信号。例如，接口复位、读/写、端口选择等信号，以及接收 CPU 与外设之间数据传送过程的定时协调或联络应答信号。又如，CPU 一端的中断请求和中断响应、总线请求和总线响应，外设一端的准备就绪和选通等控制与应答信号。

5.3 接口数据传送的控制方式

接口最基本的操作是实现微机和外设之间的数据传送。由于 CPU 与外设的工作速度有着很大的差别，不同的外设，其工作速度差别也很大。为了保证 CPU 和外设之间正确而有效地进行数据传送，针对不同的外设，应该采用不同的数据传送方式。数据传送方式不同，CPU

对外设的控制方式也不同，从而使接口的结构和功能也不同。通常微机系统与外设之间数据传送的控制方式有程序方式，中断方式，直接存储器存取（DMA）方式三种。

5.3.1 程序方式

程序方式传送是指在程序控制下的数据传送，分为无条件传送方式和条件传送方式。

1. 无条件传送方式

微机与外设数据传送中最早采用的是直接输入/输出方式，也称为无条件传送方式，即每次传送时，外设都处于就绪状态。该方式适用于对一些简单外设进行的操作。采用这种传送方式的前提是外设必须处于随时能提供数据或接收数据状态。例如，输入时，输入端口的数据一直“准备好”了，无论何时读入的都是有效数据；输出时，输出端口必须随时能接收CPU发送来的数据。

无条件传送方式的接口电路最为简单。

当简单外设作为输入设备时，由于输入数据保持时间相对于CPU的处理要长得多，所以可以直接使用三态缓冲器和数据总线相连。当CPU执行输入指令时，读信号$\overline{IOR}$，输入端口选通信号$\overline{CS}$有效，因而三态缓冲器被选中，使其早已准备好的输入数据进入数据总线，再到达CPU。这要求CPU在执行输入指令时，外设的数据是准备好的，即已经存放在缓冲器中，否则出错。

当简单外设作为输出设备时，一般都需要锁存器，使CPU送出的数据在输出端口保持住，从而使CPU能保持和外设动作相适应。CPU在执行输出指令时，写信号$\overline{IOW}$，输出端口选通信号$\overline{CS}$有效。于是，接口中的输出锁存器被选中，CPU 的输出数据经过数据总线送到输出锁存器，输出锁存器保持这个数据，直到外设取走。显然，这要求CPU在执行输出数据指令时，要确保所选中的输出锁存器是空的，否则会出现数据覆盖错误。

无条件传送方式要求外部设备随时处于能提供数据或接收数据的状态，这在大多数情况下是很难保证正确实现数据传送的。

【例5.2】某I/O接口接8个二值开关电路和8个发光二极管电路，要求采用无条件方式读取开关值，并对应发光二极管的亮/灭。

设定该I/O接口的输入端口地址80H，输出端口地址81H。实时控制程序段：

```
PA1:    IN      AL，80H       ；读开关值（输入）
        OUT     81H，AL       ；亮/灭发光二极管（输出）
        JMP     PA1
```

2. 条件传送（查询）方式

条件传送方式也称为查询方式。在查询方式下，CPU通过执行程序不断读取并测试外设的状态，如果外设处于准备好状态或空闲状态，CPU执行输入或输出指令与外设交换信息，否则CPU就一直查询，直到外设准备就绪为止。

查询方式输入/输出的接口电路除了数据输入/输出寄存器外，还必须有状态寄存器，用其中某一位的0或1来反映外设状态，如图5.2所示。

查询外设状态是用输入指令读取状态寄存器的值，测试对应位而获得状态信息的。查询方式软件控制流程如图 5.3 所示。

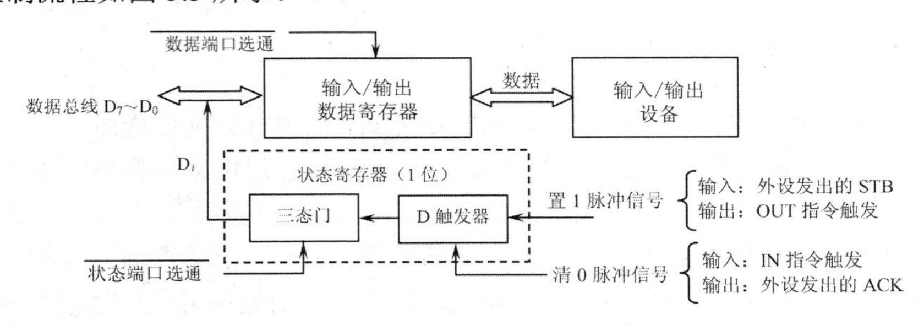

图 5.2　查询方式输入/输出接口电路

【例 5.3】对 3 个外设接口采用循环查询方式进行数据的输入/输出。

设定 3 个外设接口的状态端口地址分别为 32H，34H，36H，并且 3 个状态端口均使用其 D_5=1 做数据 I/O 的就绪状态标识。PROC1，PROC2，PROC3 分别是 3 个外设接口的 I/O 处理子程序。为了控制 3 个外设的 I/O 过程在完成时能结束程序，设置了一个内存单元 FLAG，其值作为判别 3 个 I/O 过程是否完成的标志。设 FLAG 的初值为 3，每当一个接口的 I/O 过程结束，就在各自的处理子程序（PROC1 或 PROC2 或 PROC3）中将 FLAG 的值减 1，当 FLAG 的值减为 0，则表明 3 个外设均已完成了数据传送过程。

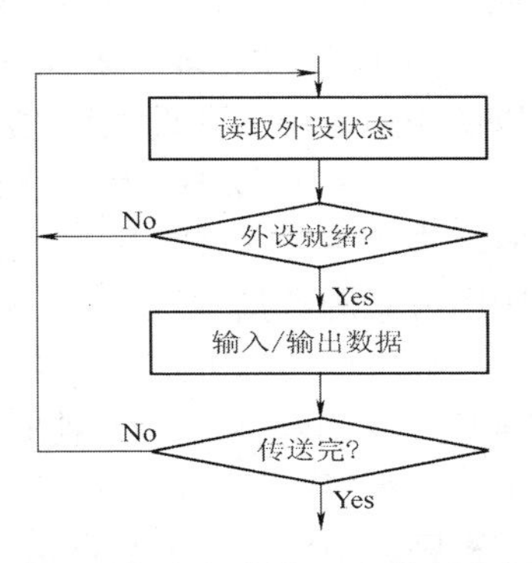

图 5.3　查询方式输入/出控制流程

采用循环查询方式对 3 个外设接口进行数据 I/O 的程序段如下：

```
         ⋮
         MOV     FLAG，3        ；设置 FLAG 单元初值 3
DEV1：   IN      AL，32H        ；读 32H 状态端口
         TEST    AL，20H        ；测试 D5=1?
         JZ      DEV2
         CALL    PROC1          ；调用该接口的 I/O 子程序
DEV2：   IN      AL，34H        ；读 34H 状态端口
         TEST    AL，20H        ；测试 D5=1?
         JZ      DEV3
         CALL    PROC2          ；调用该接口的 I/O 子程序
DEV3：   IN      AL，36H        ；读 36H 状态端口
         TEST    AL，20H        ；测试 D5=1?
         JZ      NOIN
         CALL    PROC3          ；调用该接口的 I/O 子程序
NOIN：   CMP     FLAG，0        ；测试（FLAG）=0?
         JNZ     DEV1           ；不为 0，转循环查询
         ⋮                      ；为 0，结束处理
```

该循环查询方式的例子仅适用于 3 个外设接口的 I/O 速度相当的情况。如果其中有的外

设数据处理速度很快，有的很慢，则可能使速度较快的外设发生数据覆盖错误。

5.3.2 中断方式

若 CPU 与外设之间采用程序控制的数据传送方式，在进行数据传送时，会一直占用 CPU 资源。例如，采用查询方式的传送，CPU 不断读取状态和检测状态，等待外设准备好。由于大多数外设（如键盘、打印机等）的速度比 CPU 工作速度低得多，查询方式的传送，无异是让 CPU 降低有效的工作速度去适应速度低得多的外设。另外，采用查询方式时，如果一个系统有多个外设，那么 CPU 只能轮流对每个外设进行查询，而这些外设的速度往往并不相同。这时，CPU 显然不能很好满足各个外设随机对 CPU 提出的输入/输出服务要求，不具备实时性。在实时系统以及有多个外设的系统中，采用查询方式进行数据传送往往是不适宜的。

为了使 CPU 能有效地管理多个外设，提高 CPU 的工作效率，并使系统具有实时性，可以赋予系统中的外设某种主动申请，配合 CPU 工作的“权利”。赋予外设这样一种“主动权”之后，CPU 可以不必反复查询该设备状态，而是正常地处理系统任务，仅当外设有“请求”时才去“服务”。CPU 与外设处于这种并行工作状态，无疑提高了 CPU 的工作效率。这就是中断方式的数据传送。

在中断传送方式下，当输入设备将数据准备好，或者输出设备可以接收数据时，便可以向 CPU 发出中断请求，使 CPU 暂时停止执行当前程序，而去执行一个数据输入/输出的中断服务子程序，与外设进行相应的数据传送。当中断子程序执行完，CPU 又返回继续执行原来的程序。中断方式的数据传送仍然是在程序控制下完成的，所以也称为程序中断方式，适用于中、慢速外部设备数据的实时传送。

I/O 接口若采用中断方式的数据传送，接口要有能向 CPU 发出中断请求（有的还包括中断请求是否允许）信号的电路，如图 5.4 所示。

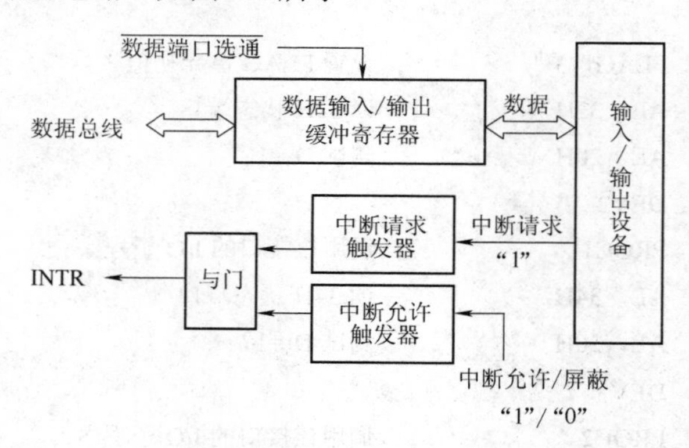

图 5.4 中断方式输入/输出接口电路

当 I/O 接口申请中断时，如果 CPU 接受此中断请求，则向接口发中断响应信号。该外设接口的中断类型号（8 位）经数据总线（D_7～D_0）送给 CPU，CPU 可根据此中断类型号找到相应的中断向量（中断服务程序入口地址），转而执行相应的中断服务程序，完成数据传送，同时将中断请求信号复位，以清除设备本次中断请求。

实际上，微机系统采用中断方式的接口，大都仅需向一个集中的中断管理部件（例如，中断控制器 8259A）提出中断请求信号，至于中断请求是否允许、中断的优先级别、中断类型号的提供等均由中断控制器统一管理。

5.3.3 直接存储器存取（DMA）方式

中断方式的输入/输出可以大大提高 CPU 的效率，但仍需要 CPU 通过程序进行传送。每次中断处理需要有保护断点，保护现场，恢复现场，恢复断点等额外操作，这些操作都要占用 CPU 的时间。这对于高速的外部设备在成批交换数据时，中断方式就显得太慢，因而不能满足高速交换数据的要求。

直接存储器存取（DMA，Direct Memory Access）方式，即外设在专用的接口电路 DMA 控制器（DMAC）的控制下直接和存储器进行数据传送的方式。采用 DMA 方式所传送的数据，无须 CPU 的干涉，而是在存储器和高速外设之间直接进行交换。而且，DMA 方式传送数据，数据源或目的地址的修改，传送结束信号和控制信号的发送等都由 DMA 控制器硬件完成，节省了大量 CPU 时间，因此大大提高了传送速度。DMA 方式主要适用于需要大批量、高速度数据传送的场合。

图 5.5 给出了微机系统 DMA 方式数据传送控制的示意，其中虚线表示 DMA 方式的数据在系统数据总线中的传送路径。

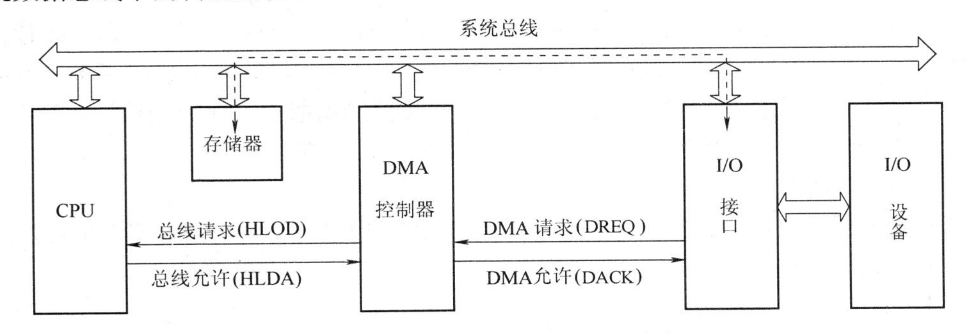

图 5.5　DMA 方式数据传送控制的示意图

1. DMA 传送控制方式的特点

（1）DMA 方式可以响应随机 DMA 请求。

对于采用 DMA 传送方式的 I/O 接口来说，何时具备数据传送的条件是随机的。只要 DMA 传送数据条件满足时，I/O 接口就提出 DMA 请求，获得批准后，占用系统总线实现存储器与 I/O 设备之间的数据传送。

（2）DMA 传送的插入在不影响 CPU 程序执行状态的前提下，满足了高速数据传送的速度要求，从而提高了整个系统的效率。

与中断方式相比，DMA 方式仅需要占用系统总线，由硬件控制数据传送，但不需要切换程序，因此不存在保存断点、保护现场、恢复现场、恢复断点等操作。因此 CPU 在接到 DMA 随机请求后，可以快速插入传送，在传送结束后可以快速恢复原程序的执行。从原理上讲，只要不发生访问存储器的冲突，CPU 可以与 DMA 传送并行工作。

（3）DMA 方式本身只能处理简单的数据传送，无法识别和处理较复杂事态，例如，判断 DMA 传送是否正确，如何出错处理等操作，DMA 控制器就不能独立识别和处理。因此，在某些场合往往需要综合应用 DMA 方式与程序中断方式，二者互为补充。

DMA 方式一般应用于主存与 I/O 设备之间的简单高速数据传送。需高速传送的 I/O 设备通常有磁盘、磁带、光盘等外存储器，多处理机和多任务数据块传送，扫描操作，快速数据采集，动态存储器（DRAM）的刷新，以及快速通信设备等。

2. DMA 传送过程

如果外设需要进行 DMA 方式的数据传送，首先向 DMA 控制器发出 DMA 请求，DMA 控制器再向 CPU 发出总线请求，CPU 响应后把总线控制权交给 DMA 控制器，DMA 控制器接管总线后进行数据传送，数据传送结束后，DMA 控制器向 CPU 归还总线。因此，一个完整的 DMA 传送过程必须经过如下 5 个步骤。

（1）DMA 方式的初始化设置

CPU 对 DMA 控制器设置传送的字节数、所访问内存单元的首地址以及 DMA 传送方式等初始化信息，并向 I/O 接口发操作控制命令，让 I/O 设备做好 DMA 传送准备工作。

（2）DMA 请求

当 I/O 设备的 DMA 传送准备好，就向 DMA 控制器提出 DMA 请求（DACK）。

（3）DMA 响应

I/O 设备的 DMA 请求要经过 DMA 控制器的判优逻辑，由 DMA 控制器向总线裁决逻辑电路提出总线请求（HLOD）。CPU 在当前总线周期执行完后，即发出总线请求的响应信号（HLDA），并释放总线控制权给 DMA 控制器。DMA 控制器取得总线控制权后，向 I/O 接口输出 DMA 的应答信号（DREQ），通知 I/O 接口开始 DMA 传送。

（4）DMA 传送

DMA 控制器获得总线控制权后，发出相应的读/写控制命令和对内存储器的寻址操作，直接控制存储器和 I/O 设备之间的数据传送。

（5）DMA 结束

在完成 DMA 数据传送任务后，DMA 控制器立即释放总线，即将总线归还给 CPU。

由此可见，DMA 方式不需要 CPU 直接控制数据的传送，也没有中断处理方式那样保留现场和恢复现场的过程，它是由硬件直接控制数据传送的一种方式，使 CPU 的效率大大提高。

3. DMA 传送控制总线的方式

DMA 控制权接管总线的方式通常有如下 3 种。

（1）周期挪用方式

周期挪用方式是 DMA 控制器一次只传送一个字节，传送完就释放总线，让 CPU 再接管总线，即由 DMA 控制器和 CPU 轮流掌管总线控制权，直到一批数据传送完毕。这种方式的 DMA 传送是挪用 CPU 的总线周期完成的，如果此时 CPU 不访问存储器，则 CPU 可以正常工作，否则，就使 CPU 延缓一个总线周期后继续工作。这样既实现了数据的 I/O 传送，又保证了 CPU 执行程序，因而应用较广。

（2）交替访问方式

如果系统采用高速缓冲存储器，CPU 的工作周期比主存储器长得多，则可采用 CPU 与 DMA 控制器交替访问的方式。这种方式的 CPU 与 DMA 各有自己的主存地址寄存器、数据缓冲器和读/写信号控制器，因此，DMA 传送对 CPU 的工作没有任何影响，是最高效的方式。

（3）CPU 停机方式

CPU 停机方式是最常用，也是最简单的一种 DMA 传送方式。在这种方式下，当 DMA

控制器要进行 DMA 传送时，向 CPU 发出 DMA 请求信号，迫使 CPU 在当前总线周期结束后，让出总线的控制权，并给出一个 DMA 响应信号，使 DMA 控制器可以控制总线进行数据传送。直到 DMA 控制器完成传送数据的操作，并使 DMA 请求信号无效后，CPU 再恢复对系统总线的控制，继续进行原来的操作。

在这种方式下，CPU 让出总线控制权的时间，取决于 DMA 控制器保持 DMA 请求信号的时间。所以，可以进行单字节传送，也可以进行数据块的传送。但是，在这种方式进行 DMA 传送期间，CPU 就处于空闲状态，所以降低了 CPU 的利用率。

习 题 5

5.1 接口电路的作用是什么？简述 I/O 接口的功能和基本组成。

5.2 接口和外设之间的信息有哪几类？说明每类信息的特点。

5.3 接口数据传送的控制方式有哪几种？各有什么特点？

5.4 无条件数据传送的接口电路有哪些部件？数据传送通道一般采用什么器件？

5.5 当多个外设都采用程序查询方式时，试述工作过程，并画出程序流程图。

5.6 在 DS 段以 Buffer 为首址的缓冲区中已存放了 100 个字节数据。请采用程序查询方式将这批数据从设备 A 输出。设备 A 的数据输出端口地址为 60H，状态端口地址为 62H。状态位 D_3=1，表示设备“忙”，状态位 D_4=0，表示设备“未联机”，要求查询等待。

5.7 自行设计一个中断方式的输入（或输出）接口电路，至少应该包括哪几个部分？

5.8 假设某外设向 CPU 传送信息，最高频率为 40KHz，而相应的中断服务程序的执行时间为 40μs，问该外设是否可以采用中断方式工作？为什么？

5.9 试述采用 DMA 方式是如何实现高速数据传送的？DMA 方式使用在哪些场合？

第 6 章　微机中断系统

中断是计算机的一个重要概念，中断系统是计算机的一个重要组成部分。微机为了提高系统效率，并使系统具有实时性，无不例外地设计了具有性能强大、功能丰富的中断系统。

本章讨论微机的中断系统功能、中断处理过程和中断管理方法，介绍 8086/8088 的中断结构，并给出现代微机系统中采用的一些新的中断技术。

6.1　中断和中断系统

微机的中断是一个过程。当微机内部，或者外部某个事件发生需要系统中断处理时（引发中断的事件称为中断源），向系统提出中断请求，系统就暂停正在执行的程序（暂停处称为中断断点），转去执行中断源需要服务的中断子程序（这称为中断响应），待中断服务程序执行完成，返回到断点处继续执行原程序（这称为中断返回）。中断过程如图 6.1 所示。

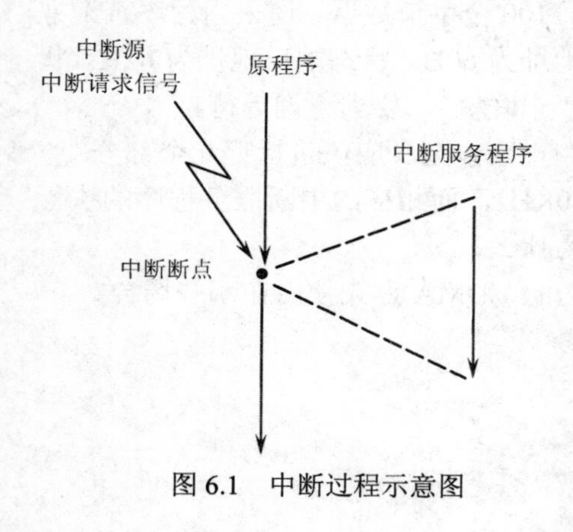

图 6.1　中断过程示意图

微机响应中断的过程与执行“调用过程（子程序）——CALL”指令的过程很相似，其区别在于“CALL”指令是事先编写在程序中的，只有执行到该指令时，才转去执行子程序；而中断请求是随机性的，当内/外部，或者硬/软件的事件发生时，随时向系统提出，CPU 接收到这随机的中断请求后自动进行中断处理过程。所以，中断过程是随机性的，微机处理中断过程远比处理“CALL”指令要复杂得多。

6.1.1　中断系统功能

中断系统是实现和管理中断整个过程的软、硬件的统称。微机中断系统功能和典型应用有以下 4 个方面。

1. 并行处理能力

微机系统有了中断功能，可以实现处理器和多个外设同时工作。处理器和外设仅仅在它们相互需要交换数据信息时，才暂时“中断”处理器当前的工作。这样处理器可以有效地控制多个外设并行工作，大大提高了整个系统的工作效率。

2. 实时处理能力

当微机应用于实时控制时，现场的许多信息需要处理器迅速响应，并及时处理，而现场提出请求的时间往往又是随机的。只有微机中断系统，才能实现这样的实时处理。

3. 故障处理能力

在处理器运行过程中，往往会出现一些故障，例如，电源掉电（指电源电压下降幅度过大，从 220V 降至 160V）、存储器读/写检测错、除法运算出错，等等。这些随机发生的故障请求，可以利用中断系统功能，通过自动转去执行故障处理程序，而不影响系统的正常运行。

4. 多机处理能力

在操作系统的调度之下，中断系统可以“分时”地使处理器实现多个任务，或者多道程序的运行，或者使多机系统之间实现连接和通信等。

6.1.2 中断处理过程

微机的中断处理过程包括中断请求、中断（优先权）判优、中断响应、中断处理和中断返回 5 个环节。

1. 中断请求

中断请求是引发中断过程的“引子”。当中断源发出中断请求信号，并被中断系统接收后才能进入中断过程。

产生中断请求的条件，因中断源而异。例如，I/O 设备在需要与 CPU 传送数据时，由接口电路产生中断请求信号；某个软件事件发生了，产生一个软件中断请求。

2. 中断判优

由于中断产生的随机性，可能出现两个或两个以上的中断源同时提出中断请求。为了能合理地处理多个中断源请求，必须事先根据中断源事件的轻重缓急，给每个中断源确定一个中断优先级。

中断系统能根据随机发生的多个中断源请求的优先级，识别出当前优先级别最高的中断源，并响应它的中断请求。在该中断处理完毕后，再响应级别较低的中断源的请求。

3. 中断响应

通常，微处理器有两个接收中断申请信号的引脚，一个是非屏蔽中断（NMI），另一个是可屏蔽中断（INTR）。NMI 用来接收紧急的、“有求必应”的中断申请，即一旦有请求，立即响应；INTR 接收到中断请求后，还要根据 IF 状态标志来确定是否响应中断（IF=0，关中断；IF=1，开中断）。

当微处理器响应中断后，系统将自动完成以下 3 件事。

（1）关中断（IF=0）

CPU 响应中断后要进行必要的中断处理，此时不允许其他中断请求来打断此时的处理，所以自动实现关中断。

（2）保存中断断点地址

响应中断时，原程序的中断断点地址（CS：IP）必须保存好，以确保中断结束后能恢复断点地址，正确返回原程序。保存和恢复断点地址是自动使用压入堆栈操作和弹出堆栈操作。

（3）得到中断服务程序的入口地址

响应中断后，根据判优逻辑提供的中断源的标识，以某种方式获得中断服务程序的入口地址（CS：IP），才能转到该中断源的中断服务程序去处理。

4. 中断处理

中断处理由预先编制的中断服务程序（80x86 是段间过程）完成该中断源的特定任务。中断服务程序一般按如下模式设计。

（1）保护现场：使用入栈（PUSH）指令，把中断服务程序中将要用到的寄存器内容压入堆栈，称为保护现场，以便返回到原程序时能正确使用寄存器。

（2）中断服务程序段：这是中断处理的核心部分，完成中断源要求完成的中断任务。

（3）恢复现场：中断处理结束后，使用出栈（POP）指令，把保护现场的有关寄存器内容恢复，并保证堆栈指针恢复到进入中断服务子程序时的指向。

（4）中断返回：中断服务子程序的最后一条执行指令是中断返回（IRET）指令。通常在执行 IRET 指令前，要求开中断（IF=1），以便让 CPU 能再次响应中断。

5. 中断返回

执行中断返回指令是自动做“出栈”操作，从堆栈中获得中断断点地址（CS：IP），从而能返回到断点处继续执行原来的程序。

6.1.3 中断判优（排队）逻辑

中断系统能根据随机发生的中断源请求的优先级做相应的中断响应，这是靠中断优先级判优的排队逻辑来实现的。中断判优（排队）逻辑是一个硬件电路和软件编程相结合的过程，即有些环节通过硬件电路完成，而有些环节由编程实现。

中断判优（排队）逻辑有多种选择方案，常用的有软件判优（查询）法、通用硬件判优法和可编程中断控制器（8259A）。中断控制器 8259A 在第 6 章讨论，这里仅介绍软件判优法和通用硬件判优法。

1. 软件判优（查询）法

软件判优（查询）方法的硬件接口电路如图 6.2 所示。多个（一般是 8 个）中断源的中断请求信号 INT_i 组合起来做成一个并行中断请求数据端口，同时把它们“或”起来，作为一个公共的中断请求 INTR 信号端，向微处理器发出中断请求。

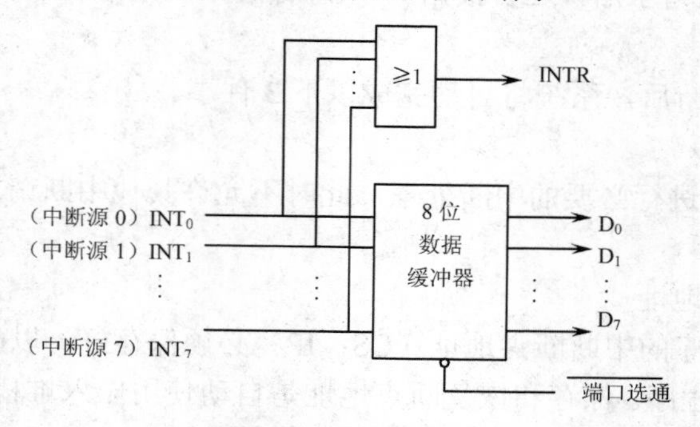

图 6.2 软件判优（查询）电路

软件判优方法在该接口电路的支持下，实现的要点是在响应中断后，执行一个公共的判优查询程序。判优查询程序流程如图 6.3 所示。

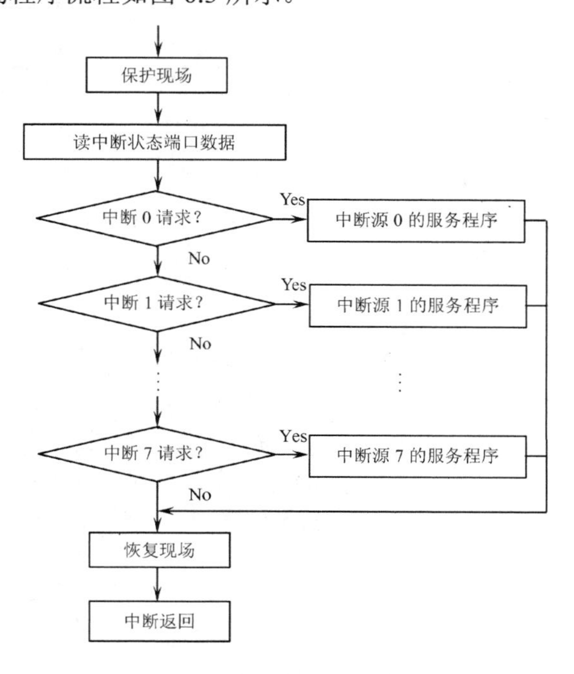

图 6.3　软件判优查询程序流程

判优查询程序按照预先确定的优先权级顺序，逐个查询中断请求数据端口的数据位。若某中断源有中断请求，对应的数据位为 1，则转到该中断源的中断处理。毫无疑问，先查询检测的优先权高，后查询检测的优先权低。

软件判优方法的接口电路简单，优先权的次序可以随编程的查询顺序而很方便地改变，其缺点是中断响应的实时性较差。

2. 通用硬件判优法

通用硬件判优方法是采用通用的硬件逻辑芯片，按中断管理的要求组成判优电路。就其实现原理而言，可以分为串行优先权排队法和并行优先权排队法。

（1）串行优先权排队法——串行链式结构

串行优先权排队法的电路如图 6.4 所示。每个中断源接口中都设置了一个称做“菊花链”的逻辑电路（图中虚框部分），做控制中断响应（$\overline{\text{INTA}}$）信号的传递通道。所有中断源的中断请求信号“或”起来，接到系统的 INTR，所有中断源的“菊花链”电路根据优先权级别串接起来，接系统的$\overline{\text{INTA}}$。

显然，串接链的顺序决定了它们的优先权，“链头”优先权最高，依次优先权渐低。串行优先权排队法的所有中断源的中断请求都能被接收。当多个中断请求同时发生时，最靠近“链头”的，同时有中断请求的中断源接口能“截获”中断响应信号$\overline{\text{INTA}}$。

串行优先权排队法的电路较为简单，连接方便，由于各级逻辑电路一致，便于扩充。其缺点是当链级较多，且前级中断频繁时，后级响应的实时性受到影响。

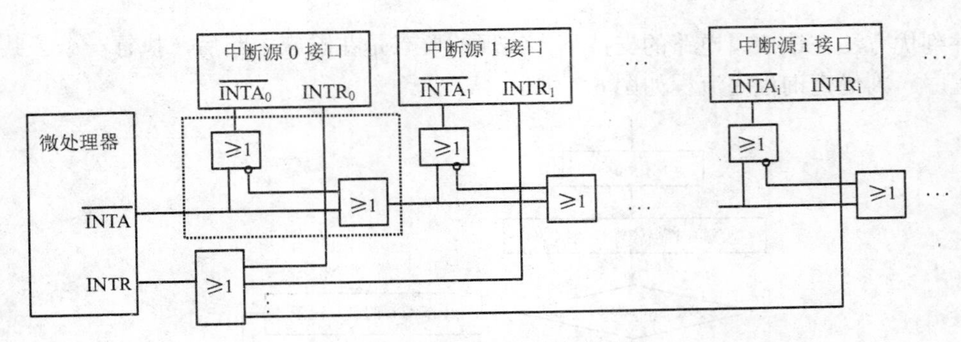

图 6.4 串行优先权排队法电路

（2）并行优先权排队法——优先权编码器

并行优先权排队法用并行优先权编码器（74LS148）和译码器（74LS138）组成，如图 6.5 所示。8 个中断源的 $INTR_0$～$INTR_7$ 中，$INTR_0$ 优先权最高，依次优先权级渐低。74LS148 只对 8 个有效请求 $INTR_i$ 中最高优先权级编码（3 位）。74LS138 根据 74LS148 提供的 3 位编码进行译码，得到最高优先权对应的中断响应 $\overline{INTA}_i$ 信号有效。例如，某时刻 $INTR_3$ 信号优先权级别最高，那么，在系统给出中断响应 $\overline{INTA}$ 信号时，并行优先权排队电路能得到 $\overline{INTA}_3$ 信号有效。

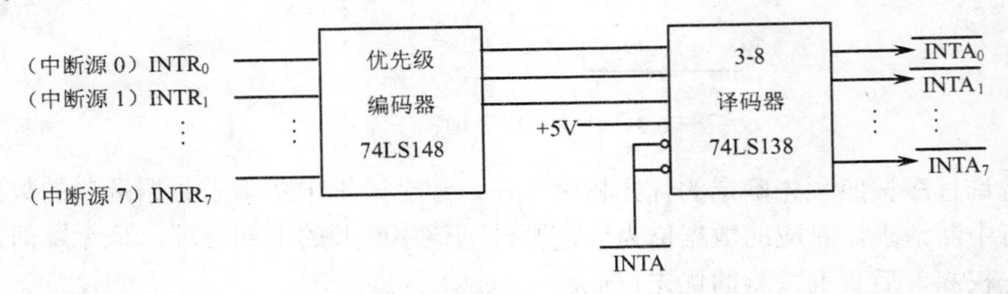

图 6.5 并行优先权排队法电路

并行优先权排队法最大的优点是中断响应快，其不足的是扩展性能不如串行优先权排队法好。

6.2 8086/8088 中断结构

Intel 80x86 系列微机的中断系统是典型的“向量中断”系统。

6.2.1 向量中断

向量中断是一种中断管理方式，是指中断系统响应中断时，能自动从判优逻辑获得优先权最高的中断源的类型号，根据类型号得到中断服务程序的入口地址（中断向量），然后转到中断服务程序去执行。

1. 中断类型号

微机系统可以管理多个中断源的中断。8086/8088 最多能管理 256 个中断，把它们统一编号为 0～255（00H～FFH），称为中断类型号。中断类型号是识别中断源的唯一标识。

2. 中断向量

中断向量是指中断服务程序的入口地址。8086/8088 的中断向量，即中断程序入口地址用 16 位段地址 CS 和 16 位偏移地址 IP 表示（CS ：IP），地址数据长度为 4 个字节，其中低地址的两字节存放偏移地址 IP，高地址的两字节存放段地址 CS。

3. 中断向量表

向量中断方式的实现得益于系统设置的中断向量表（IVT，Interrupt Vector Table）。8086/8088 每个类型号的中断向量占 4 个字节，256 个类型号的中断向量共占有 4×256=1K 字节。8086/8088 系统在内存的最低 1KB（即 0 段的 0000H～03FFH）建立了中断向量表，按中断类型号的顺序存放对应的中断向量。

中断向量在中断向量表中存放的位置称为中断向量表地址。中断向量表地址与中断类型号的关系为

$$中断向量表地址 = 中断类型号\times 4$$

所以，根据中断类型号可以计算得到中断向量表地址，然后从该中断向量表地址连续的 4 个字节中取出中断向量，从而能转向中断服务程序，实现中断处理。

例如，把中断类型号为 84H 的中断服务子程序存放在 1234H：5670H 为起始地址的内存区域，该中断向量在向量表中的地址为：84H×4＝210H，那么，应该在 0 段的 0210H～0213H 这 4 个字节单元中依次存放 70H，56H，34H 和 12H。

4. 设置中断向量表的方法

在使用中断之前，必须将中断向量设置到与中断类型号相应的中断向量表中。下面介绍 3 种把中断向量设置到中断向量表的方法，以例说明，其中：N 为中断类型号常数，NSEG 为 N 号中断向量的段地址常数，NOFFSET 为 N 号中断向量的偏移地址常数。

（1）定义如下格式的 0 段数据段，存放 N 号中断向量。

```
DATA    SEGMENT  AT  0              ；定义数据段为 0 段
        ORG      N*4                ；设置$为 N 号中断向量表地址（N*4）
        DW       NOFFSET，NSEG      ；存放 NOFFSET，NSEG
        ⋮
DATA    ENDS
```

（2）利用 DOS 功能调用 INT 21H 指令的 25H 号子功能，可以设置 N 号中断向量。

```
        MOV     AX，NSEG
        MOV     DS，AX              ；DS =NSEG（段地址）
        MOV     DX，NOFFSET         ；DX=NOFFSET(偏移址)
        MOV     AH，25H             ；AH= 25H（子功能号）
        MOV     AL，N               ；AL=N（中断类型号）
        INT     21H
```

利用 DOS 功能调用 INT 21H 指令的 35H 号子功能，可以获得向量表中的中断向量。例如，

```
        MOV     AH，35H             ；AH= 35H（子功能号）
        MOV     AL，N               ；AL=N（中断类型号）
```

```
INT       21H
```

执行 INT 21H 指令后，ES 和 BX 中分别是 N 号中断子程序的段地址和偏移址。

（3）使用“MOV”指令设置 N 号中断向量。

```
MOV    AX，0
MOV    DS，AX              ；DS=0（中断向量表段地址）
MOV    BX，N*4             ；BX 取 N 号中断向量表地址
MOV    AX，NOFFSET
MOV    [BX]，AX            ；偏移址存入向量表
MOV    AX，NSEG
MOV    [BX+2]，AX          ；段址存入向量表
```

6.2.2　8086/8088 中断分类

中断源的中断请求可以来自 CPU 内部，也可以来自外部电路；可以用软件，也可以用硬件来启动中断。8086/8088 的中断可以分成硬件（外部）中断和软件（内部）中断两大类，如图 6.6 所示。

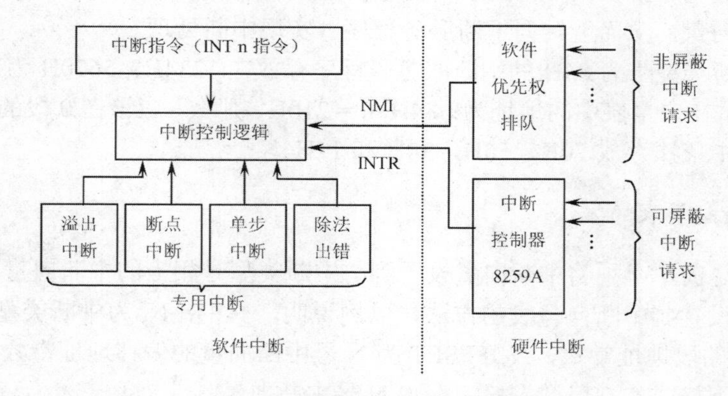

图 6.6　8086/8088 的中断分类

1. 硬件（外部）中断

硬件中断是由外部硬件（主要是外设接口）产生的，所以又称为外部中断。硬件中断是通过 CPU 的 NMI 和 INTR 中断请求信号线申请中断的，因此，可以分为非屏蔽中断 NMI 和可屏蔽中断 INTR 两种。

（1）非屏蔽中断 NMI

非屏蔽中断 NMI 请求信号采用边沿触发方式，中断类型号为 2。它的中断服务程序入口地址 CS：IP 存放在中断向量表的 0：0008H～0：000BH 单元中。

非屏蔽中断不受 CPU 中断标志位 IF 的影响，常用于处理系统出现的重大故障或紧急情况。例如，IBM PC/XT 系统的 NMI 主要用于解决系统掉电、紧急停机、主板 RAM 的奇偶错、I/O 通道扩展选件板上的奇偶错，以及 8087 协处理器异常中断等。

微机的多个非屏蔽 NMI 中断源的中断请求，采用软件判优（排队）方法，进行查询程序的中断处理。

（2）可屏蔽中断 INTR

可屏蔽中断 INTR 请求信号为高电平有效，并受 CPU 中断标志 IF 的影响。当 IF=1，CPU 才能响应 INTR 中断请求；IF=0，INTR 中断请求信号被屏蔽。

8086/8088 系统采用中断控制器 8259A 管理多个可屏蔽 INTR 中断源。8259A 能判别出最高优先权的中断请求，并在中断响应时提供该中断源的类型号。

2. 软件（内部）中断

软件中断是 CPU 根据某条中断指令，或者某个标志位的设置而产生的。由于它与外部硬件电路完全无关，所以也称为内部中断。软件中断又分为专用中断和 INT n 指令中断两种。

软件中断的类型号由系统设计时规定，或者是指令自身提供，所以是确定的。它与非屏蔽 NMI 中断一样，能自动获得类型号，转而进入中断处理。软件中断还与 NMI 一样不受中断标志位 IF 的影响。

（1）专用中断

8086/8088 的中断类型号 0～4 中，除了类型号 2 为 NMI 中断外，其余为软件专用中断：除法出错（类型号 0）、单步中断（类型号 1）、断点中断（类型号 3）、溢出中断（类型号 4）。

① 0 型中断——除法出错中断：在执行除法指令时，若发现除数为 0 或商超出了寄存器所能表示的范围（双字/字的范围为−32768～+65535；字/字节的范围为−128～+255）时，CPU 会立即产生 0 型中断，转入相应的除法出错处理程序。0 型中断也称为“自陷”中断。

② 1 型中断——单步中断：当单步标志 TF=1 时，CPU 把程序的正常执行变为单步中断执行方式。单步中断能够跟踪程序的具体执行过程，调试程序。

③ 3 型中断——断点中断（INT 指令）：断点中断和单步中断一样，也是 8086/8088 提供的一种调试手段。如果程序中设置了断点，程序执行到断点时进入断点中断服务程序。程序的断点处用 INT 指令或 INT 3 指令表示。断点中断服务程序一般是显示寄存器、存储单元等。

④ 4 型中断——溢出中断（INTO 指令）：当执行到 INTO 指令时，如果溢出标志 OF=1，立即产生一个溢出中断；OF=0，INTO 指令不起作用。溢出中断服务程序一般是提供算术运算出现溢出的处理方法。

（2）INT n 指令中断

INT n 指令也称为中断指令，指令中的 n 是中断类型号。当 INT n 指令执行时，自动得到类型号 n，转而进入对应的中断处理程序。

INT n 指令中断主要是用于系统定义（如 BIOS 中断，DOS 调用中断），或者是用户自定义的软件中断。

INT n 指令中断没有中断过程的随机性。这是因为 n 类型号的中断处理程序何时执行，在安排 INT n 指令时就是确定的。从这一点上讲，INT n 指令中断的工作过程，更类似于用 CALL 指令实现的段间过程调用。

IBM PC/XT 机的 256 个中断向量，分成 8088 中断、8259 中断、BIOS 中断、数据表指针中断、DOS 中断、用户中断、BASIC 中断、系统保留中断等类别。它们的类型号、中断向量表地址、中断功能等见表 6.1。

表 6.1 IBM PC/XT 中断向量表

类 别	类型号	向量表地址	中断功能	类 别	类型号	向量表地址	中断功能
8088 中断	0	0～3	除法出错中断	BIOS 中断	1A	68～6B	日时钟
	1	4～7	单步中断		1B	6C～6F	Ctrl-Break 控制
	2	8～B	非屏蔽中断		1C	70～73	定时器控制
	3	C～F	断点中断	数据表指针	1D	74～77	显示器参量表
	4	10～13	溢出中断		1E	78～7B	软盘参量表
	5	14～17	打印屏幕中断		1F	7C～7F	图形表
	6, 7	18～1F	保留	DOS 中断	20	80～83	程序结束
8259 中断	8	20～23	定时中断		21	84～87	系统功能调用
	9	24～27	键盘中断		22	88～8B	结束退出
	A	28～2B	彩色/图形		23	8C～8F	Ctrl-Break 退出
	B, C	2C～33	异步通信		24	90～93	严重错误处理
	D	34～37	硬磁盘		27	94～97	绝对磁盘读
	E	38～3B	软磁盘		26	98～9B	绝对磁盘写
	F	3C～3F	并行打印机		27	9C～9F	驻留退出
BIOS 中断	10	40～43	屏幕显示		28～2E	A0～BB	DOS 保留
	11	44～47	设备检验		2F	BC～BF	打印机
	12	48～4B	测存储器容量		30～3F	C0～FF	DOS 保留
	13	4C～4F	磁盘 I/O	用户中断	40～5F	100～17F	保留
	14	50～53	串行通信口 I/O		60～67	180～19F	用户软件中断
	15	54～57	盒式磁带 I/O		68～7F	1A0～1FF	保留
	16	58～5B	键盘输入	BASIC 中断	80～85	200～217	BASIC 保留
	17	5C～5F	打印机输出		86～F0	218～3C3	BASIC 保留
	18	60～63	BASIC 入口码	系统保留	F1～FF	3C4～3FF	
	19	64～67	引导装入程序				

6.2.3 8086/8088 中断管理过程

8086/8088 中断响应和中断处理过程的流程，如图 6.7 所示。

图 6.7 左边部分为中断类型的判别次序，反映了各类中断的优先权关系。有此可见，中断系统优先权由高到低的顺序为 INT n →NMI→INTR→单步。

图 6.7 右边的上半部分为中断类型号的获取。软件中断和非屏蔽中断的类型号是自动获得的。可屏蔽中断与它们不一样，不仅要在 IF=1 时才响应中断，而且要从外部（一般是通过 8259 中断控制器）获取中断类型号。

图 6.7 右边的下半部分，从“标志寄存器和断点地址入栈”到“返回中断断点”的一系列操作，是所有各类中断相同的操作部分，而中断处理程序则根据各个中断源的处理要求分别编程设计。

中断系统自动实现的一系列相同操作过程按以下顺序进行：

① 将自动获得，或者中断控制器（8259A）提供的中断类型号乘以 4，得到该类型号的中断向量表地址；

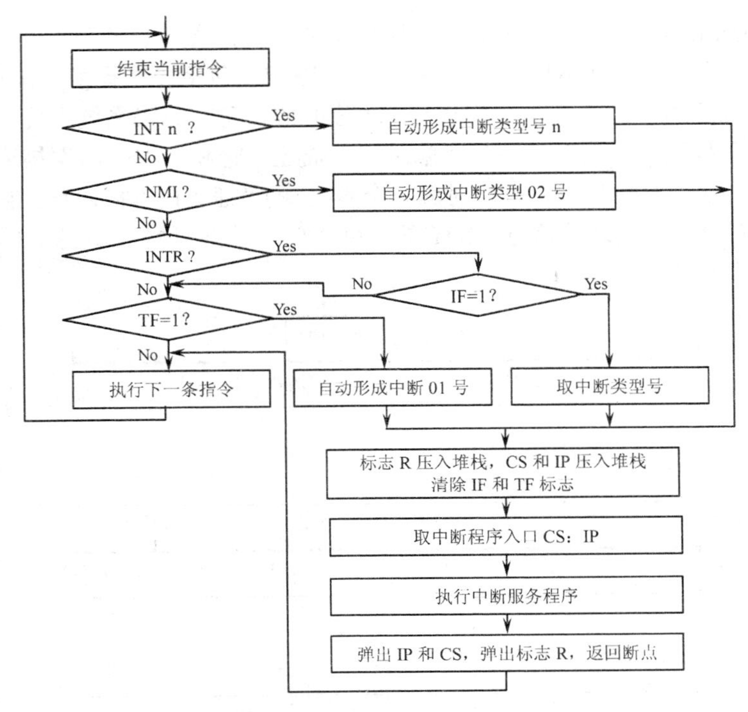

图 6.7　8086/8088 中断响应和处理流程

② 把 CPU 的标志寄存器内容压入堆栈，保护各标志位状态；

③ 清除 IF（中断）和 TF（单步）标志，关闭（屏蔽）了 INTR 中断和单步中断；

④ 保存断点地址，即把中断断点处的 IP 和 CS 内容压入堆栈（先压 CS，再压入 IP）；

⑤ 根据①得到中断向量表地址，从中断向量表中取中断服务程序的入口地址（中断向量），分别送给 CS 和 IP；

⑥ 转到 CS：IP 去执行中断服务子程序；

⑦ 当执行到中断返回 IRET 指令，从堆栈中弹出断点的 IP 和 CS，标志寄存器的值，于是返回到中断断点处，继续执行原来的程序。

6.3　现代微机的中断技术

由于 32 位 80x86 微处理器结构，特别是现代微机的体系结构发生了很大变化，进而带来了中断管理技术的变革。

在实地址方式下，32 位 80x86 微处理器采用了与 16 位的 8086/8088 相同的中断管理机制，即系统用内存 0 段 1KB 大小的中断向量表，按中断类型号的顺序，存放 256 个中断向量。

6.3.1　保护方式的中断

32 位 80x86 微机系统的保护方式，采用了一些新的中断管理技术。

1. 中断描述符表（IDT）

由于 80386，80486 微机系统采用了分段、分页的内存管理，保护方式用一个中断描述符表（IDT，Interrupt Descriptor Table）指出中断向量的相关信息。

每一个中断类型对应一个64位的“中断门”描述符，包括段选择字（16位）、偏移地址（32位），以及它的类型码（5位）和特权级（2位）等信息。如果系统出现“异常”中断，如除法出错、页面故障等，则对应的是“陷阱门”描述。它和“中断门”描述形式的区别仅仅是类型码不同。一个中断类型还可以对应一个64位的“任务门”描述符。它包含任务段选择字（16位），而没有偏移地址信息。IDT的3种“门”的描述格式如图6.8所示。

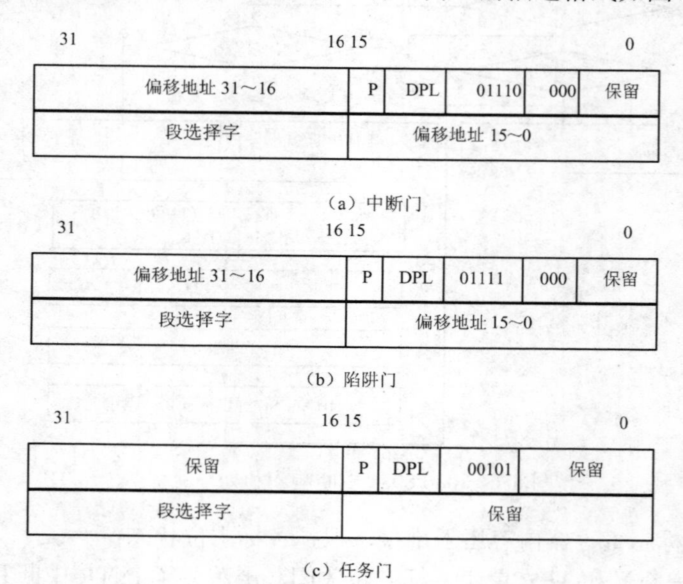

图6.8　中断门、陷阱门和任务门描述符格式

图6.8中的P是段存在位，P=1表示该段已经在物理内存中，DPL是描述符特权级（2位，取值0～3）。与实际地址方式的中断向量表（IVT）不同，IDT可以存放在内存任何位置，其首地址存放在IDTR寄存器中。

2. 中断响应过程

保护方式的中断响应过程，以中断类型对应的是“中断门”为例，其要点是：

① 微处理器将状态寄存器EFLAGS，CS：EIP先后压入堆栈，清除IF和TF标志；

② 将中断门的段选择字装入CS寄存器，并根据其内容，从LDT或GDT中找到中断服务程序的段描述符，装入CS对应的段描述符寄存器，将中断门的32位偏移地址装入EIP；

③ 根据CS：EIP，进入对应的中断服务程序。

如果中断类型对应的是“陷阱门”，除了不清除IF标志外，与上述过程相同。

如果中断类型对应的是“任务门”，中断响应过程使用任务寄存器TR，从GDT中取出TTS描述符。还需要把当前任务的所有信息存入该任务的TTS，并将新任务所有信息做副本保存。所以，对应“任务门”执行的一个新任务，就类似于有CALL指令调用一个新任务。

由于保护的需要，不同特权级的中断程序和被中断程序不能使用同一个堆栈。因此，需要做不同堆栈的切换和保护。

6.3.2 I/O 控制中心（ICH）的中断

在以两个“中心”结构的微机系统中，微处理器以外的中断管理由 I/O 控制中心（ICH）完成中断。

1. 串行中断

不同于中断控制器 8259A 的中断请求信号管理方式，ICH 中断采用了一种新的中断请求信号格式——串行中断，如图 6.9 所示。

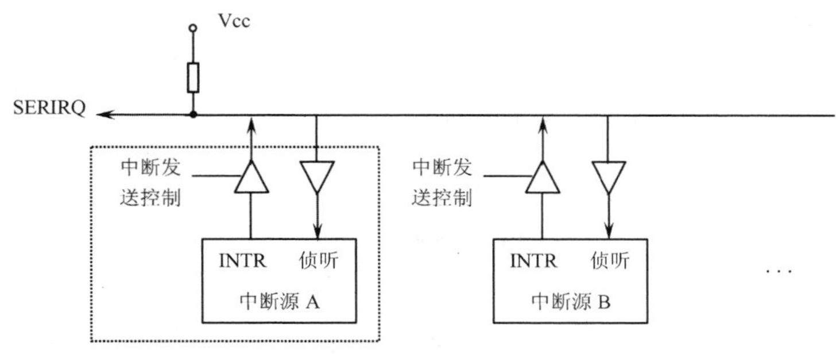

图 6.9 ICH 的串行中断信号的连接

串行中断用一根公共的 SERIRQ 信号线传递中断请求信号。所有支持串行中断的中断源设备的中断请求信号 INTR，都用一个三态门连接到 SERIRQ 信号线上。SERIRQ 信号线上的信息组成“包”，在时钟信号 PCICLK 的同步控制下传输。“包”信息包括开始帧、若干个数据帧和停止帧。

开始帧是 4/6/8 个 PCI 周期组成的低电平信号，由 ICH 或外设发出。每个中断源设备以中断类型号为序，占用一个数据帧发送自己的中断请求信号。每个数据帧由 3 个 PCI 周期组成。数据帧的个数根据 ICH 所支持的串行中断个数决定。停止帧是 2～3 个 PCI 周期组成，由 ICH 发出。

使用串行中断虽然减少了总的中断请求信号线数，但每个中断源设备的中断请求逻辑变得复杂了。每个设备都要“侦听”SERIRQ 信号线上的信号，以便正确地在开始帧之后的、属于自己的数据帧中发送中断请求信号。

ICH 内的控制逻辑在接收到来自 SERIRQ 信号线的串行中断请求信号后，将它们转换成独立的中断请求信号送给内部的中断控制器 8259A。

2. ICH 中 8259A 的连接

ICH 内集成了 2 片 8259A，通过级联方式，实现了 15 个中断的管理逻辑。8259A 的主片使用 20H 和 21H 端口地址，从片使用 A0H 和 A1H 端口地址。主片 8259A 提供 $IRQ_{0,\ 1,\ 3\sim7}$ 的 7 个中断请求连接线；从片 8259A 的中断请求输出 INTR 端连接到主片的 IRQ_2，提供 $IRQ_{8\sim15}$ 的 8 个中断请求连接线。

6.3.3 APIC 中断

现代微机大都支持多处理器系统。多机系统为了解决多处理器环境下，处理器之间的联络、任务分配和中断处理等，采用了高级可编程中断控制系统（APIC，Advanced Programmable

Interrupt Controlor）。APIC 由 3 部分组成。

① Local APIC：集成在微处理器中，包括 8259A 和 8254（定时/计数器）的功能。它可以接受并响应 APIC 的外部中断请求、经 APIC 传来的其他处理器的中断请求。

② I/O APIC：集成在 ICH 或“南桥”芯片内。它支持 24 个 APIC 中断。

③ APIC 总线：由数据线 APIC D_0，APIC D_1，时钟线 APIC CLK 组成的一组同步总线。它连接所有的 Local APIC 和 I/O APIC。

APIC 对中断的处理与 8259A 的区别，主要表现在：

① 中断信号在 APIC 总线上串行传送。

② 无须中断响应周期。

③ 中断类型号与中断优先级相对独立。

④ APIC 通过裁决允许连接多个中断控制器。

⑤ 支持更多的中断（最多 24 个）。

习　题　6

6.1　微机在什么情况下才响应中断？中断处理过程一般包括哪些步骤？

6.2　实现中断源的优先权判优（排队）方法有哪几种？各有什么特点？

6.3　解释微机向量中断系统的中断类型号、中断向量和中断向量表术语。

6.4　8086/8088 中断系统如何分类？说明可屏蔽中断 INTR 的全过程。

6.5　某一中断源的中断类型号为 60H，其中断子程序的符号地址为 INTR60。请用两种不同的方法设置它的中断向量表。

6.6　已知中断向量表 0020H～0023H 单元中依次存放着 40H，00H，00H，01H，在 9000H:00A0H 处有一条 INT　8 软件中断指令。如果在 SS= 0300H，SP= 0100H，标志寄存器= 0240H 时执行 INT 8 指令，指出刚进入 8 号中断服务子程序时，SS，SP，CS，IP 寄存器和堆栈栈顶 3 个字的内容分别是多少。

6.7　简要说明保护方式和实地址方式的中断管理有什么不同。

6.8　什么是串行中断？什么是 APIC 中断？

第 7 章　控制器接口

在计算机以及计算机应用系统中，利用各种具有特定功能的控制器，实现对被控对象或被控过程的实时、高速的控制处理是最常用的方法。

本章介绍 Intel 80x86 微机系统中的中断控制器 8259A，DMA 控制器 8237A，定时/计数器 8253 的内部结构，工作原理和应用技术。

7.1　中断控制器 8259A

Intel 8259A 中断控制器是集中断源识别、中断优先权排队、中断屏蔽/允许、中断类型号提供等中断功能于一身的，INTR 类中断管理的大规模集成电路芯片。

7.1.1　8259A 的功能

① 每片 8259A 可以管理 8 个优先级中断，在不增加其他电路的情况下，通过多片（2～9）8259A 的级联，可以组成两级主从式中断控制系统，最多可管理 64 个中断。

② 每个中断都可以设定中断屏蔽，或者中断允许。

③ 有多种中断优先权排队管理模式。

④ 当某个中断响应时，可提供由用户设定的中断类型号。

⑤ 可以通过编程设定 8259A 的各种工作方式，包括中断请求触发方式、中断查询方式、中断结束方式等。

⑥ 8259A 可以使用在不同的微处理器系统中。

7.1.2　8259A 的内部结构和引脚

1. 8259A 的内部结构

8259A 由中断请求寄存器 IRR，中断屏蔽寄存器 IMR，中断服务寄存器 ISR，优先级分析器 PR，控制逻辑，数据总线缓冲器，读/写逻辑和级联缓冲/比较器等 8 个功能部件组成，如图 7.1 所示。

（1）中断请求寄存器 IRR（8 位）

外部中断源的中断请求线 IR_0～IR_7 连接中断请求寄存器 IRR 的对应位。中断请求信号使 IRR 的相应位置 1，并锁存。

（2）中断屏蔽寄存器 IMR（8 位）

IMR 用来设置 IRR 中断请求信号的允许/屏蔽。当 IMR 的 D_i=1，禁止（屏蔽）IRR_i 的中断请求信号；当 IMR 的 D_i=0，允许 IRR_i 的中断请求信号。

（3）中断服务寄存器 ISR（8 位）

ISR 用来存放当前正在进行处理的中断请求。ISR 对应于 IRR 的 8 位请求。当某个中断请求被响应后，ISR 的相应位置 1，标识该中断服务程序未结束，以便确定当又有新的请求提出时，能否进行中断嵌套。中断处理结束时，ISR 的相应位清 0。

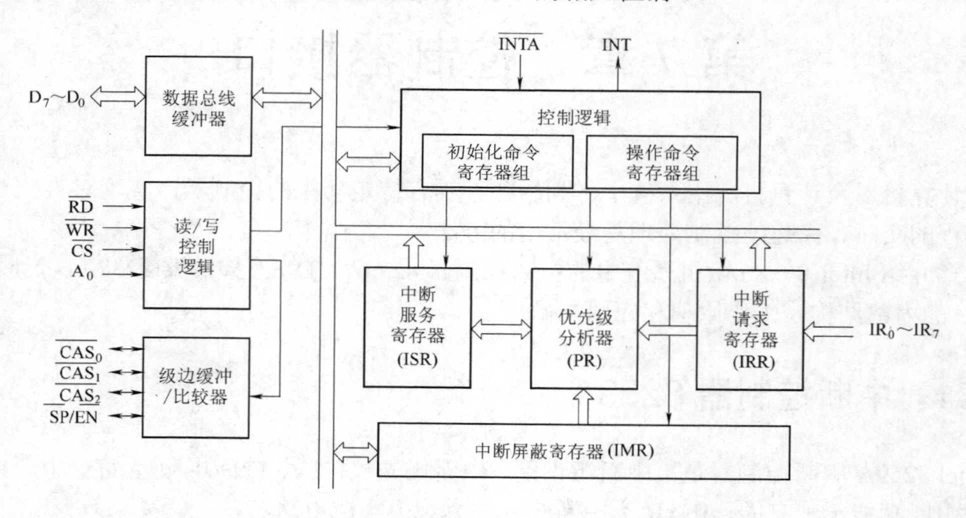

图 7.1　8259A 内部结构与引脚信号

（4）优先级分析器 PR

PR 用于识别和管理 IRR 中各位的优先权级别。各个信号的优先权级别可以通过编程设定和修改。当 IRR 有中断请求时，PR 检查 IMR 的状态，把 IRR 中被允许的，优先级最高的中断请求送入 ISR，并发出中断请求信号 INT。

当中断允许嵌套时，选出的最高中断级还要和 ISR 中的内容比较，判别有无优先权更高的中断在接受服务。如果比 ISR 中正在服务的中断级高，则发中断请求信号 INT，中止当前的中断处理，执行该较高级的中断，并在中断响应时把 ISR 中相应的位置 1；如果比 ISR 中正在服务的中断级低，则不发中断请求信号 INT。

（5）控制逻辑

根据 PR 判别的结果，控制逻辑接受最高优先权的中断请求，向 CPU 的 INTR 端发出可屏蔽中断请求（INT）信号。如果此时 CPU 的中断允许标志 IF 为 1，则在 CPU 执行完当前指令之后，给 8259A 回送中断响应（$\overline{INTA}$）信号，进入两个连续的 $\overline{INTA}$ 中断响应周期。第一个 $\overline{INTA}$ 周期，通知 8259A 做中断响应准备；第二个 $\overline{INTA}$ 周期，8259A 将响应的中断类型号输出到数据总线上。

控制逻辑中还有一组初始化命令寄存器和一组操作命令寄存器，分别用来接收 8259A 的初始化和操作的编程设置信息。

（6）数据总线缓冲器

8 位、双向、三态数据缓冲器，使 8259A 和数据总线 $D_7 \sim D_0$ 直接连接，可以实现 8259A 的命令和状态信息的传送。中断类型号也是由数据缓冲器送到数据总线上的。

（7）读/写控制逻辑

读/写控制逻辑接收来自 CPU 的读/写命令，完成规定的操作。操作过程由 $\overline{CS}$，A_0，$\overline{WR}$，$\overline{RD}$ 输入信号共同控制。在 CPU 写 8259A 时，它把写入的命令字（包括初始化命令字和操作命令字）送至相应的命令寄存器中。在 CPU 读 8259A 时，它控制相应的寄存器内容输出到数据总线。

（8）级联缓冲/比较器

当用多片 8259A 组成两级中断控制时，级联信号 CAS_0～CAS_2 实现主片对从片的选择。主片的功能是向 CPU 发 INT，并对从片进行选择。从片接受外部中断源的中断请求，将当前最高中断请求送往主片，在 CPU 中断响应后，将响应的中断源的类型号送给 CPU。

2. 8259A 的引脚及其功能

8259A 是 28 引脚的双列直插式中断控制器芯片，各个引脚的功能如下所述。

D_7～D_0：双向数据线，连接系统数据总线，在 CPU 与 8259A 之间传送数据和命令。

$\overline{RD}$，$\overline{WR}$：读/写控制输入信号，分别与控制总线上的 $\overline{IOR}$ 和 $\overline{IOW}$ 信号连接。

$\overline{CS}$：片选输入信号，低电平有效。有效时，表示选通 8259A。当进入中断响应周期时，该引脚状态与进行的处理无关。

A_0：端口地址选择信号。8259A 有 2 个可编程端口，A_0=0，为偶地址端口；A_0=1，为奇地址端口。

IR_0～IR_7：8 个中断请求输入信号，高电平或上升沿有效。

INT：8259A 向 CPU 输出的中断请求信号。

$\overline{INTA}$：接收 CPU 送来的中断响应信号输入信号。

CAS_0～CAS_2：8259A 构成主从式级联时的组合控制信号。在 8259A 主从结构中，主从片的的 CAS_0～CAS_2 全部对应相连。当 8259A 做主片时，CAS_0～CAS_2 为输出信号，用于发送从设备标志；当 8259A 做从片时，CAS_0～CAS_2 为输入信号，用于接收从设备标志。

$\overline{SP}/\overline{EN}$：从片编程/允许缓冲器信号，双向，低电平有效。该信号有两种功能：当 8259A 为缓冲方式时，它是输出信号，是允许缓冲器接收和发送的控制信号（$\overline{EN}$）；当 8259A 为非缓冲方式时，它是输入信号，指明该 8259A 是主片（$\overline{SP}$ 为 1）还是从片（$\overline{SP}$ 为 0）。

7.1.3 8259A 的中断管理方式

8259A 可以有多种工作方式，下面分 5 个方面叙述 8259A 的中断管理方式。

1. 优先级设置方式

对多个外设的中断请求进行优先级管理是 8259A 最主要的功能。8259A 有多种优先级管理方式，能满足不同用户对中断管理的各种要求。

（1）普通全嵌套方式

普通全嵌套方式是 8259A 最常用的，也是默认的工作方式。这种方式的 IR_0～IR_7 中断优先级固定，即由 IR_0 至 IR_7 依次降低。

当某一个 IR_i 中断被响应时，中断类型号被送到数据总线上，ISR 中的对应位 ISR_i 置 1，然后进入中断服务程序。一般情况（除自动结束中断方式——AEOI 外），在 CPU 发出中断结束命令（EOI）前，ISR_i 一直保持“1”。在此期间，只允许响应更高级别的中断请求，禁止响应同级或较低级的请求。

（2）特殊全嵌套方式

特殊全嵌套方式和全嵌套方式基本相同。唯一不同的地方在于：特殊全嵌套方式可以响应同级的中断请求，从而实现一种对同级中断请求的特殊嵌套。

特殊全嵌套方式一般用于 8259A 级联的系统中。主片则必须采用特殊全嵌套方式，而从片可采用全嵌套方式。

（3）优先级自动循环方式

优先级自动循环方式的优先级队列是变化的，当一个请求被处理后，它的优先级自动降为最低，而原来优先级仅次于它的请求则升为最高。这种方式一般用在系统中多个中断优先级相等的场合。例如，初始优先级队列为 IR_0，IR_1，…，IR_7，若有 IR_2 请求并获得响应，那么在 IR_2 被服务之后，IR_3 的优先级自动升为最高，优先级顺序为 IR_3，IR_4，…，IR_2。

（4）优先级特殊循环方式

优先级特殊循环方式与优先级自动循环方式相比，只有一点不同，即在优先级特殊循环方式中，初始的最低优先级是由编程来确定的，从而优先级队列，以及最高优先级中断也由此而定。例如，在循环开始之前，通过命令字（OCW_2）指定 IR_3 的优先级最低，那么 IR_4 的优先级就是最高的。

2. 中断屏蔽方式

8259A 的 8 个中断请求线 IR_0～IR_7 的每一个中断请求都对应一个屏蔽位，可以设定中断请求是否被屏蔽或允许。中断屏蔽方式有两种。

（1）普通屏蔽方式

普通屏蔽方式是通过编程，将中断屏蔽字写入 IMR 而实现的。设置屏蔽字，允许或屏蔽任意一个中断请求，包括较高级的请求，较低级的请求，或者正被服务的请求（不清除 ISR 中的相应位）。屏蔽字（8 位）的 D_i 位为 1，表示 IR_i 中断请求被屏蔽；D_i 位为 0，表示 IR_i 中断请求被允许。

（2）特殊屏蔽方式

特殊屏蔽方式主要用于在中断服务中要动态地改变系统的优先级，即在执行较高级的中断服务时，希望开放较低级的中断请求。采用特殊屏蔽方式，当屏蔽字对 IMR 中某一位置 1 时会同时使 ISR 中对应位清 0，这样不但屏蔽了当前被服务的中断级，同时真正开放了其他优先权较低的中断级。所以，先设置特殊屏蔽方式，然后建立屏蔽信息，这样就可以开放所有未被屏蔽的中断请求，包括优先权较低的中断请求。

3. 中断结束方式

当一个中断请求被响应时，中断服务寄存器 ISR 中的相应位置 1，相当于将当前中断服务程序的优先级保存下来，并参加与其他请求的判优，以裁定是否实行中断嵌套。当某个中断服务完成时，必须给 8259A 一个中断结束命令，使该中断级在 ISR 中的相应位清 0，结束中断。8259A 有 3 种中断结束方式。

（1）自动结束中断方式（AEOI）

这是最简单的中断结束方式。在 AEOI 方式下，系统一进入中断过程，当第二个中断响应脉冲 $\overline{INTA}$ 送到后，8259A 就自动将当前中断服务寄存器 ISR 中的对应位清 0。这样，尽管系统正在为某个外设进行中断服务，但 8259A 的 ISR 中已没有对应位指示了。

（2）普通结束中断方式（EOI）

在普通全嵌套或者特殊全嵌套系统中，正在处理的中断总是对应中断服务寄存器 ISR 所有为“1”位中优先级最高的。当采用普通方式来结束中断时，CPU 在中断服务程序的结束处向 8259A 发一条中断结束命令 EOI，8259A 便将 ISR 中当前优先级最高的那一位清 0，表示结束当前正在处理的中断。

（3）特殊结束中断方式

若 8259A 为特殊全嵌套方式，就要用特殊中断结束 EOI 命令。因为此时 8259A 不能确定刚才服务的中断源等级，只有通过设定特殊中断结束命令，指出到底要对 ISR 哪一个中断位清 0。

4. 与系统总线的连接方式

8259A 与系统总线的连接方式分缓冲方式和非缓冲方式。

（1）缓冲方式

在多片 8259A 级联系统中，8259A 通过总线驱动器和数据总线相连，这就是缓冲方式。缓冲方式下，8259A 的 $\overline{SP}/\overline{EN}$ 端和总线驱动器的允许端相连，$\overline{SP}/\overline{EN}$ 端输出的低电平可作为总线驱动器的启动信号。

（2）非缓冲方式

在单片 8259A 系统，或只有极少数几片级联的系统中，将 8259A 直接连接到数据总线上。此时，8259A 的 $\overline{SP}/\overline{EN}$ 端作为输入端，接高电平或低电平。单片系统的 $\overline{SP}/\overline{EN}$ 端接高电平，级联系统的主片 $\overline{SP}/\overline{EN}$ 端接高电平，从片 $\overline{SP}/\overline{EN}$ 端接低电平。

5. 中断请求的引入方式

8259A 在初始化设置时，必须指明中断请求输入端 IR_i 的请求信号是电平触发方式，还是边沿触发方式。

（1）电平触发方式

8259A 将中断请求输入端 IR_i 出现的高电平作为中断请求信号，因此在 IR_i 的高电平持续期间，请求信号总是有效的。但是，IR_i 的中断请求被响应后，必须及时将它清除。否则，该输入端仍然为高电平，可能引起同一个中断请求被响应多次，这是应该避免的。

（2）边沿触发方式

边沿触发方式下，8259A 将中断请求输入端 IR_i 上出现的上升沿作为中断请求信号。该中断请求的触发信号被 IRR 锁存，可以一直保持高电平。

7.1.4 8259A 的编程设置

8259A 的工作方式可以在初始化编程或操作编程中设置。8259A 有两类命令字：4 个初始化命令字 ICW_1～ICW_4，3 个操作命令字 OCW_1～OCW_3。相应地，8259A 内部有两组命令字寄存器组，分别用来接收这 7 个命令字。

系统开机时，8259A 必须首先进行初始化编程，即把 ICW_1～ICW_4 分别写入 4 个初始化命令字寄存器，8259A 按照设定进行中断工作过程。如果希望选择，或者改变初始化设定的 8259A 工作方式，可在应用程序中选择 OCW_1～OCW_3，分别写入 3 个操作命令字寄存器。操作命令字可以多次设置，以便对中断处理方式进行动态控制。

1. 初始化命令字

在 8259A 正常工作之前，必须用初始化命令字预置系统中所有 8259A 芯片的工作方式。初始化命令字必须按严格的顺序写入指定的端口。

① ICW_1：芯片控制命令字。它必须写入 8259A 的偶地址端口（A_0 为 0）。其格式为

A_0	D_7	D_6	D_5	D_4	D_3	D_2	D_1	D_0
0	A_7	A_6	A_5	1	LTIM	ADI	SNGL	IC_4

D_7，D_6，D_5（A_7，A_6，A_5）：用于 8080/8085 系统中，设定中断程序入口地址 A_7～A_5 位。8086/8088 系统中此 3 位无意义。

D_4 为 1：ICW_1 的特征位。

D_3（LTIM）：设定中断请求信号的触发方式。为 1，电平触发；为 0，边沿触发。

D_2（ADI）：用于 8080/8085 系统调用地址间隔设定。8086/8088 系统该位无意义。

D_1（SNGL）：为 1，单片 8259A 方式；为 0，多片 8259A 级联方式。

D_0（IC_4）：为 1，要 ICW_4；为 0，不要 ICW_4。

② ICW_2：中断类型号命令字。它用来设定 8259A 管理的 8 个中断类型号的高 5 位，必须写入 8259A 的奇地址端口（A_0 为 1）。其格式为

A_0	D_7	D_6	D_5	D_4	D_3	D_2	D_1	D_0
1	T_7	T_6	T_5	T_4	T_3	0	0	0

T_7～T_3：在 8086/8088 系统中，T_7～T_3 用于设定中断类型号 8 位代码中的高 5 位，初始化时低 3 位自动添入 000，与高 5 位组成 8 位的起始中断类型号，写入 ICW_2 寄存器。中断响应时，D_2～D_0 装入当前最高优先级的 ISR_i 的序号编码，形成获得响应的中断源的类型号。

例如，如果 ICW_2 为 00H，IR_0～IR_7 的类型号依次为 00H，01H，02H，…，07H；如果 ICW_2 为 08H，IR_0～IR_7 的类型号依次为 08H，09H，0AH，…，0FH。

在 8080/8085 系统中，该命令字的作用是设定中断入口地址的高 8 位。

③ ICW_3：级联方式命令字。它必须写入 8259A 的奇地址端口（A_0 为 1），主片和从片的格式不同。

主片格式为

A_0	D_7	D_6	D_5	D_4	D_3	D_2	D_1	D_0
1	S_7	S_6	S_5	S_4	S_3	S_2	S_1	S_0

S_7～S_0：分别对应主片输入端上所级联的各个从片。S_i 为 1，表示主片的 IR_i 输入端连接从片；S_i 为 0，则表示未连接从片。

从片格式（D_7～D_3 不用）为

A_0	D_7	D_6	D_5	D_4	D_3	D_2	D_1	D_0
1	0	0	0	0	0	ID_2	ID_1	ID_0

ID_2，ID_1，ID_0：3 位标识位编码表示本从片接至主片的哪一个 IR_i 输入端，其值等于主片 IR_i 的序号。例如，接至主片的 IR_2 标识位为 010。当从片接到中断响应信号后，将它的级联输入 CAS_2～CAS_0 与 3 位标识位比较，如果相等，则向数据总线发出从片所选中的中断请求类型号。

④ ICW_4：方式控制命令字。它必须写入 8259A 的奇地址端口（A_0 为 1）。其格式（D_7～D_5 不用）为

A_0	D_7	D_6	D_5	D_4	D_3	D_2	D_1	D_0
1	0	0	0	SFNM	BUF	M/S	AEOI	μPM

D_4（SFNM）：为 1，特殊全嵌套方式；为 0，普通全嵌套方式。

D_3（BUF）：设定选用缓冲方式。为 1，缓冲方式；为 0，非缓冲方式。

D_2（M/S）：表示缓冲方式下本片为主片还是从片。当 BUF 为 1，若 M/S 为 1，本片为主片；若 M/S 为 0，本片为从片。当 BUF 为 0，M/S 不起作用。

D_1（AEOI）：设定中断结束方式。为 1，自动中断结束方式；为 0，非自动中断结束方式。

D_0（μPM）：设定 8259A 用于 16 位机系统，还是 8 位机系统。为 0，表示是 8080/8085 系统；为 1，表示是 8086/8088 系统。

2. 8259A 初始化设置流程

8259A 的初始化设置，根据端口地址和写入的顺序，送入 2～4 个初始化命令字。

8259A 只有 A_0 地址输入端，一片 8259A 有 2 个端口地址。为了实现将多个命令字，仅仅通过 2 个端口地址写入各自对应的寄存器，8259A 做了以下两个规定：

① 每个命令字必须写入指定的奇地址，或者偶地址端口；

② 初始化命令字（ICW），必须严格地按照如图 7.2 所示的流程写入。

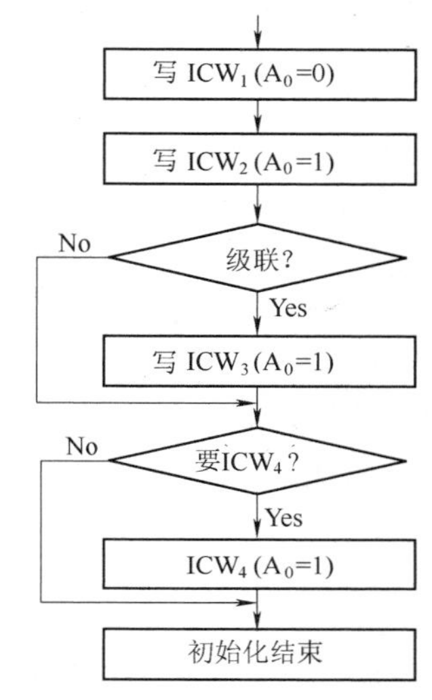

图 7.2　8259A 初始化（ICW 设置）流程

【例 7.1】 IBM PC/XT 系统是单片 8259A，端口地址 20H 和 21H，采用普通全嵌套方式、中断请求是边沿触发信号、普通 EOI 结束中断。该 8259A 的 IR_0～IR_7 的中断类型号为 08H～0FH。

单片 8259A 不需要 ICW_3，按 ICW_1，ICW_2，ICW_4 的顺序写初始化命令字。其中，ICW_1 写入 20H 端口地址，ICW_2 和 ICW_4 写入 21H 端口地址。

8259A 初始化设置程序段：

```
MOV     AL，13H
OUT     20H，AL          ；设置 ICW1（边沿触发、单片、需要 ICW4）
MOV     AL，08H
OUT     21H，AL          ；设置 ICW2（中断类型号为 08H～0FH）
MOV     AL，01H
OUT     21H，AL          ；设置 ICW4（普通全嵌套、非缓冲、EOI 结束方式）
```

3. 操作命令字

8259A 初始化编程之后，就进入了设定的工作状态，随时准备接受 IR_0～IR_7 输入线的中断请求。8259A 工作期间，任何时候都可以通过设置操作命令字，使 8259A 选定某一个工作方式。

操作命令字选择的方式，包括优先级自动循环、优先级特殊循环、普通屏蔽、特殊屏蔽、普通 EOI、特殊 EOI、中断查询，读取内部寄存器状态，等等。

8259A 有 3 个可独立使用的操作命令字 OCW_1～OCW_3。在应用程序中可以多次设置，而且没有严格的设置顺序，但对写入的奇/偶端口有严格的规定。

① OCW_1：设置中断屏蔽命令字。它直接对 8259A 的中断屏蔽寄存器 IMR 的相应屏蔽位进行设置，必须写入 8259A 的奇地址端口（A_0 为 1）。其格式为

A_0		D_7	D_6	D_5	D_4	D_3	D_2	D_1	D_0
1		M_7	M_6	M_5	M_4	M_3	M_2	M_1	M_0

M_7～M_0：分别对应 IR_7～IR_0 是否屏蔽。M_i 为 1，对应的 IR_i 中断请求信号屏蔽；M_i 为 0，对应的 IR_i 中断请求信号允许。

【例 7.2】 OCW_1 的使用，即设置中断屏蔽寄存器 IMR 的内容，有两种方法。

a）直接设置中断屏蔽寄存器 IMR 的内容。例如，

```
MOV    AL，10000011B      ；允许 IR2～IR6，屏蔽 IR0，IR1，IR7
OUT    21H，AL            ；写 IMR
```

b）读取中断屏蔽寄存器 IMR 的内容，通过 AND 或 OR 指令操作，屏蔽/开放指定位的中断，并保持其他位的中断状态不变，然后将新的屏蔽字写入到 IMR 中。例如，

```
IN     AL，21H            ；读取 IMR
AND    AL，11011011B      ；允许 IR2 和 IR5，保持其他 IRi 的状态
（OR   AL，00100100B）    ；或者，屏蔽 IR2 和 IR5，保持其他 IRi 的状态
OUT    21H，AL            ；设置新的 IMR
```

② OCW_2：设置优先级循环方式和中断结束方式命令字。它必须写入 8259A 的偶地址端口（A_0 为 0）。其格式为

A_0		D_7	D_6	D_5	D_4	D_3	D_2	D_1	D_0
0		R	SL	EOI	0	0	L_2	L_1	L_0

D_7（R）：优先级方式控制。R 为 1，循环优先级方式；R 为 0，固定优先级方式。

D_6（SL）：设定 L_2～L_0 位是否有效。SL 为 1，L_2～L_0 位有效；SL 为 0，L_2～L_0 位无效。

D_5（EOI）：中断结束命令。在非自动中断结束命令情况下，EOI 为 1，表示中断结束命令，使 ISR 中最高优先级的位清除；EOI 为 0，表示不发中断结束命令。

D_4D_3 为 00：OCW_2 的标识位。

D_2～D_0（L_2～L_0）：3 位编码是中断服务寄存器 ISR 中某一位的序号编码。它有两个用处：第一是在发特殊结束中断命令时指出 ISR 中应清除的位；第二是在优先级特殊循环方式中指出循环开始时的最低优先级位。以上两种情况都必须使 SL 为 1。

【例 7.3】 OCW_2 的 EOI 中断结束命令（EOI 为 1）的使用。

EOI 中断结束命令必须使用在中断子程序返回指令 IRET 之前。

```
MOV    AL，20H            ；EOI 命令字为 20H
OUT    20H，AL            ；设置 EOI 中断结束命令
IRET
```

R，SL，EOI 的状态组合可以设置 7 种不同的工作方式，如表 7.1 所示。

表 7.1　OCW_2 设置的工作方式

R	SL	EOI	功　能	说　明
0	0	1	普通 EOI 结束中断	中断结束
0	1	1	特殊 EOI 结束中断（L_2～L_0 有效）	
1	0	1	普通 EOI 结束中断后优先级自动循环	自动循环
0	0	0	清除自动结束中断后优先级自动循环	
1	0	0	自动结束中断后优先级自动循环	

续表

R	SL	EOI	功　　能	说　　明
1	1	1	特殊 EOI 结束中断后优先级自动循环	特殊循环
1	1	0	优先级特殊循环	L_2～L_0 有效
0	1	0	无效	

③ OCW_3：具有设置中断屏蔽方式、中断查询方式和读 8259A 内部寄存器的功能。它必须写入 8259A 的偶地址端口（A_0 为 0）。其格式（D_7 不用）为

A_0	D_7	D_6	D_5	D_4	D_3	D_2	D_1	D_0
0	0	ESMM	SMM	0	1	P	RR	RIS

D_6（ESMM）：特殊屏蔽方式允许位。ESMM 为 1，特殊屏蔽方式允许。

D_5（SMM）：设置特殊屏蔽方式。当 ESMM 为 1 时，SMM 才起作用。当 D_6D_5 为 11 时，设置特殊屏蔽方式；当 D_6D_5 为 10 时，系统恢复原来的优先级方式。

D_4D_3 为 01：OCW_3 的标识位。

D_2（P）：设置查询方式。P 为 1，8259A 为中断查询方式，发送查询命令获得外部设备的中断请求信息；P 为 0，非查询方式，为读内部寄存器状态。

D_1（RR）：读寄存器命令。RR 为 1，允许读 IRR 或 ISR；RR 为 0，禁止读取。

D_0（RIS）：读 IRR 或 ISR 的选择。RIS 为 1，读 ISR；RIS 为 0，读 IRR。

8259A 可以不用通常的中断管理方式，而改用中断查询方式。在 8259A 的查询方式中，外部中断源正常向 8259A 发中断请求信号，此时，8259A 内部的中断允许触发器复位，即关闭中断，8259A 不能向 CPU 发出 INTR 中断请求。如果此时要处理 8259A 的中断，就需要读取 8259A 的中断查询字，查询 8259A 有/无中断请求，如果有中断请求，则获得当前最高优先级的中断请求，转到相应的中断处理。

8259A 查询字（8 位）的格式为

D_7	D_6	D_5	D_4	D_3	D_2	D_1	D_0
I	—	—	—	—	W_2	W_1	W_0

D_7（I）：有无中断标志。I 为 1，有中断，I 为 0，无中断。

D_2～D_0（W_2～W_0）：请求中断的最高优先级别的二进制编码。

【例 7.4】 OCW_3 的中断查询命令（P 为 1）的使用。

```
        MOV     AL，04H         ；中断查询命令字为 04H
        OUT     20H，AL         ；设置查询命令，关闭 8259 正常中断管理
         ⋮
A1:     IN      AL，20H         ；读取中断查询字
        TEST    AL，80H         ；测试有/无中断请求
        JZ      A1              ；无中断请求，继续查询
        AND     AL，07H         ；有中断请求，AL 最低 3 位为中断请求标识码
         ⋮                      ；判别标识码，转到相应的中断处理
```

8259A 所有 ICW、OCW 的操作功能和设置，如表 7.2 所示。

表 7.2　8259A 的 ICW 和 OCW 操作功能

操作类型	$\overline{CS}$	$\overline{WR}$	$\overline{RD}$	A_0	功　能	特征标志或写入顺序
写命令	0	0	1	0	数据总线→ICW_1	ICW_1 的 D_4 为 1
	0	0	1	0	数据总线→OCW_2	OCW_2 的 D_4 D_3 为 00
	0	0	1	0	数据总线→OCW_3	OCW_3 的 D_4 D_3 为 01
	0	0	1	1	数据总线→OCW_1 (IMR)	无
	0	0	1	1	数据总线→ICW_2～ICW_4	图 7.1 ICW 设置流程
读状态	0	1	0	0	IRR→数据总线	OCW_3 的 D_2 D_1 D_0 为 010
	0	1	0	0	ISR→数据总线	OCW_3 的 D_2 D_1 D_0 为 011
	0	1	0	0	中断查询字→数据总线	OCW_3 的 D_2 D_1 D_0 为 100
	0	1	0	1	IMR→数据总线	无

7.2　DMA 控制器 8237A

直接存储器存取（DMA）方式是外设与存储器之间高速传输数据的一种控制方式，主要由专用控制器——DMA 控制器实现。在微机系统中，一般采用 DMA 控制器和 DMA 接口相分离的方式。DMA 控制器只负责申请、接管总线的控制权，发出传送命令与存储器地址，控制 DMA 传送过程的开始与结束。DMA 接口则实现与 I/O 设备的连接以及数据缓冲，反映 I/O 设备的特定要求等。

Intel 系列的 DMA 控制器 8237A 是一个 4 通道的、高性能的 DMA 控制器。

7.2.1　8237A 的基本特点

1. 8237A 的主要特性

8237A 是高性能的可编程 DMA 控制器，除了使 I/O 接口能直接与存储器传送数据外，还提供了存储器之间的传送能力。8237A 的主要特性有：

① 8237A 有 4 个独立的 DMA 通道，并可以采用级联方式扩充通道数（最多 16 个）。

② 每个通道都有 16 位的地址寄存器和 16 位的字节计数器，可以在存储器和外设之间传送多达 64KB 的数据块。8237A 允许 DMA 传输速度高达 1.6MB/s。

③ 每个通道都具有独立的允许/禁止 DMA 请求的控制能力，自动重复原始状态和参数的能力。

④ 每个通道可以有单字节传送、数据块传送、请求传送和级联传送 4 种 DMA 工作方式，4 个通道有固定优先权和循环优先权两种优先权管理方式。

⑤ 8237A 有终止 DMA 传送的信号输入/输出端（$\overline{EOP}$）。通过 $\overline{EOP}$，外部可以输入有效低电平终止正在执行的 DMA 操作，或重新初始化；或者是，每个通道在结束 DMA 传送时产生 DMA 终止信号，从 $\overline{EOP}$ 输出，$\overline{EOP}$ 的输出也可以用做中断请求信号。

⑥ 8237A 必须与一片 8 位锁存器一起使用，才能完成 DMA 传输。

2. 8237A 控制的 DMA 传送过程

8237A 作为存储器和 I/O 设备之间采用 DMA 方式传送数据的专用控制器，能使用地址总线发送地址信号，使用数据总线传送数据，利用控制总线发读/写命令。8237A 控制数据 DMA 传送的基本过程为：

① 外设准备好传送数据后，通过接口向 DMA 控制器发出 DMA 传送请求信号。

② DMA 控制器经过内部的判优和屏蔽处理后，向总线仲裁机构发出总线请求信号，请求占用总线。

③ DMA 控制器接到总线响应信号后，接管总线控制权。

④ DMA 控制器向外设接口发出应答信号，向存储器和进行 DMA 传送的外设发出读/写命令，开始 DMA 传送。

⑤ DMA 传送结束，向总线仲裁机构归还总线控制权。

7.2.2 8237A 的内部结构和引脚

1. 8237A 的内部结构

8237A 的内部结构与外部引脚信号如图 7.3 所示。8237A 主要由 4 个独立的 DMA 通道、控制逻辑单元、缓冲器和内部寄存器组成。

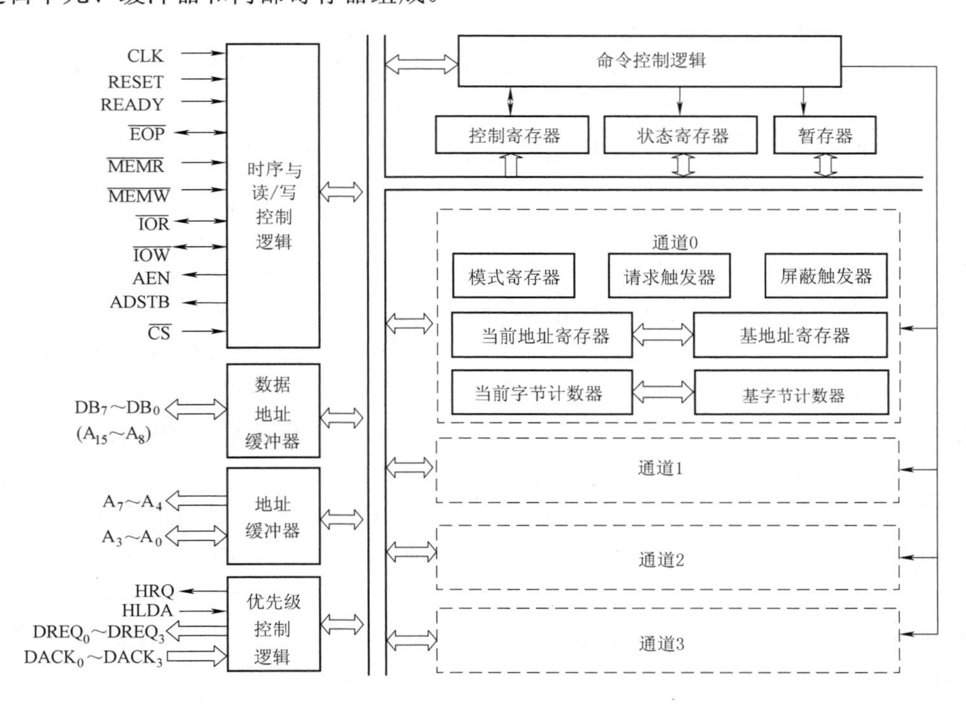

图 7.3　8237A 的内部结构与引脚信号

（1）控制逻辑单元

时序与控制逻辑单元根据初始化编程时所设定的工作方式寄存器的内容和命令，在输入时钟信号的定时控制下，产生 8237A 内部的定时信号和外部的控制信号。

命令控制单元的主要作用是在 CPU 控制总线时，将 CPU 在初始化编程时送来的命令字进行译码；在 8237A 进入 DMA 服务时，对设定 DMA 操作类型的工作方式字进行译码。

优先权控制逻辑用来裁决各通道的优先权次序，解决多个通道同时请求 DMA 服务时可能出现的优先权竞争问题。

（2）缓冲器

缓冲器部分包括两个I/O缓冲器（数据/地址缓冲器）和一个输出缓冲器（地址缓冲器）。8237A的数据线、地址线通过这些三态缓冲器与系统总线相连。

（3）内部寄存器

8237A的内部寄存器分成两大类：一类是4个通道独立的寄存器，即模式寄存器、基地址寄存器和当前地址寄存器、基字节计数器和当前字节计数器等；另一类是4个通道公用的寄存器，即控制寄存器、状态寄存器、暂存寄存器、请求寄存器、屏蔽寄存器、暂存器等。

2. 8237A的引脚及其功能

8237A是40引脚的双列直插式DMA控制器芯片，各个引脚的功能如下所述。

CLK：时钟输入信号，控制8237A内部操作定时和DMA传送时的数据传输速率。

RESET：复位输入信号。有效时，会清除命令、状态、请求和暂存寄存器，并清除字节计数器和置位屏蔽寄存器。

READY：准备好输入信号。当选用的存储器或I/O设备速度较慢时，可用该信号使DMA传送周期插入等待状态，以延长8237A产生的读/写控制信号。

$\overline{CS}$：片选输入信号，低电平有效。8237A作为从模块时，$\overline{CS}$低电平表明选中8237A，接收CPU对8237A的设置。DMA传送期间，8237A禁止$\overline{CS}$输入，避免选中自己。

DB_7～DB_0：双向三态，8位数据/地址复用线。8237A作为从模块时，DB_7～DB_0是双向数据线，可以对8237A读/写操作，进行编程设置；8237A作为主模块时，DB_7～DB_0是地址线，提供当前访问存储器的A_{15}～A_8地址。

A_7～A_4：输出三态，4位地址线。8237A作为从模块时，A_7～A_4高阻/浮空态；8237A作为主模块时，A_7～A_4输出，提供当前访问存储器的A_7～A_4地址。

A_3～A_0：双向三态，4位地址线。8237A作为从模块时，A_3～A_0输入，对8237A内部寄存器寻址；8237A作为主模块时，A_3～A_0输出，提供当前访问存储器的A_3～A_0地址。

ADSTB：地址选通输出信号，高电平有效。在DMA传送期间，将从DB_7～DB_0输出的高8位A_{15}～A_8地址锁存到8237A外部地址锁存器。

AEN：地址允许输出信号，高电平有效。在DMA传送期间，把外部锁存器的A_{15}～A_8地址和8237A直接输出的A_7～A_0地址，同时送到地址总线，共同组成存储器的16位偏移地址A_{15}～A_0。

$\overline{MEMR}$：存储器读信号，三态输出。在DMA操作期间，由8237A发出，作为从选定的存储单元读出数据的控制信号。

$\overline{MEMW}$：存储器写信号，三态输出。在DMA操作期间，由8237A发出，作为把数据写入选定的存储单元的控制信号。

$\overline{IOR}$：I/O读信号，双向三态。CPU控制总线时，由CPU发来，若该信号有效，表示CPU将数据写入8237A；在进行DMA操作时，由8237A发出，读取I/O设备的控制信号。

$\overline{IOW}$：I/O写信号，双向三态。CPU控制总线时，由CPU发来，若该信号有效，表示CPU读取8237A内部寄存器；在进行DMA操作时，由8237A发出，作为I/O设备写入的控制信号。

$\overline{EOP}$：过程结束信号，双向，低电平有效。当任何一个通道的计数值从0减为FFFFH

时，输出低电平，表示一个通道的 DMA 服务结束。如果外部输入一个低电平，表示将结束 8237A 所有启动的 DMA 通道的服务。

$DREQ_0$～$DREQ_3$：DMA 请求输入信号，有效电平可编程确定，复位后自动设置为高电平有效。在固定优先权时，$DREQ_0$ 的优先级最高。在 DMA 请求时，$DREQ_i$ 必须保持有效到对应的 $DACK_i$ 信号有效为止。

$DACK_0$～$DACK_3$：对 DMA 请求的应答信号，有效电平可编程确定，复位后自动设置为低电平有效。在有效时，表示已经启动一个 DMA 传送周期。

HRQ：总线请求输出信号，高电平有效，表示向 CPU 请求控制系统总线。8237A 只要接收到任何未被屏蔽的 DMA 请求信号，就会发出 HRQ 信号。

HLDA：总线应答输入信号，高电平有效，表示 CPU 已经让出对总线的控制权。

7.2.3 8237A 的工作方式

1. 8237A 的工作组态

8237A 与一般接口相比，既有相似之处，也有显著不同之处。从 DMA 传送的控制过程来看，8237A 有两种工作组态（模式）。

（1）从控模块

8237A 和其他接口一样，要接受 CPU 对它进行 DMA 传输的设置。所以 8237A 也是一个接口电路，有 I/O 端口地址，CPU 可以通过端口地址对 8237A 进行预置读/写操作，对它进行初始化或读取状态，包括写入内存传输区的首地址、传输字节数和控制字等，此时 8237A 是系统总线的从控模块。

（2）主控模块

8237A 在得到总线控制权以后，进入 DMA 周期，控制整个系统总线完成 DMA 传输。所以 8237A 可以提供一系列 DMA 传输的控制信息，像 CPU 一样操纵外设和存储器之间的数据传输，此时 8237A 又不同于一般的接口电路，作为系统总线的主控模块。

2. DMA 传输方式

8237A 的每个通道都可以对模式寄存器编程设置，选择以下 4 种 DMA 传输方式之一。

（1）单字节传送方式

每次 DMA 传输仅一个字节。一个字节传输之后，当前字节计数器减 1，当前地址寄存器加 1 或减 1，即清除总线请求 HRQ，释放总线控制权给 CPU，从而使得 CPU 至少可以占用一个总线周期，直到 I/O 接口又发出 DREQ 请求，再开始下一次单字节传输。整个过程循环到字节计数器从 0 减到 FFFFH，DMA 控制器发出 $\overline{EOP}$ 结束信号为止。

（2）成组传送方式

在每次 DREQ 有效后，若 CPU 响应其请求让出总线控制权给 8237A，则 8237A 进行 DMA 服务时，就会连续传送数据，直到字节计数器减到 FFFFH，或者由外部输入 $\overline{EOP}$ 有效信号时，才将总线控制权交还给 CPU，从而结束 DMA 服务。这种方式的 DREQ 有效电平只要保持到 DACK 有效，就能传送完一组（批）数据。

（3）请求传送方式

当 DREQ 有效，若 CPU 让出总线控制权，8237A 进行 DMA 服务，每传送一个字节后，都测试 DREQ，以确定是否继续传送。若 DREQ 一直有效，则连续传送数据，直至字节计数器减到 FFFFH，或由外部送来 $\overline{\text{EOP}}$ 有效信号，或 DREQ 变为无效时为止。这种方式通过控制 DREQ 信号的有效或无效，可以把一组数据分成几次传送。

（4）级联方式

该方式允许连接（2～5）片 8237A，组成主从式级联机构，实现 DMA 通道数的扩充。其连接方法是把从片的 HRQ 和 HLDA 端，分别接到主片某个通道的 DREQ 和 DACK 端。当主片接收到从片的 DMA 请求 DREQ，并获得响应后，它仅作为对从片的 DACK 应答，其他地址和控制信号一律禁止，由从片控制相应通道实现 I/O 接口与存储器之间的数据传输。

3．DMA 传输类型

在单片或多片级联的 DMA 系统，每个通道除了可选择上述 4 种不同的基本传输方式外，还可以选择以下 3 种传输类型之一。

① DMA 读：输出 $\overline{\text{MEMR}}$ 和 $\overline{\text{IOW}}$ 有效信号，I/O 设备读取存储器的数据。

② DMA 写：输出 $\overline{\text{MEMW}}$ 和 $\overline{\text{IOR}}$ 有效信号，I/O 设备的数据写到存储器。

③ DMA 校验：这是一种伪 DMA 传送，目的是对内部读/写功能进行校验。DMA 校验同上述两种传输类型一样产生地址信号、字节计数值以及对 $\overline{\text{EOP}}$ 的响应，但禁止了存储器和 I/O 接口的读/写控制信号，即不传送数据。

7.2.4 8237A 的寄存器及其编程应用

8237A 要实现 DMA 传输控制，必须事先对有关寄存器编程，或对有关控制命令设置。下面给出 8237A 供编程的寄存器和控制命令的格式。

1．4 个独立通道的寄存器及其设置

（1）模式寄存器（8 位）

每个通道的模式寄存器，可以设置本通道的 DMA 传输方式、传输类型等信息的模式字。其格式为

D_7 D_6	D_5	D_4	D_3 D_2	D_1 D_0
传输方式	地址增减	自动预置	传输类型	通道选择

D_7D_6：选择 DMA 传输方式（4 种）。D_7D_6=00，请求方式；D_7D_6=01，单字节方式；D_7D_6=10，成组方式；D_7D_6=11，级联方式。

D_5：选择 DMA 传送后存储器地址增/减方式。D_5=0，地址自增 1；D_5=1，地址自减 1。

D_4：设置是否具有自动预置功能。D_4=0，禁止自动预置；D_4=1，允许自动预置。8237A 的自动预置功能是在计数值到达 0 时，当前地址寄存器和当前字节计数器从基地址寄存器和基本字节计数器中重新取得初值，从而可以进入下一个数据传输过程。如果通道设置为具有自动预置功能，该通道的对应屏蔽位必须为 0。

D_3D_2：选择 DMA 传输类型（3 种）。D_3D_2=00，校验传送；D_3D_2=01，写传送；D_3D_2=10，读传送；D_3D_2=11，无效。

D_1D_0：选择通道号。D_1D_0=00，01，10，11，分别为通道 0，通道 1，通道 2，通道 3。

（2）基地址寄存器（16 位）和当前地址寄存器（16 位）

基地址寄存器存放本通道 DMA 传输的地址初值，在 8237A 初始化时写入，同时，初值也写入当前地址寄存器。当前地址寄存器的值在每次 DMA 传输时自动加 1 或减 1（取决于模式字 D_5 位）。CPU 可以随时用输入指令分两次（每次 8 位）读出当前地址寄存器的值，而基地址寄存器中的值不能被读出。若通道选择为自动预置（取决于模式字的 D_4 位），则在结束成批数据传输产生时，当前地址寄存器恢复到与基地址寄存器同值，即预置的初始值。

（3）基字节计数器（16 位）和当前字节计数器（16 位）

基字节计数器存放 DMA 传输字节数的初值（初值比实际传输的字节数少 1），在 8237A 初始化时写入，同时，初值也写入当前字节计数器。在 DMA 传输时，每传输 1 个字节，当前字节计数器的值自动减 1，当由 0 减到 FFFFH 时，产生计数结束信号 $\overline{EOP}$。当前字节计数器的值也可以分两次读出。若通道选择为自动预置，则在 $\overline{EOP}$ 有效的同时，当前字节计数器恢复到与基字节计数器同值，即预置的初始值。

（4）请求触发器（1 位）和屏蔽触发器（1 位）

DMA 请求触发器和 DMA 屏蔽触发器，可以分别用于设置本通道的 DMA 请求标志和屏蔽标志位。在物理上，4 个通道的请求触发器，对应 1 个 4 位的 DMA 请求寄存器；4 个通道的屏蔽触发器，对应 1 个 4 位的屏蔽寄存器。

2. 8237A 公用的寄存器设置和命令字格式

（1）控制寄存器（8 位）

4 个通道公用的控制寄存器，可以设置 8237A 的优先级、时序、启动等操作信息的控制字。其格式为

D_7	D_6	D_5	D_4	D_3	D_2	D_1	D_0
DACK 极性	DREQ 极性	写入选择	优先级方式	时序选择	工作启动	通道0 寻址	存储器间传输

D_7 为 0，DACK 信号有效电平为低电平；D_7 为 1，DACK 信号有效电平为高电平。

D_6 为 0，DREQ 信号有效电平为高电平；D_6 为 1，DREQ 信号有效电平为低电平。

D_5 为 0，写入周期滞后于读周期；D_5 为 1，为扩展写。当 D_0 为 1 时该位无意义。

关于扩展写是指：如果外设速度较慢，用普通时序不能在指定的时间中完成存取，那么就要在硬件上通过 READY 信号使 8237A 插入等待周期 T_W。为了保证 READY 信号的可靠，$\overline{IOW}$ 和 $\overline{MEMW}$ 信号被扩展到两个时钟周期以上。

D_4 为 0，为固定优先权方式（通道 0～通道 3 优先级依次渐低）；D_4 为 1，为循环优先权方式。

D_3 为 0，普通时序（一般为 3 个时钟周期）；D_3 为 1，压缩时序（2 个时钟周期）。当 D_0 为 0 时该位无意义。

D_2 为 0，启动 8237A 操作；D_2 为 1，禁止 8237A 操作。

D_1 为 0，存储器到存储器的传送中，通道 0 地址不保持；D_1 为 1，存储器到存储器的传送中，通道 0 地址保持不变，即传送同一个数据。当 D_0 为 0 时该位无意义。

D_0 为 0，禁止存储器到存储器的传送，D_0 为 1，允许存储器到存储器的传送。

8237A 除了能进行外设 I/O 接口和存储器之间的 DMA 传输之外，还有一个特殊的 DMA 功能，即存储器到存储器的 DMA 传输。8237A 用两个通道（通道 0 和通道 1），两个 DMA

总线周期，实现存储器到存储器传送。通道 0 存放源地址和字节计数值，通道 1 存放目的地址和字节计数值。存储器到存储器的 DMA 传送，第 1 个 DMA 周期，根据源地址取数据送到 8237A 的暂存器；第 2 个 DMA 周期，从 8237A 暂存器取数据送到目的地址。

（2）状态寄存器（8 位）

状态寄存器，可以表示 4 个通道是否有 DMA 请求、是否结束等状态信息。其格式为

D_7	D_6	D_5	D_4	D_3	D_2	D_1	D_0
通道3	通道2	通道1	通道0	通道3	通道2	通道1	通道0

D_7～D_4：分别表示通道 3～通道 0 的是否有 DMA 请求。D_i 为 1，表示对应通道有 DMA 请求；D_i 为 0，表示无 DMA 请求。

D_3～D_0：分别表示通道 3～通道 0 的计数状态是否结束。D_i 为 1，表示对应通道为计数结束状态；D_i 为 0，表示为计数非结束状态。

（3）暂存寄存器

用于存储器至存储器传送时，暂时保存从源地址读出的 8 位数据。RESET 信号可以清除暂存器内容。

（4）DMA 请求寄存器（8 位）

8237A 的每个通道均有 1 位请求标志位。请求寄存器可以设置某个通道的 DMA 请求标志。其格式（D_7～D_3 不用）为

D_7	D_6	D_5	D_4	D_3	D_2	D_1	D_0
0	0	0	0	0	复位/置位	通道选择	

D_2：设置请求标志。D_2 为 1，相应通道的 DMA 请求触发器置 1，产生 DMA 请求；D_2 为 0，无 DMA 请求。

D_1，D_0：选择通道号。D_1D_0 为 00～11，分别表示通道 0～通道 3。

（5）屏蔽寄存器（8 位）

8237A 的每个通道均有 1 位屏蔽标志位。屏蔽寄存器可以设置某个通道的屏蔽标志位。设置屏蔽有两种命令字格式：设置某个通道屏蔽位的单屏蔽位命令字，设置 4 个通道屏蔽位的全屏蔽位命令字。

单屏蔽位命令字格式（D_7～D_3 不用）为

D_7	D_6	D_5	D_4	D_3	D_2	D_1	D_0
0	0	0	0	0	复位/置位	通道选择	

D_2：设置屏蔽标志。D_2 为 1，设置相应通道的 DMA 屏蔽；D_2 为 0，清除相应通道的屏蔽，即 DMA 允许。

D_1，D_0：选择通道号。D_1D_0 为 00～11 分别表示通道 0～通道 3。

全屏蔽位命令字格式（D_7～D_4 不用）为

D_7	D_6	D_5	D_4	D_3	D_2	D_1	D_0
0	0	0	0	通道3	通道2	通道1	通道0

D_3～D_0：设置对应通道屏蔽与否。若 D_i 为 1，设置对应通道 DMA 屏蔽；若 D_i 为 0，设置对应通道 DMA 允许。

（6）清除先/后触发器命令

8237A 的先/后触发器具有“清 0”和“置 1”功能的自动翻转，用于控制 DMA 通道中地址寄存器和字节计数器的初值设置。由于 8237A 的数据线是 8 位的，而地址寄存器和字节计数器均是 16 位的，它们的初值设置需要通过两次 8 位数据的传输。为了正确分两次设置这些寄存器的 16 位初值，应该先发出清除先/后触发器命令，使先/后触发器复位为 0。那么，在往地址寄存器，或者字节计数寄存器写入 16 位数据时，第 1 次写入的是低 8 位数据，先/后触发器自动置 1，第 2 次写入的是高 8 位数据，先/后触发器又自动清 0。

（7）复位命令

复位命令，也称为综合清除命令，其功能和硬件 RESET 信号相同。复位命令使 8237A 的控制寄存器、状态寄存器、DMA 请求寄存器和暂存器，以及先/后触发器清 0，使屏蔽寄存器置 1。此时，8237A 进入了空闲周期。

3. 8237A 各寄存器和命令字对应的端口地址

8237A 共占有 16 个端口地址（地址末位为 0H～FH），表 7.3 给出了 8237A 端口的 A_3，A_2，A_1，A_0 地址码及其对应的读/写操作。实际编程时，各寄存器或命令的端口地址，由 8237A 的 $\overline{CS}$，A_3～A_0 与系统总线的连接方式，并结合上述规则确定。

表 7.3　8237A 端口的 $A_3A_2A_1A_0$ 地址码及其对应的读/写操作

$A_3A_2A_1A_0$（十六进制）	通　　道	写操作（$\overline{IOW}$=0）	读操作（$\overline{IOR}$=0）
0H，2H，4H，6H	0，1，2，3	基地址与当前地址寄存器	当前地址寄存器
1H，3H，5H，7H	0，1，2，3	基字节与当前字节计数器	当前字节计数器
8H	公共	控制寄存器（控制字）	状态寄存器（状态字）
9H	公共	请求寄存器（请求字）	
AH	公共	屏蔽寄存器（单屏蔽位命令字）	
BH	公共	模式寄存器（模式字）	
CH	公共	清除先/后触发器命令	
DH	公共	复位命令	暂存器
EH	公共	清屏蔽寄存器命令	
FH	公共	屏蔽寄存器（全屏蔽位命令字）	

4. 对 8237A 的编程例

【例 7.5】利用 8237A（端口地址 80H～8FH）通道 0 实现 DMA 数据块传送。某个外设将 640H 个字节数据传送到内存起始地址为 1200H 的内存区域中，给出初始化程序段。

```
OUT     8DH，AL          ；复位命令
MOV     AL，84H          ；通道 0：写传送，禁止自动预置，地址递增，数据块传送
OUT     8BH，AL          ；设置通道 0 模式字
MOV     AX，1200H
OUT     80H，AL
MOV     AL，AH
OUT     80H，AL          ；先低 8 位，后高 8 位写内存地址初值
MOV     AX，63FH
OUT     81H，AL
```

```
        MOV     AL，AH
        OUT     81H，AL          ；先低字节，后高字节写字节计数初值
        MOV     AL，0
        OUT     8FH，AL          ；设置全屏蔽位命令字
        MOV     AL，0            ；正常时序，固定优先，DREQ 高有效，DACK 低有效
        OUT     88H，AL          ；设置 8237A 控制字（启动 8237A）
```

【例 7.6】IBM PC/XT 的 8237A 端口地址为 00H～0FH。它的通道 0 用于动态 RAM 刷新，通道 1 提供网络通信传输功能，通道 2 和通道 3 分别用来进行软盘驱动器和硬盘驱动器与内存之间的数据传输。系统采用固定优先级。4 个 DMA 请求信号和应答信号中，只有 $DREQ_0$，$DACK_0$ 是和系统主板相连的，而 $DREQ_1$～$DREQ_3$ 和 $DACK_1$～$DACK_3$ 接到总线扩展槽，与对应的网络接口板、软盘接口板、硬盘接口板相关信号连接。

对 8237A 初始化设置的程序段：

```
        MOV     AL，04H
        OUT     08H，AL          ；设置控制：关闭 8237A
        MOV     AL，0
        OUT     0DH，AL          ；复位（总清）命令
        MOV     DX，00H          ；取通道 0 地址寄存器端口地址
        MOV     CX，4
        MOV     AL，0FFH
LOP1：  OUT     DX，AL           ；先写低 8 位地址 0FFH
        OUT     DX，AL           ；后写高 8 位地址 0FFH
        ADD     DX，2            ；取下一个通道地址寄存器端口地址
        LOOP    LOP1             ；循环对下一个通道写入 0FFFFH 地址
        MOV     AL，58H
        OUT     0BH，AL          ；通道 0 模式：单字节读传输，地址加 1，自动预置
        MOV     AL，41H
        OUT     0BH，AL          ；通道 1 模式：单字节校验传输，地址加 1，无自动预置
        MOV     AL，42H
        OUT     0BH，AL          ；通道 2 模式（同通道 1）
        MOV     AL，43H
        OUT     0BH，AL          ；通道 3 模式（同通道 1）
        MOV     AL，0
        OUT     0FH，AL          ；4 个通道清除屏蔽标志
        MOV     AL，0
        OUT     08H，AL          ；设置控制：DACK“低”，DREQ“高”，固定优先，启动
```

此时，通道 0 进行动态 RAM 刷新的 DMA 传输，通道 1～通道 3 为 DMA 校验传输。校验传输是一种虚拟 DMA 传输，不修改地址寄存器的值。

对 8237A 通道 1～通道 3 地址寄存器校验测试的程序段：

```
        MOV     DX，02H          ；取通道 1 地址寄存器的端口地址
        MOV     CX，3
```

```
LOP2:   IN      AL，DX          ；读地址寄存器低 8 位值
        MOV     AH，AL
        IN      AL，DX          ；读地址寄存器高 8 位值
        CMP     AX，0FFFFH      ；与写入的 0FFFFH 比较
        JNZ     ERROR           ；若不相等，转出错处理程序（略）
        ADD     DX，2           ；取下一个通道地址寄存器的端口地址
        LOOP    LOP2            ；转对下一个通道测试
```

7.3 定时/计数器 8253

在微机实时控制和处理应用系统中，常需要产生一些外部实时时钟，以实现延时/定时控制，或者要求具有能对外部事件计数等情况。例如，动态存储器定时刷新，系统日历时钟信号，扬声器发声振荡源，系统多任务程序的分时切换，提供周期性定时控制信号，对某事件统计计数控制信号等。所以，计数和定时是微机控制系统必须具有的接口技术之一。

7.3.1 定时/计数器工作原理

微机应用系统一般采用以下 3 种方法实现定时/计数功能。

① 设计数字逻辑电路实现计数或定时要求，即由硬件电路实现的定时/计数器。这种电路必须通过改变电路参数来改变定时/计数的要求，灵活性及通用性较差。

② 通过软件程序实现定时/计数，即执行一个没有具体执行目的的程序段。由于每条指令都有执行时间，执行一个程序段就需要一个固定的时间，通过调整程序段执行时间，得到所需要的定时/延时要求。这种方法灵活性和通用性都好，但是要占用 CPU 的时间。

③ 采用可编程的定时/计数器芯片来实现定时/计数的要求。定时/计数器可以通过编程，灵活设定计数/定时的功能参数，并能与 CPU 并行工作。

定时/计数器是一个具有可编程的计数和定时功能的专用接口芯片，最主要的部件是减“1”计数器，其工作原理就是能对外部触发脉冲自动做减“1”计数。

定时/计数器的计数功能和定时功能实现的过程：如果是计数器，即在设置好计数初值后，便开始对外部触发脉冲做减“1”计数，减为“0”时，输出一个“计数到”的信号；如果是定时器，即在设置好定时常数后，便对外部时钟信号做减“1”计数，并按定时常数不断地产生时钟周期整数倍的定时间隔。从定时/计数实现机制来说，计数器和定时器的工作过程没有根本的差别，主要都是基于计数器的减“1”功能。它们的差别是：计数器的外部触发脉冲可以是周期恒定的，也可以是随机的，在减到“0”时，输出一个信号计数便结束；定时器的外部触发脉冲必须是周期恒定的时钟信号，在减到“0”时，把定时常数自动重新装入，再连续重复减“1”计数的功能，从而获得一个恒定的周期输出。

定时/计数器工作方式的最大优点是不占用 CPU 资源。如果利用定时输出产生中断信号，可以建立多任务的工作环境，大大提高 CPU 的利用率。此外，定时/计数器本身的软、硬件开销并不是很大，所以，定时/计数器在微机系统中被广泛应用，例如，

① 在多任务的分时系统中产生定时中断信号，实现程序的切换；

② 产生精确的计数/定时信号，实现定时数据采集或实时控制；

③ 作为一个可编程的波特率发生器。

7.3.2 8253 的内部结构和引脚

Intel 8253 是具有 3 个 16 位计数器的可编程定时/计数器。几乎可以应用于任何一种微处理器组成的系统，作为可编程的频率发生器、实时时钟、脉冲事件计数器和程控单脉冲发生器等。8253 主要功能有：

① 3 个独立的 16 位计数器通道，既可做 16 位计数器，也可做 8 位计数器使用。

② 每个计数器可以选择按二进制数，或者十进制数（BCD 码数）进行计数。

③ 每个计数器最高计数速率可达 2.6MHz。

④ 每个计数器都可以编程设定 6 种工作方式之一。

⑤ 所有输入/输出均与 TTL 电平兼容。

1. 8253 的内部结构

8253 主要由数据总线缓冲器、读/写控制逻辑、控制寄存器和 3 个独立的计数器等 4 部分组成，其内部结构如图 7.4 所示。

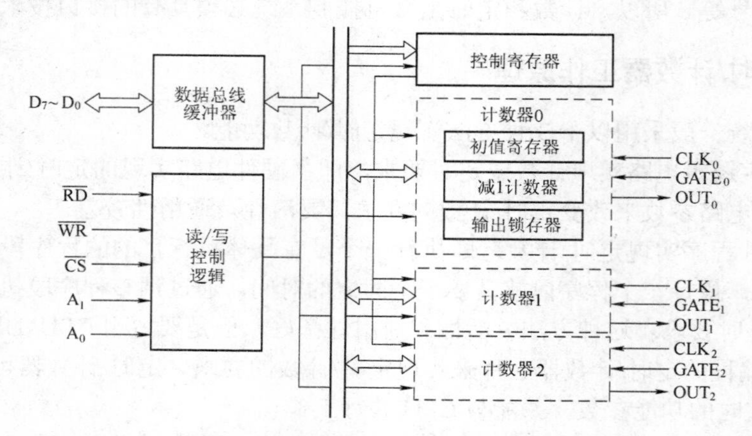

图 7.4 8253 内部结构与引脚信号

（1）数据总线缓冲器

该缓冲器为 8 位双向三态的缓冲器，可直接连接数据总线。CPU 通过它，一方面可以向控制寄存器写入控制字，向计数器写入计数初值；另一方面也可以读出计数器的当前值。

（2）读/写控制逻辑

读/写控制逻辑的功能是接收来自 CPU 的控制信号，包括读信号 $\overline{RD}$，写信号 $\overline{WR}$，片选信号 $\overline{CS}$，8253 内部端口寻址信号 A_1 和 A_0，完成对 8253 各计数器的读/写操作。

（3）控制寄存器

接收从 CPU 来的控制字，并由控制字 D_7，D_6 位编码决定是哪个计数器的控制字，从而对该计数器实现相应的控制。

（4）计数器

8253 有 3 个独立的计数器，分别叫做计数器 0，计数器 1 和计数器 2。每个计数器由均为 16 位的减 1 计数器、计数初值寄存器、计数输出锁存器组成，并且都有两个输入信号，即触发脉冲（CLK）信号、门控（GATE）信号和一个输出（OUT）信号。送入计数器的计数初值，经初值寄存器传送给减 1 计数器。当计数器从 CLK 输入端接收时钟脉冲或事件计数脉冲，在 GATE 输入端信号“许可”的前提下，计数值在触发脉冲的下降沿开始减 1 改变。计数器在减 1 的过程中，特别是减到 0 时，OUT 输出端输出相应的标志信号。

2. 8253 的引脚及其功能

8253 是 24 引脚的双列直插式大规模集成电路接口芯片，引脚功能如下所述。

D_7～D_0：双向数据线，可直接与系统数据总线相连，是 CPU 和 8253 之间的数据通道。

$\overline{RD}$，$\overline{WR}$：读，写输入信号，低电平有效。表示对 8253 是读操作还是写操作。

$\overline{CS}$：片选输入信号，低电平有效。$\overline{CS}$ 有效，表示 CPU 选中 8253，可进行读/写操作。

A_1，A_0：端口地址输入信号。当 $\overline{CS}$ 有效，由 A_1A_0 的编码决定选中的是哪个计数器，还是控制寄存器。

表 7.4 给出了 $\overline{CS}$，$\overline{RD}$，$\overline{WR}$，A_1，A_0 对 8253 的计数器选择和操作。

表 7.4　8253 的计数器选择和操作

$\overline{CS}$	$\overline{RD}$	$\overline{WR}$	A_1	A_0	计数器选择和操作
0	1	0	0	0	写计数器 0（计数初值）
0	1	0	0	1	写计数器 1（计数初值）
0	1	0	1	0	写计数器 2（计数初值）
0	1	0	1	1	写 8253 控制字
0	0	1	0	0	读计数器 0（计数值）
0	0	1	0	1	读计数器 1（计数值）
0	0	1	1	0	读计数器 2（计数值）
0	0	1	1	1	无效操作，高阻态

CLK_0，CLK_1，CLK_2：3 个计数器的触发脉冲输入端，用于输入定时脉冲或计数脉冲信号。CLK 信号用于定时的输入脉冲必须是均匀的、连续的、周期精确的，而用于计数的脉冲可以是不均匀的、断续的、周期不定的。

$GATE_0$，$GATE_1$，$GATE_2$：3 个计数器的门控输入端，用于外部控制计数器的启动计数和停止计数的操作。

OUT_0，OUT_1，OUT_2：3 个计数器的计数输出端。当计数器从初值开始，在完成整个计数操作过程中，OUT 端根据不同的工作方式输出相应的信号。

7.3.3　8253 的工作方式

1. 8253 的控制字与设置

8253 控制寄存器（8 位），可以设置方式、计数位数和数制等信息的控制字。其格式为

D_7	D_6	D_5	D_4	D_3	D_2	D_1	D_0
SC_1	SC_0	RW_1	RW_0	M_2	M_1	M_0	BCD

SC_1，SC_0：为计数器选择位，用于选择 3 个计数器之一。00，计数器 0；01，计数器 1；10，计数器 2；11，无效。

RW_1，RW_0：读/写指示位，用来规定指定计数器（取决于 SC_1，SC_0）的计数初值格式，或者是为读取当前计数值而发出的锁存命令。00，计数值锁存命令；01，只读/写低字节；10，

只读/写高字节；11，先读/写低字节，后读/写高字节。

M_2，M_1，M_0：工作方式选择位，用于设定指定计数器的工作方式。计数器可以选择 6 种工作方式之一，每种工作方式的输出波形各不相同。000，方式 0；001，方式 1；×10，方式 2；×11，方式 3；100，方式 4；101，方式 5。

BCD：选择计数器的计数数制。为 0，按二进制计数，计数范围 8 位的是 00H～FFH（1～256），16 位的是 0000H～FFFFH（1～65536）；为 1，按十进制计数，计数范围是 2 位的 BCD 码值（1～100），或者是 4 位的 BCD 码值（1～10000）。

特别要注意：0 是计数器的最大计数初值，因为从 0 开始减 1，直至减到 0 为最多次数。例如，对于 8 位计数器，采用二进制计数，初值 0 相当于 2^8（256），采用 BCD 码计数，初值 0 相当于 10^2；对于 16 位计数器，采用二进制计数，初值 0 相当于 2^{16}（65536），采用 BCD 码计数，初值 0 相当于 10^4。

8253 的控制寄存器是 3 个计数器公用的，是同一个端口地址，用控制字的 D_7D_6 位确定是对哪个计数器的设置。所以，对 8253 各个计数器的编程设置没有太严格的顺序规定，非常灵活。但是，有以下三点原则：

① 8253 的每个计数器，在工作之前必须进行初始化设置，即先设置控制字（写入控制端口），然后写入规定的计数初始值（写入计数器端口）。8253 初始化设置之后，在门控（GATE）信号有效时启动减 1 计数，开始工作。

② 设置计数初值要符合控制字的计数位数规定。如果是 8 位计数初值（低位字节或用高位字节），仅需一次写入；如果是 16 位计数初值要分两次写，先写低字节，后写高字节。

③ 读取计数器当前值，可以动态了解计数情况。为了得到稳定的计数值，一般采用"锁存读"方式，即先写锁存命令（控制字的 D_5D_4 为 00），把当前计数值锁存到计数输出锁存器，然后再读计数值。当锁存的计数值读走，锁存功能自动失锁，计数输出锁存器又随减 1 计数寄存器动态变化。采用"锁存读"方式的例子：

```
MOV     AL，40H
OUT     33H，AL          ；写计数器 1"锁存"字（控制端口 33H）
IN      AL，31H          ；读计数器 1 计数值（计数器 1 端口 31H）
```

2. 8253 的工作方式

8253 有 6 种工作方式，3 个计数器都可以分别按照各自设置的方式独立工作。

（1）方式 0——计数结束产生中断

当设定为工作方式 0 时，输出端 OUT 变为低电平并保持，GATE 为高电平开始计数。当计数到达 0 时，OUT 变为高电平，并一直保持，除非计数器被重新初始化，或被写入新的计数值。应用中，常利用 OUT 由低电平变为高电平做中断请求信号，所以，方式 0 称为计数结束产生中断方式。

若在减 1 计数期间，GATE 由高变低，则计数暂停，直到 GATE 恢复为高，减 1 计数继续。若在减 1 计数期间，写入新的计数初值，则按新的初值重新计数。

（2）方式 1——可重复触发的单稳态（脉冲）触发器

当设定为工作方式 1 时，输出端 OUT 变为高电平并保持，写入计数初值后等待 GATE 上升沿触发（硬件触发）开始计数。计数期间 OUT 变低，计数到达 0 时，OUT 变高。若计数值为 n，OUT 将产生维持 n 个 CLK 周期宽度的负脉冲。所以，这是一种单稳态工作方式，

计数值 n 决定了单稳态的脉冲宽度。

方式 1 允许多次触发，即触发一次进行一次计数过程。如果在计数过程中，GATE 又来了一个触发，则将重新获得计数初值，并按新的初值做减 1 计数，直到减为 0 为止。如果在计数过程中，写入新的计数值，若没有触发，则当前输出不受影响，在当前周期结束后，有再触发时，将按新的计数值计数。

（3）方式 2——频率发生器（分频器）

方式 2 是把输入的时钟频率进行 n 分频，得到新的频率输出。n 就是设定的计数初值。当控制字写入后，输出端 OUT 以高电平为初始状态并保持，当写入初值后开始计数。当计数到 1（注意不是减到 0）时，OUT 变低，经过一个 CLK 周期，OUT 恢复为高，计数值重新装入，又开始一个新的计数过程。方式 2 计数过程可以周而复始地进行，OUT 输出一个连续的（n–1）:1 的周期性脉冲。

（4）方式 3——方波频率发生器

方式 3 类似于方式 2，都是只需一次写入计数初值，就可连续输出周期性信号。不同的是方式 3 输出的是一个方波频率。对于计数初值为 n，OUT 端输出 n 个 CLK 周期的方波时钟。n 为偶数时，OUT 为高、低电平持续时间相等的标准方波；当 n 为奇数时，则高电平持续$(n+1)/2$ 个 CLK 周期，而低电平持续$(n-1)/2$ 个 CLK 周期，为近似方波。

（5）方式 4——软件触发的选通信号发生器

当方式 4 的控制字写入以后，输出端 OUT 以高电平作为初始状态并保持，当 GATE 高电平有效进行计数，当减到 0 时，OUT 变低，并持续一个 CLK 周期，然后变高并保持。

方式 4 是通过写入计数初值操作（软件触发）产生一个负脉冲选通信号。软件触发一次计数一次，所以被称为软件触发的选通信号发生器。

（6）方式 5——硬件触发的选通信号发生器

方式 5 与方式 4 相似，不同的是 GATE 的触发条件。方式 5 的计数过程由 GATE 的上升沿触发（硬件触发），硬件触发一次计数一次，所以被称为硬件触发的选通信号发生器。

【例 7.7】 以计数值 N=4 为例，并假定 GATE 信号有效，给出 8253 方式 0～方式 5 在正常计数状态下 OUT 端的输出波形，如图 7.5 所示。

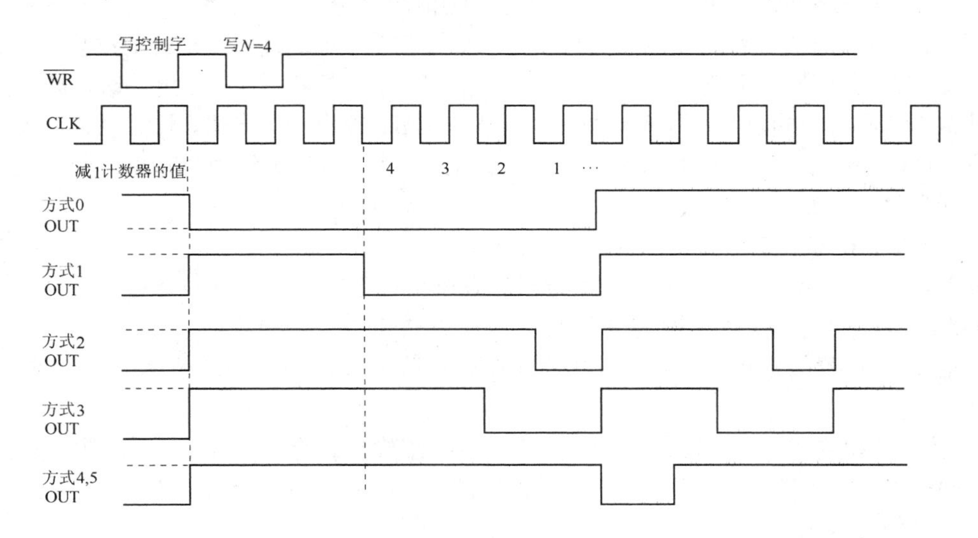

图 7.5　方式 0 至方式 5 在正常计数状态下的输出波形

3. 8253的6种工作方式的比较

8253的6种工作方式，可以从以下不同的角度进行总结和比较。

（1）不同工作方式下的输出波形

不同工作方式下的输出波形各不相同，触发条件也不同，但有以下几点是共同的：

① 每一种工作方式不仅与计数初值有关，而且受CLK信号和GATE信号控制。CLK信号确定计数器减1的速率，GATE信号允许/禁止计数器工作或计数器启动。

② 写入计数初值之后，并不马上开始计数，只有检测到GATE信号有效，经过一个CLK周期，把计数初值送到减1计数寄存器，才开始做减1操作。

③ OUT端随着工作方式的不同和当前计数状态的不同，一定有电平输出变化，而且输出变化均发生在CLK的下降沿。OUT的输出波形在写控制字之前为未定状态，在写了控制字之后到计数开始之前为计数初始状态（方式0为低电平，其他方式均为高电平），再之后有计数、暂停、结束等状态。

④ 对于给定的工作方式，门控信号GATE的触发条件是有具体规定的，或电平触发，或边沿触发，或两者均可。表7.5给出了8253的6种工作方式GATE信号的性能。

表7.5 8253门控信号GATE的性能

工作方式＼GATE	低电平或下降沿	上升沿	高电平
0	禁止计数	—	允许计数
1	—	开始计数，输出变为低电平	—
2	禁止计数，输出变为高电平	开始计数	允许计数
3	禁止计数，输出变为高电平	开始计数	允许计数
4	禁止计数	—	允许计数
5	—	开始计数	—

（2）方式0～方式5的异同点

方式0～方式5的异同点，可以分成以下三组情况讨论。

① 方式0和方式4都是由软件触发（写入计数初值）启动计数，无自动重装入计数初值能力，除非再写初值。门控信号GATE高电平时，减1计数器减1；低电平时，减1计数器停止计数。它们的不同点是：方式0在计数过程中OUT输出为低电平，计数结束时变为高电平，并一直保持；方式4在计数过程中OUT输出为高电平，计数结束时输出一个宽度为一个T_{CLK}的负脉冲，以后又保持高电平。

② 方式1和方式5均是硬件触发（GATE上升沿）启动计数。在写入初值之后并不马上开始计数，必须在门控信号GATE的上升沿触发下，初值写入减1计数寄存器，开始计数，并且GATE只在上升沿起作用。它们的区别是：方式1在计数过程中OUT输出一个宽度为计数初值乘以T_{CLK}的单相负脉冲；方式5是在计数结束后OUT输出一个宽度为一个T_{CLK}的负脉冲。

③ 方式2和方式3的共同点是具有自动重装入计数初值的能力，都是一个频率发生器（分频器）。它们的不同点在于：方式2输出占空比为（n–1）：1的矩形波信号，而方式3输出方波（或近似方波）信号。

7.3.4 8253 的应用例

【例 7.8】 8253 端口地址为 30H～33H。系统提供了一个 200 KHz 的计数脉冲源。要求从计数器 0 的 OUT 端得到 400Hz 方波信号，利用这 400Hz 方波，从计数器 1 的 OUT 端得到 20Hz 的连续单拍负脉冲信号，

8253 计数器 0 的输出为连续方波，应为方式 3；计数器 1 的输出为连续单拍负脉冲，应为方式 2。8253 的硬件连接：$GATE_0$ 和 $GATE_1$ 接+5V，CLK_0 接系统提供的时钟源 200 KHz，OUT_0 输出接到 CLK_1 输入，OUT_1 输出就是所要求的 20Hz 的连续单拍负脉冲信号。

计数器 0 的计数初值为：200 000 /400=500=01F4H，计数器 1 的计数器初值为：400/20=20=14H。该 8253 应用的初始化程序段：

```
MOV    AL，36H      ；计数器 0：方式 3，16 位、二进制计数
OUT    33H，AL      ；设置计数器 0 控制字
MOV    AX，500      ；AX=500（计数初值）
OUT    30H，AL
MOV    AL，AH
OUT    30H，AL      ；写计数器 0 计数初值（先低字节、后高字节）
MOV    AL，54H      ；计数器 1：方式 2，8 位、二进制计数
OUT    33H，AL      ；设置计数器 1 控制字
MOV    AL，20
OUT    31H，AL      ；写计数器 1 计数初值
```

【例 7.9】 IBM PC/XT 系统板上 8253 的 3 个计数器的接口电路，如图 7.6 所示。

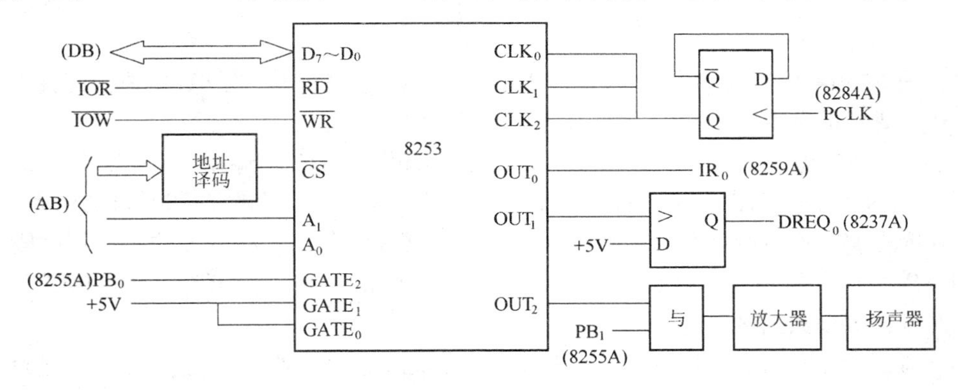

图 7.6 IBM PC/XT 系统板上 8253 的接口电路

PCLK 接时钟发生器 8284A，系统时钟频率为 2.38 MHz，经过二分频，做 8253 的 3 个计数器的时钟输入，时钟频率为 1.193 18 MHz（时钟周期为 840 ns）。

计数器 0 为方式 3，$GATE_0$ 固定为高电平，OUT_0 输出作为中断请求接到中断控制器 8259A 的 IR_0，用于系统报时时钟和磁盘驱动器的电动机定时中断（约 55 ms）。

计数器 1 为方式 2，$GATE_1$ 固定为高电平，OUT_1 输出作为对 DMA 控制器 8237A 通道 0 的 DMA 请求 $DREQ_0$，用于定时（约 15 μs）启动刷新动态存储器 DRAM。

计数器 2 为方式 3，OUT_2 为 1KHz 频率的方波输出，使扬声器发声。$GATE_2$ 信号和 OUT_2 输出却由并行接口 8255A 控制，确定扬声器是否能发声和发多长时间的声音。这里仅给出计数器 2 发声的方波输出，而 8255A 对计数器 2 的控制，将在 8.1.4 节 8255A 应用例中介绍。

8253（端口地址 40H～43H）的 3 个计数器的初始化程序：

（1）计数器 0 用于定时（约 55ms）中断。

```
MOV     AL，36H        ；计数器 0：方式 3，16 位、二进制计数
OUT     43H，AL
MOV     AL，0          ；计数初值为 0（16 位），即为最大值 65 536
OUT     40H，AL        ；1/1.193 18MHz＝840ns
OUT     40H，AL        ；840ns×65 536≈55ms
```

（2）计数器 1 用于定时（约 15μs）DMA 请求。

```
MOV     AL，54H        ；计数器 1：方式 2，低 8 位、二进制计数
OUT     43H，AL
MOV     AL，12H        ；计数初值 18
OUT     41H，AL        ；840ns×18≈15μs，2ms 内可刷新 132 次
```

（3）计数器 2 用于产生约 1KHz 频率的方波。

```
MOV     AL，0B6H       ；计数器 2：方式 3，16 位、二进制计数
OUT     43H，AL
MOV     AX，0533H      ；计数初值为 1331
OUT     42H，AL        ；先写低字节
MOV     AL，AH
OUT     42H，AL        ；后写高字节
```

习　题　7

7.1　设 8259A 中断类型号控制字 ICW_2 的 T_7～T_3 是 10001，当 IR_3 申请中断并响应时，中断向量类型号是多少？中断向量表的地址是多少？

7.2　假设 8259A 的 IRR 为 10110001，表示有哪些中断请求输入端有中断请求？

7.3　设 8259A（端口地址 20H，21H）为单片、全嵌套、非缓冲和非自动结束（EOI）方式，中断请求信号边沿触发，中断类型号 48H～4FH。给出该 8259A 初始化程序段。

7.4　编写一个程序段，将 8259A（端口地址为 50H，51H）中 IRR，ISR，IMR 的内容读出，存放到 Buffer 数据区。

7.5　叙述 8237A 由内存向接口传送一个数据块的过程。若希望利用 8237A 进行内存到内存的数据传输，应当如何处理？

7.6　8237A 的端口地址为 00H～0FH，若要将 16KB 的数据块从内存传送到某外设，设内存的起始地址为 BUFF，利用通道 1 实现 DMA 传送。试编写满足要求的初始化程序。

7.7　比较说明定时/计数器 8253 各种工作方式的特点，适用于什么场合？

7.8　某 8253 的端口地址为 60H～63H。按下列要求编写各计数器的初始化程序。

① 计数器 0 做单稳电路（方式 1），输入时钟频率为 50KHz，单稳延时时间 10ms。

② 计数器 1 做方波发生器（方式 3），输入时钟频率为 2MHz，方波频率为 200Hz，要求用 BCD 码计数。

③ 计数器 2 对外部事件计数（方式 0），每计数到 100 时产生一个中断请求信号。

第 8 章　并行/串行通信接口

计算机系统各部件之间的数据传输，或者说数据通信，按照数据传送的先后时间顺序，可以分为两大类：并行通信和串行通信。图 8.1 是这两种通信方式的示意图。

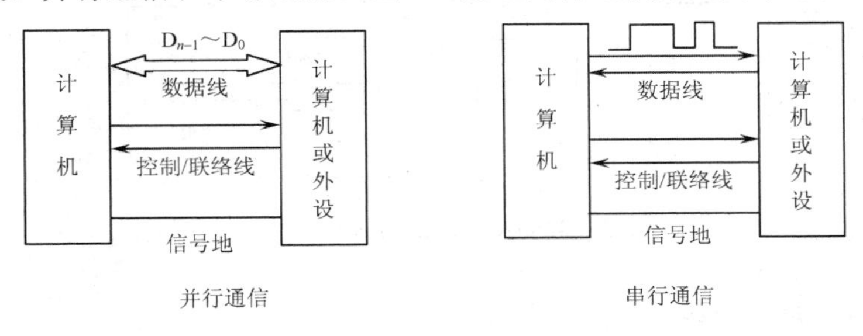

图 8.1　并行和串行通信方式示意图

并行通信，是指一个数据的各位在多根数据线上同时传送，常见的数据位数有 8，16，32 位等。由于多位数据在多根数据线同时传送，并行通信可以在单位时间里传送较多的数据。一般情况下，并行通信传送的是未经加工的原始数字信号。由于数字信号中包含较多的高频成分，传输过程中会产生信号的衰减，因此信号频率高时，能够可靠传送的距离较短。由此可见，并行传输适合于数据传输速率较高、传输距离较短的场合。微机系统中硬盘驱动器等外存储设备与它们的接口（控制器）之间都采用并行通信方式。

串行通信，是指一个数据的各位在一根数据线上先后逐位传送，一般适合于计算机和工作速度不高，或传送距离较长的设备之间的通信。微机的键盘、鼠标等设备都采用串行方式与它们的接口进行通信。近年来数字通信技术得到了很大的发展，出现了速度大大高于传统“并行方式”的串行通信接口，如广泛应用的 USB 接口，P1394 接口等。

计算机运行过程中，CPU 通过接口电路与外部设备进行着频繁的信息交换。CPU 与接口电路之间进行的信息交换是通过系统总线进行的，各位数据在总线上同时传输，因此属于并行传输。接口电路与其外部设备之间信息交换的基本方式有并行通信和串行通信两种，对应的接口电路被称为并行 I/O 接口电路和串行 I/O 接口电路。

本章介绍通用的并行 I/O 接口 8255A，串行通信规程和串行 I/O 接口 8251A，以及它们的应用技术。

8.1　可编程并行 I/O 接口 8255A

Intel 8255A 是一个广泛应用于微机系统的可编程并行 I/O 接口。它单一+5V 电源，有 24 条与 TTL 电平兼容的输入/输出引脚，采用 40 引脚的双列直插式封装。由于不需要附加外部电路便可和大多数外设直接连接，使用方便，通用性很强。

8.1.1 8255A 的内部结构和引脚

8255A 内部结构由数据端口 A/B/C、数据总线缓冲器、读/写控制和内部控制逻辑 4 部分组成，如图 8.2 所示。

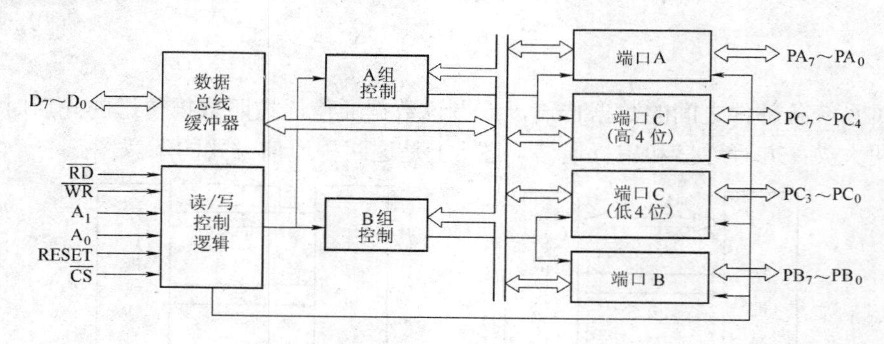

图 8.2　8255A 的内部结构和引脚信号

1. 接口与外设相连部分（数据端口 A，B，C）

8255A 有三个 8 位数据端口，分别为端口 A（PA7～PA0），端口 B（PB7～PB0）和端口 C（PC7～PC0）。数据引脚（24 根）为双向、三态数据线。

端口 A 和端口 B 常用做独立的输入/输出端口。端口 C 不仅可以做独立的输入/输出端口，其中某些数据位还可以用做联络/控制信号，配合端口 A 和端口 B 的数据传送。所以，这 3 个数据端口可以有多种组合形式，实现与外设的并行数据通信。系统 RESET 复位时，8255A 的 3 个数据端口设置为数据输入方向。

端口 A 由 1 个 8 位的数据输入锁存器和 1 个 8 位的数据输出锁存器/缓冲器组成。当端口 A 作为输入，或者输出时，数据会被锁存。所以，端口 A 可以用做数据双向传输。

端口 B 由 1 个 8 位的数据输入缓冲器和 1 个 8 位的数据输出锁存器/缓冲器组成。当端口 B 为输出端口时，输出数据会被锁存；当端口 B 为输入端口时，输入数据不锁存。所以，端口 B 为输入端口时，输入设备应保持输入数据信号，直到被 CPU 取走，否则，会出现数据丢失错误。

端口 C 和端口 B 的结构基本一样，只不过分成了 2 个 4 位数据端口。每个 4 位端口由 1 个 4 位的输入缓冲器和 1 个 4 位的输出锁存器/缓冲器组成。2 个 4 位端口可以工作在相同，或者不同的数据输入/输出方向。除此之外，端口 C 还可以利用某些规定的数据位，配合端口 A，或者端口 B 在数据传输时做控制、状态和中断请求等信号使用。

2. 接口内部控制逻辑（A 组控制和 B 组控制）

端口 A，B，C 在内部被划分为 A，B 两组。端口 A 和端口 C 的高 4 位（$PC_7 \sim PC_4$）为 A 组，端口 B 和端口 C 的低 4 位（$PC_3 \sim PC_0$）为 B 组。组内端口 C 的若干位还可用做与外设的联络信号，或用做发往 CPU 的中断请求信号，其余的和端口 A 或端口 B 的 8 位与外设的数据线相连。

接口内部有 A 组和 B 组逻辑控制电路，分别控制 A 组、B 组的工作方式和读/写操作。这两组控制电路一方面接收来自 CPU 对接口的控制字，据此决定两组端口的工作方式；另一方面接收来自读/写控制逻辑电路的读/写命令，完成接口的读/写操作。

3. 接口与CPU相连部分（读/写控制逻辑和数据总线缓冲器）

8255A内部有一个8位数据缓冲器，8条数据引脚D_7～D_0（双向、三态数据线）与系统数据总线相连。8255A输入数据、输出数据、CPU发给8255A的控制字和从8255A读入的外设状态信息等都是通过这个缓冲器，在8255A的内、外数据总线之间传递。

8255A的读/写控制逻辑负责管理8255A的数据传输过程，有6条输入控制引脚(RESET，$\overline{WR}$，$\overline{RD}$，$\overline{CS}$，A_1，A_0）接收CPU或外围电路的控制信息和地址信息。8255A接收外部地址译码电路的选通信号$\overline{CS}$和来自地址总线的信号A_1，A_0，以及控制总线的RESET，$\overline{WR}$，$\overline{RD}$信号，将这些信号进行组合后，得到对A组控制部件和B组控制部件的控制命令，并将命令发给这两个部件，以完成对数据信息，或者状态/控制信息的传输。

8255A的$\overline{CS}$，A_1，A_0，$\overline{RD}$，$\overline{WR}$信号组合与传输操作之间的关系如表8.1所示。

表8.1　8255A的控制信号和传输操作的对应关系

$\overline{CS}$	$\overline{RD}$	$\overline{WR}$	A_1	A_0	传输操作说明
0	0	1	0	0	端口A→数据总线（输入）
0	0	1	0	1	端口B→数据总线（输入）
0	0	1	1	0	端口C→数据总线（输入）
0	0	1	1	1	非法状态
0	1	0	0	0	数据总线→端口A（输出）
0	1	0	0	1	数据总线→端口B（输出）
0	1	0	1	0	数据总线→端口C（输出）
0	1	0	1	1	数据总线→控制口（写控制字）

8.1.2　8255A的控制字

8255A是可编程并行接口。有两个控制字：方式选择控制字和端口C置位/复位控制字，供编程设置。这两个控制字公用一个控制端口地址（A_1，A_0都为1)，通过写入“控制字”完成设置。控制字的D_7位作为特征位来区分方式控制字，或者端口C置位/复位控制字。D_7位为1，为方式控制字，D_7位为0，为端口C置/复位控制字。

1. 方式选择控制字

8255A方式选择控制字的格式，如图8.3所示。

D_7位是方式选择控制字的特征标识位，必须为1。

D_6，D_5位为端口A工作方式选择，D_2位为端口B工作方式选择。

8255A有3种工作方式：

方式0——基本输入/输出，方式代码00或0;

方式1——选通输入/输出，方式代码01或1;

方式2——选通双向数据传输，方式代码10或11。

D_4，D_3，D_1，D_0位分别为端口A，端口C高4位，端口B，端口C低4位的传输方向，0为输出，1为输入。不同组的端口，同组的两个端口都可以有不同的传输方向。

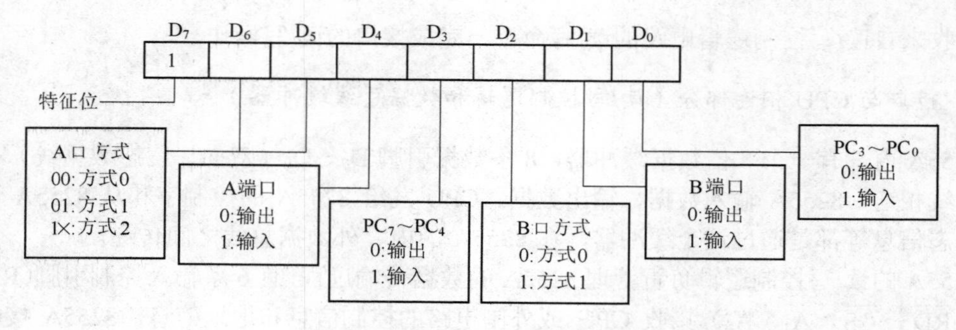

图 8.3　8255A 方式选择控制字

例如，8255A 控制端口地址为 83H，现要将其 3 个数据端口均设置为基本输入/输出方式（方式 0），端口 A 的 8 位和端口 C 的低 4 位为输入，端口 B 的 8 位和端口 C 的高 4 位为输出。该 8255A 方式选择控制字（91H）设置语句为

```
MOV     AL，91H
OUT     83H，AL
```

2. 端口 C 置位/复位控制字

8255A 端口 C 为输出方式时，常常用来发送控制信号。此时，可利用置位/复位控制字，将端口 C 的某一位置 1 或清 0，而不影响端口 C 的其他位的状态。8255A 端口 C 置位/复位控制字的格式，如图 8.4 所示。

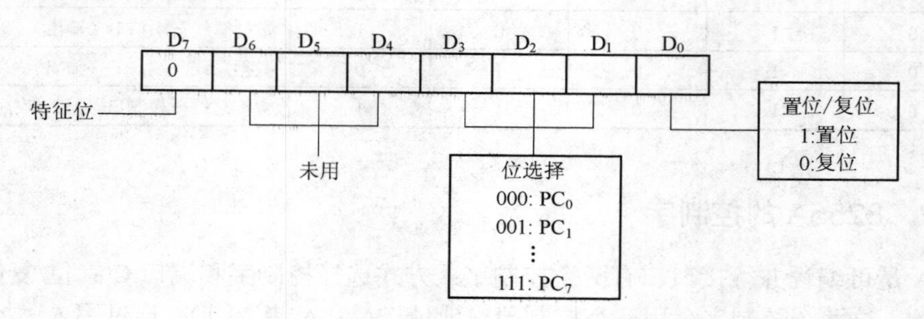

图 8.4　8255A 端口 C 置位/复位控制字

D_7 位是端口 C 置位/复位控制字的特征标识位，必须为 0。

D_6，D_5，D_4 位未用，一般取 000。

D_3，D_2，D_1 位的 8 种组合 000～111 分别选择端口 C 的 PC_0，PC_1，…，PC_7。

D_0 位决定对选定数位是置位/复位操作。D_0 为 1，置位；D_0 为 0，复位。

需要注意：端口 C 置位/复位控制字尽管是对端口 C 进行（位）操作，此控制字必须写入控制端口，而不是写入端口 C。

例如，8255A 控制端口地址为 83H，如果将端口 C 的 PC_6 置 1，将 PC_4 清 0，可用如下语句实现。

```
MOV     AL，0DH
OUT     83H，AL          ；PC6 置 1
MOV     AL，08H
OUT     83H，AL          ；PC4 清 0
```

8.1.3　8255A 的工作方式

8255A 有三种工作方式：方式 0，方式 1，方式 2。A 端口可以选择方式 0，方式 1，方式 2，B 端口只可以选择方式 0，方式 1，C 端口做数据口用，仅仅是方式 0。

1. 方式 0

方式 0 是基本输入/输出方式，通常用于不需“联络”的数据传输，A、B、C 端口均可做输入口或输出口使用。

（1）方式 0 的特点

方式 0 可将 3 个数据端口分为四个独立的端口：两个 8 位端口，即端口 A 和端口 B；两个 4 位端口，即端口 C 的高 4 位和端口 C 的低 4 位。各个端口都可以用做输入或输出，可以方便地组合成（多达 16 种组合）各种位数的 I/O 接口。

（2）方式 0 的使用场合

方式 0 可以使用在无条件传送和查询传送两种场合。

无条件传送一般应用于简单的外部设备。例如，开关状态输入，状态指示灯输出。无条件传送时，接口和外部设备之间不使用联络信号，CPU 可以随时对该外部设备进行读/写。用 8255A 进行无条件传送时，可实现 3 路 8 位数据传输，或两路 8 位和两路 4 位的数据传输。

方式 0 的查询传送需要有应答信号，但方式 0 本身并没有规定应答信号。所以，使用查询数据传送可将端口 C 的一些位定义为“联络应答”信号。这时，端口 A 或端口 B 做数据的输入/输出口，端口 C 划分为高 4 位和低 4 位两部分，分别做输入/输出位。选择其中一些位做外设状态信号的输入，一些位做控制/选通信号的输出。这样，利用端口 C 一些状态位的配合，可以实现端口 A 或端口 B 的查询方式的数据传输。

2. 方式 1

8255A 方式 1 为选通输入/输出方式，也就是应答方式，或者中断方式的输入/输出。端口 A 或端口 B 工作在方式 1 时，必须使用端口 C 提供的 3 位联络信号，这 3 位联络信号和端口 C 的引脚保持固定的对应关系，不能改变。

（1）方式 1 的联络信号

端口 A，端口 B 工作在方式 1 的输入/输出时，由端口 C 提供规定的联络信号，其对应关系如表 8.2 所示。

表 8.2　8255A 工作在方式 1 时端口 C 各位的功能

端　口	联 络 线	输 入 方 式	输 出 方 式
端口 A 方式 1	PC_7	I/O	$\overline{OBF}_A$
	PC_6	I/O	$\overline{ACK}_A$/$INTE_A$
	PC_5	IBF_A	I/O
	PC_4	$\overline{STB}_A$/$INTE_A$	I/O
	PC_3	$INTR_A$	$INTR_A$
端口 B 方式 1	PC_2	$\overline{STB}_B$/$INTE_B$	$\overline{ACK}_B$/$INTE_B$
	PC_1	IBF_B	$\overline{OBF}_B$
	PC_0	$INTR_B$	$INTR_B$

8255A 方式 1 联络信号的含义如下所述。

① $\overline{STB_A}$，$\overline{STB_B}$：数据输入选通信号，下降沿/负脉冲有效，由外设送往 8255A。当外设数据输入时，8255 利用$\overline{STB_A}$（$\overline{STB_B}$）信号把外设数据锁存到相应端口的输入锁存/缓冲器。

② IBF_A，IBF_B：输入缓冲器满信号，高电平有效，由 8255A 送往 CPU 或外设以供查询。IBF_A（IBF_B）有效表示 8255A 的相应端口已接收到输入数据，但尚未被 CPU 取走。此时外设应暂停发送新的数据，直到输入缓冲器“空”（CPU 取走数据，IBF 变为低电平）。

③ $\overline{OBF_A}$，$\overline{OBF_B}$：输出缓冲器满信号，低电平有效，由 8255A 输出给外设，通知外设取走数据，或者供 CPU 查询。$\overline{OBF_A}$（$\overline{OBF_B}$）有效时，表示相应端口已接收到来自 CPU 的数据，输出缓冲器数据有效，外设可以取走该数据。

④ $\overline{ACK_A}$，$\overline{ACK_B}$：数据输出应答信号，下降沿/负脉冲有效，由外设接收到输出数据后送给 8255A 的应答信号。$\overline{ACK_A}$（$\overline{ACK_B}$）有效表示外设已经接收数据并输出完成，它同时清除$\overline{OBF_A}$（$\overline{OBF_B}$）信号，此时 CPU 可以输出下一个数据给 8255 的相应端口。

⑤ $INTR_A$，$INTR_B$：中断请求信号，高电平有效，由 8255A 输出给 CPU 或中断控制器。当外设输入数据使相应端口的 IBF 有效时，或外设接收到输出数据使相应端口的$\overline{OBF}$无效时，8255A 可以向 CPU 发出有效的 INTR 信号申请中断，请求 CPU 读取相应端口的输入数据，或者输出下一个数据。

⑥ $INTE_A$，$INTE_B$：分别为端口 A，端口 B 的中断允许信号。当允许端口 A 中断时，应使用端口 C 置/复位控制字对 PC_4（允许端口 A 输入中断时）/ PC_6（允许端口 A 输出中断时）置 1，否则应将 PC_4/ PC_6 复位以屏蔽端口 A 中断；同样，当允许端口 B 中断时，将 PC_2 置 1，否则将其复位。此处，PC_4/ PC_6 和 PC_2 位均有双重作用：一个是各位的输出锁存器锁存的中断允许信号，另一个是各位的输入缓冲器接收外设输入的选通信号。由于端口 C 每位的输出锁存器和输入缓冲器在硬件上是相互隔离的，这种双重用法不会造成冲突。

（2）方式 1 的工作特点

选定方式 1，在规定一个端口的输入/输出方式的同时，就自动规定了有关的联络、控制和中断请求信号。如果外设能向 8255A 提供输入数据选通信号，或输出数据接收应答信号，就可采用方式 1 有效地传送数据。

若采用中断方式，需要将对应的 INTE 端置 1（中断允许），端口 A 或端口 B 可以使用各自的 INTR 端向中断系统请求中断。

若采用查询方式，可以查询相关的 IBF 或$\overline{OBF}$端的当前（输入/输出）状态，确定是否能进行数据传送。

端口 A 和端口 B 均可工作在方式 1 的输入或输出方式。若端口 A 和端口 B 都工作在方式 1，则需端口 C 的 6 位做联络信号，剩下的 2 位还可工作在方式 0 的输入或输出方式。若端口 A 和端口 B 中只有一个工作在方式 1，另一个工作在方式 0，则端口 C 中有 3 位作为方式 1 的联络信号，端口 C 其余 5 位均可工作在方式 0 的输入或输出方式。

3. 方式 2

8255A 的方式 2 为双向选通传输方式，相当于方式 1 输入和输出的组合。方式 2 的外设可以在端口 A 的 8 位数据线上分时向 CPU 发送数据，或者从 CPU 接收数据。方式 2 只适用于端口 A，必须使用端口 C 提供的 5 位联络信号。端口 A 工作于方式 2 时，端口 B 仍然可选择方式 0 或方式 1。

端口 A 方式 2 时端口 C 的结构，如图 8.5 所示。

方式 2 $INTE_1$ 和 $INTE_2$ 信号的含义如下所述。

① $INTE_1$：输出中断允许信号，使用 PC_6。$INTE_1$ 为 1 时，8255A 输出缓冲器空时通过 $INTR_A$ 向 CPU 发出输出中断请求信号；$INTE_1$ 为 0 时，屏蔽输出中断。

② $INTE_2$：输入中断允许信号，使用 PC_4。$INTE_1$ 为 1 时，8255A 输入缓冲器满时通过 $INTR_A$ 向 CPU 发出输入中断请求信号；$INTE_2$ 为 0 时，屏蔽输入中断。

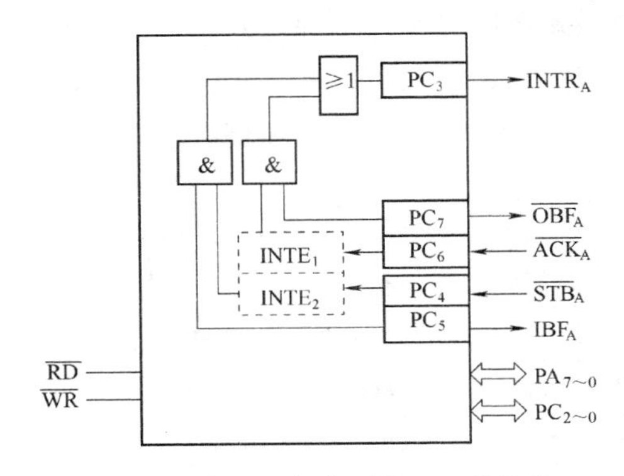

图 8.5　8255A 方式 2 端口 C 的结构

方式 2 需要用端口 C 的 5 位（PC_7～PC_3）做指定的控制/联络信号，其含义与方式 1 类似。8255A 方式 2 和方式 0/1 组合时端口 C 各位的功能，表 8.3 所示。

表 8.3　方式 2 和方式 0/1 组合时端口 C 的功能

端　口　C	联络/数据信号		信 号 含 义
PC_7	$\overline{OBF}_A$		A 口输出数据缓冲器满信号
PC_6	$\overline{ACK}_A$ / $INTE_1$		A 口输出数据应答/中断允许信号
PC_5	IBF_A		A 口输入数据缓冲器满信号
PC_4	$\overline{STB}_A$ / $INTE_2$		A 口输入数据选通/中断允许信号
PC_3	$INTR_A$		A 口中断请求信号
PC_2	I/O	$\overline{STB}_B$/$\overline{ACK}_B$	数据线，或 B 口输入/输出联络信号
PC_1	I/O	IBF_B/$\overline{OBF}_B$	数据线，或 B 口输入/输出联络信号
PC_0	I/O	$INTR_B$	数据线，或 B 口中断请求信号

8.1.4　8255A 的应用例

【例 8.1】 8255A 做 2764 EPROM 存储器的编程接口，如图 8.6 所示。

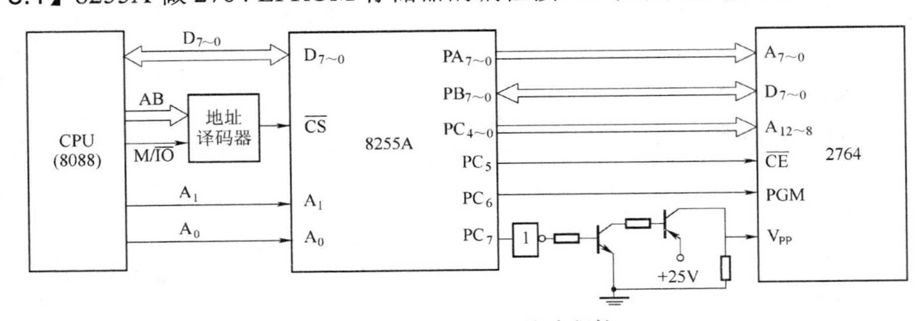

图 8.6　2764 EPROM 的编程接口

2764 是 8K×8 位（8KB）EPROM 存储器芯片。对存储该芯片写入（编程）时，需要在 V_{pp} 上加上+25V 的编程电压，在 PGM 上提供宽度为 25ms 以上的编程脉冲。

8255A 端口地址为 0F8H～0FBH，编程数据由端口 B 输出。由于 2764 有 13 位地址，其编程地址必须用 8255A 的 PA_7～PA_0 和 PC_4～PC_0，共 13 位，分两次传送给 2764。PC_5 和 PC_6 做 2764 的片选信号 $\overline{CE}$ 和编程脉冲输入信号 PGM。PC_7 做 2764 的编程电压的控制信号，经

过反相器和三极管将编程电压+25V 加到 2764 的 V_{PP} 引脚。于是，$PC_7PC_6PC_5$ 为 010 时，对 2764 存储器芯片编程写入。

设编程数据存放在 8000H 为起始地址的内存缓冲区。对 2764 存储芯片编程的程序段：

```
START:  MOV    BX，0000H       ；设置 2764 初始地址
        MOV    DI，8000H       ；设置内存编程数据源地址
        MOV    CX，2000H       ；设置编程数据字节数（8K）
        MOV    AL，80H         ； 8255A 端口 A，B，C 均为方式 0 输出
        OUT    0FBH，AL        ；设置 8255A 方式控制字
PLOP:   MOV    AL，BL
        OUT    0F8H，AL        ；A 口输出低 8 位编程地址
        MOV    AL，[DI]
        OUT    0F9H，AL        ；B 口输出编程数据字节
        MOV    AL，BH          ；取高 5 位编程地址
        OR     AL，40H         ；使 D7 保持 0，D6 置 1
        OUT    0FAH，AL        ；C 口输出高 5 位编程地址和编程控制信号（010）
        CALL   DL50MS          ；调用 50ms 延时子程序
        MOV    AL，BH          ；取高 5 位编程地址
        OR     AL，80H         ；使 D7 置 1，D6 保持 0
        OUT    0FAH，AL        ；PC7 置 1 撤销编程电压， PC6 清 0 撤销编程脉冲
        INC    BX              ；2764 编程地址加 1
        INC    DI              ；编程数据源地址加 1
        LOOP   PLOP            ；8KB 未写完，循环编程
        ⋮
DL50MS  PROC                   ；50ms 延时子程序
        PUSH   CX
        MOV    CX，9
 CCT:   MOV    AX，0560H
 BBT:   DEC    AX
        JNZ    BBT
        LOOP   CCT
        POP    CX
        RET
DL50MS  ENDP
```

【例 8.2】8255A 作为中断方式的字符打印机的接口，如图 8.7 所示。

8255A 的端口 A 为方式 1 的输出，传送打印字符。PC_6 和 PC_3 自动作为 $\overline{ACK}$ 信号输入端和 INTR 信号输出端。打印机需要一个负脉冲作为数据选通信号，本例选用 PC_0 做编程发送的选通脉冲信号 $\overline{OBF}$ 。

设定：① 需打印的数据存放在 BUFFER 缓冲区；② 中断子程序 LPRINT 输出一个数据的打印；③ PC_3 连接 8259A 的 IR_3，中断类型号为 0BH；④ 8259A 初始化设置已经完成。

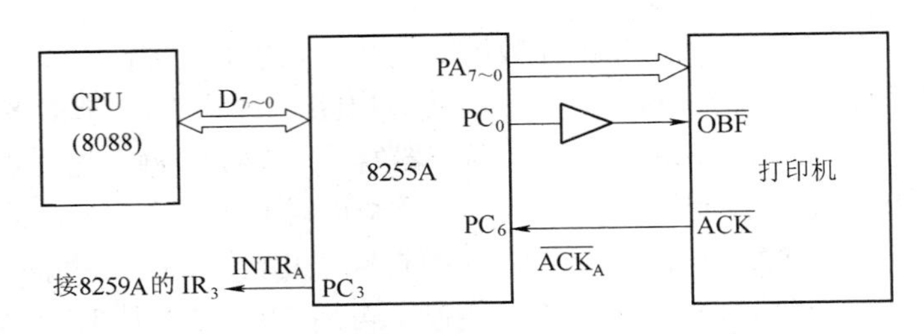

图 8.7　8255A 作为打印机接口

主程序 MAIN：首先对 8255A（端口地址 60H～63H）设置工作方式，并使端口 A 中断允许（$INTE_A$置 1）；然后设置 0BH 号的中断向量表，开放 CPU 可屏蔽中断（INTR）；最后通过软件中断指令（INT 0BH），启动第一个字符的输出打印，否则字符打印中断不会产生。

```
MAIN:   MOV    AL，0A0H              ；端口 A：方式 1 的输出，PC0 为输出
        OUT    63H，AL               ；设置方式控制字
        MOV    AL，0DH
        OUT    63H，AL               ；设置 PC6=1（端口 A 中断允许）
        MOV    AL，1
        OUT    62H，AL               ；PC0=1，打印选通信号无效（初始状态）
        PUSH   DS
        MOV    DX，SEG  LPRINT
        MOV    DS，DX
        MOV    DX，OFFSET  LPRINT
        MOV    AX，250BH             ；AH= 25H（功能号），AL=0BH（中断号）
        INT    21H                   ；装载 0BH 号中断向量
        POP    DS
        MOV    DI，OFFSET  BUFFER    ；DI 取字符缓冲区首地址
        STI                          ；IF=1（开中断）
        INT    0BH                   ；0BH 号中断调用（第一个字符打印）
         ⋮                           ；后续处理，等待一个个字符打印中断
LPRINT  PROC   FAR                   ；0BH 号中断子程序
         ⋮                           ；保护现场等
        MOV    AL，[DI]              ；取一个打印字符
        INC    DI                    ；修改地址指针
        OUT    60H，AL               ；字符送 A 口输出打印
        MOV    AL，0
        OUT    62H，AL               ；PC0=0，选通信号有效
        INC    AL
        OUT    62H，AL               ；PC0=1，撤消选通信号（无效）
         ⋮                           ；恢复现场，发 EOI 中断结束命令等
        IRET
LPRINT  ENDP
```

【例 8.3】 IBM PC/XT 系统 8253 计数器 2 的扬声器发声控制。

IBM PC/XT 系统板上 8253 的计数器 2 的接口电路，参见 7.3.4 节的图 7.6。计数器 2 为方式 3，OUT_2 产生约 1kHz 频率的方波送给扬声器发声。$GATE_2$ 输入信号和 OUT_2 输出信号，分别由 8255A 的 PB_0，PB_1 控制扬声器发声，以及发声时间多长。

8253 的 $GATE_2$ 端由 8255A 的 PB_0 控制，OUT_2 端输出经过与门，并滤掉高频分量后送到扬声器发声。与门控制信号由 8255A 的 PB_1 控制。可用 PB_1，PB_0 同时为“1”的时间来控制发声时间。长声时间为 3s，短声时间为 0.5s。

PC/XT 系统在 BIOS 中已编制了声响子程序 BEEP。需要时发声时，用 CALL 指令调用 BEEP 子程序，对 8253 计数器 2 做扬声器发声控制。BEEP 子程序的入口参数是 BL 寄存器，BL=1，或 6，做长/短声参数。

8255A 端口地址为 60H～63H。8253 端口地址为 40H～43H。

```
；系统扬声器声响子程序 BEEP
BEEP    PROC
        MOV     AL，0B6H        ；计数器 2：方式 3，16 位、二进制计数
        OUT     43H，AL         ；设置计数器 2 控制字
        MOV     AX，0533H       ；AX =0533H（计数初值）
        OUT     42H，AL
        MOV     AL，AH
        OUT     42H，AL         ；写计数器 2 计数初值（先低字节、后高字节）
        IN      AL，61H         ；读 8255 的 B 端口原值
        MOV     AH，AL          ；保存在 AH
        OR      AL，03H         ；使 PB1，PB0 均为 1
        OUT     61H，AL         ；扬声器发声
        MOV     CX，0           ；CX= 0（最大循环计数 65 536）
GT：    LOOP    GT              ；循环延时
        DEC     BL              ；BL 为发声长/短参数
        JNZ     GT              ；BL-1 不为 0，继续发声（长声）
        MOV     AL，AH          ；取回保存在 AH 中的 B 端口原值
        OUT     61H，AL         ；恢复 8255A 的 B 端口，停止发声
        RET
BEEP    ENDP
```

8.2 串行通信和串行 I/O 接口

随着计算机网络的迅速发展，串行数据通信技术受到了越来越多的关注和重视。本节介绍串行通信的一般规则和串行 I/O 接口的组成。

8.2.1 串行通信方式

在数据串行通信的过程中，发送/接收方必须知道通信何时开始，一位数据传送的起止时间等，这些问题称为数据通信的同步。按照双方如何“同步”的实现方法，串行通信分为异

步通信方式和同步通信方式两类。

1. 异步通信方式

异步通信方式是一种利用字符再同步的通信技术。异步通信数据以字符为单位，各个字符可以连续传送，也可以间断传送，由发送方根据需要决定。异步通信的双方各自用自己的时钟信号来控制发送和接收。

由于异步通信的字符传送是随机进行的，接收方需要判别何时是一个字符传送的开始，所以，异步通信双方必须严格规定字符数据传送的格式。

异步通信的字符帧格式，称为“字符帧”格式，如图 8.8 所示。字符帧由 4 部分组成：首先是 1 位起始位（逻辑 0），接着传送 5～8 位数据位，1 位奇/偶校验位（或无校验位），最后是 1 位或 1.5 位或 2 位的停止位（逻辑 1）。一个字符帧从起始位开始，到停止位结束，一般由 7～12 位二进制数位组成。两个字符帧之间为空闲位（逻辑 1）。

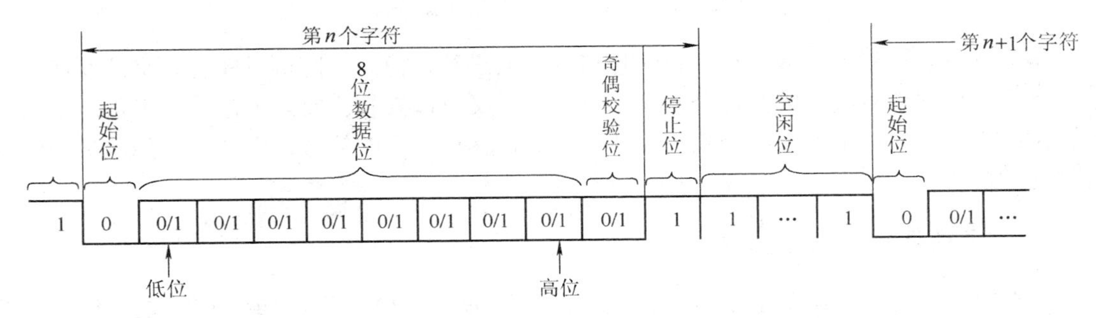

图 8.8 异步通信方式的字符帧格式

2. 同步通信方式

同步通信方式是靠同步时钟信号、同步字符实现数据传送的通信技术。同步通信以多个字符，或多个数位组织成一个数据块为传输单位，是一种连续数据传送的方式。通信的发送方连续发送字符数据，接收方连续接收字符数据，直到一个数据块传送结束。

同步通信时，字符数据之间没有间隙，也不用起始位和停止位标识，仅在数据块开始用同步字符指示。同步通信方式的数据格式，称为“数据块”格式，如图 8.9 所示。数据块格式首先传送 1 个或 2 个同步字符，同步字符之后是规定的连续 n 个字符数据，数据结束后可以选择给出 1 个或 2 个 CRC 校验字符。

1 或 2 个同步字符	数据1	2	3	…	n	1 或 2个CRC校验字符

图 8.9 同步通信方式的数据块格式

同步通信分为单同步（1 个同步符）方式和双同步（2 个同步符）方式，同步字符可以由用户约定，也可以采用 ASCII 码中规定的 SYNC（同步）字符，其代码为 16H。

同步通信方式要求发送方和接收方使用同一个时钟，以保证双方时钟的频率和相位完全相同。因此，发送方除了传送数据外，还要把时钟信号（也称为同步信号）同时传送出去。这样，每一个数位的开始由同步信号提供，而一个数据块的开始由同步字符提供。同步传送的优点是传送速率较高，可以达到 56Kb/s 或更高。

8.2.2 串行通信规程

1. 全双工与半双工

串行通信的数据在两个通信站（例如 A，B 站）之间通常是双向传送的，既可以 A 站做发送端，B 站做接收端；也可以 B 站做发送端，A 站做接收端，这称为“双工”方式。具体实现时，有半双工（Half Duplex）和全双工（Full Duplex）两种制式，如图 8.10 所示。

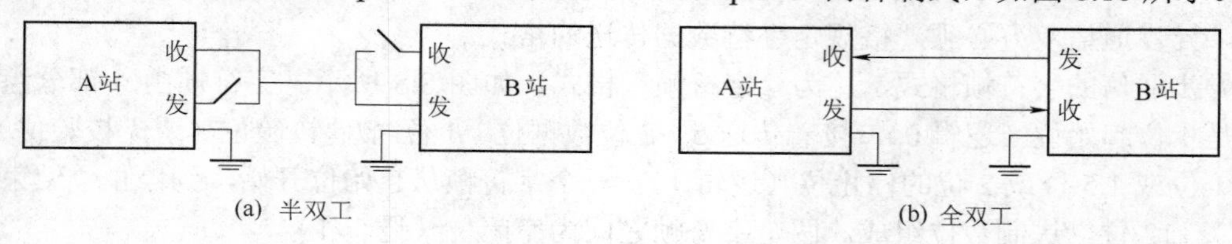

图 8.10 串行通信中数据传输制式

半双工只有一对传输线，尽管传送也可以双向进行，但同一时刻只能有一个站发送。全双工有两对传输信号线，因此每个站既可以发送，又可以接收。实际上，由于多路复用技术的使用，一根传输线上不仅能全双工地传送一对计算机之间的信号，而且可以传送多台计算机之间的信号。

2. 信号的调制/解调

计算机中二进制数据高于 2.4V 表示逻辑“1”，低于 0.5V 表示逻辑“0”。这种信号在远距离传送时由于受到线路特性的影响，信号会发生衰减和畸变，以致传送到接收端时，已经是一个难以分辨的信号。如果从这样的信号中提取数据，会使误码率（传输错误的比率）大大上升。解决这个问题的方法是改变信号的传输形式，即采用调制和解调的方法。

用一个信号（被调制信号）控制另一个信号（调制信号）的某个参数（例如，幅值，频率，相位等），使调制信号随着被调制信号变化的过程称为调制。经调制后的参数随调制信号变化的信号称为已调制信号。反之，从已调制信号中还原出被调制信号的过程称为解调。

调制器把数字信号变成交变模拟信号（例如，把数码“1”调制成 2 400Hz 的正弦信号，把数码“0”调制成 1 200Hz 的正弦信号），从发送端送到传输线路上，接收端的解调器把交变模拟信号还原成数字信号，送到数据处理设备。

由于通信的任一端都会有接收和发送要求，即同时需要有调制器和解调器的功能。把调制器和解调器集成在一个芯片上，加上少量的外部附加电路，就构成了一个调制解调器（Modem）。使用 Modem 可以实现计算机的远程通信。调制解调过程如图 8.11 所示。

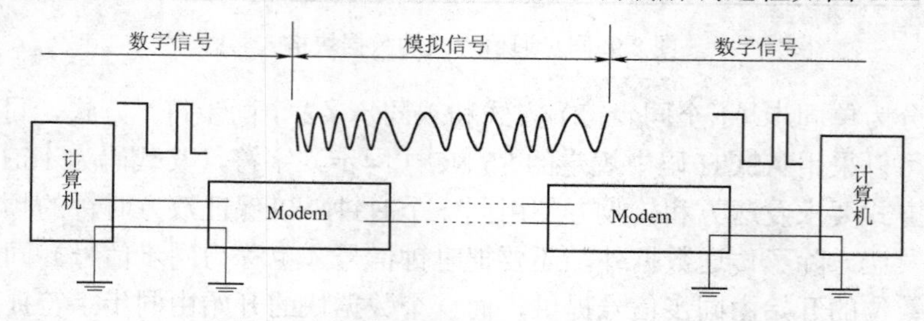

图 8.11 通过 Modem 的串行通信示意图

3. 串行通信传输速率

串行通信中有一个重要的指标叫做传输速率，它定义为每秒钟传送二进制数码的位数（亦称比特数），以 b/s（位每秒）为单位。传输速率反映了串行通信的速率，也反映了对传输通道的要求（传输速率越高，要求传输通道的频带越宽）。传输速率等于每秒传送的字符数和每个字符位数的乘积。例如，每秒传送 120 字符，每个字符包含 10 位（1 位起始位，7 位数据位，1 位奇/偶校验位，1 位停止位），则传输速率为

120 字符/秒×10 位/字符=1 200 b/s

串行通信中另一个重要的指标叫做波特（baud）率，它定义为每位传送时间的倒数。每次传送 1 位时，波特率大小和传输速率相等。使用调相技术可以同时传输 2 位或 4 位，这时，传输速率大于波特率。一般异步通信的波特率在 50～19 200 波特之间。

波特率和串行通信的时钟频率不一定相等。时钟频率可选为波特率的 1 倍或 16 倍或 64 倍。例如，异步通信双方各自使用自己的时钟信号，若是时钟频率等于波特率，则双方的时钟频率稍有偏差或初始相位不同就容易产生接收错误。采用较高频率的时钟，在 1 位数据内有 16 或 64 个时钟，捕捉信号的正确性就容易得到保证。

4. 串行通信总线 RS-232C

在串行通信中一般把计算机称为数据终端设备 DTE（Data Terminal Equipment），而把调制解调器（Modem）称为数据通信设备 DCE（Data Communication Equipment）。微机系统目前应用于 DTE 和 DCE 之间最为广泛的是 RS-232C 串行通信总线标准。

RS-232C 总线采用的电平信号，称为 EIA 电平与微机的 TTL 电平不兼容。EIA 电平是负逻辑标准：–5V～–25V 规定为“1”，+5V～+25 V 规定为 0。所以 TTL 信号和 RS-232C 信号之间要有相应的电平转换电路。例如，用 MC1488 总线发送器可接收 TTL 电平信号，输出 EIA 电平信号；用 MC1489 总线接收器可接收 EIA 电平信号，输出 TTL 电平信号。

8.2.3 串行 I/O 接口的基本结构

可编程串行接口的基本结构如图 8.12 所示。其中各部分的作用如下所述。

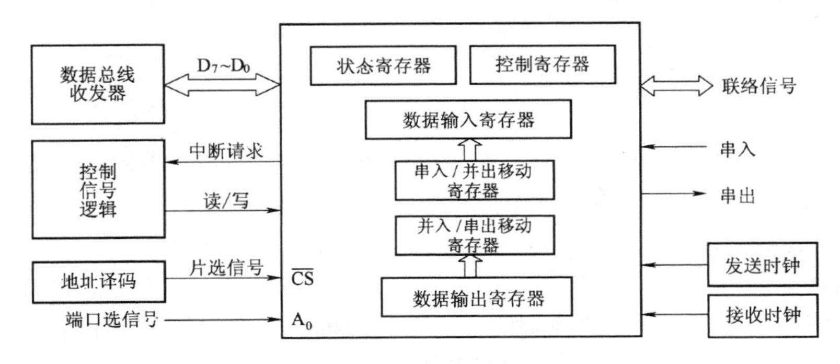

图 8.12 可编程串行 I/O 接口的基本结构

① 数据总线收发器是双向、并行的数据通道，完成 CPU 与串行接口之间的信息传送。

② 控制信号逻辑完成 CPU 与串行接口之间控制信息的联系。

③ 联络信号是串行接口与外设之间进行数据传送时所必须的各种控制信息。

④ 串入/并出和并入/串出是串行接口与外设之间进行数据传送的通道，用来完成并行和串行两种数据格式的相互转换。

⑤ 发送时钟和接收时钟是串行通信中传送数据必需的时钟脉冲信号。

⑥ 状态寄存器中的各位用来指示传送过程中的某种错误或者当前的传输状态。

⑦ 控制寄存器接收来自 CPU 各种控制信息。这些信息是由 CPU 在执行初始化程序时送入的，其中包括传输方式、工作要求等。

⑧ 数据输入寄存器与串入/并出移位寄存器相连接。串入/并出移位寄存器每次接收一位外部输入的数据，同时把寄存器内容向右移动一位，当所接收的位数据填满串入/并出移位寄存器后，将全部的位数据组成的一个完整的并行数据送入数据输入寄存器暂存，完成一次串→并的转换。CPU 可以通过执行输入指令读取数据输入寄存器的数据，从而完成一个数据的串行输入过程。

⑨ 数据输出寄存器与并入/串出移位寄存器相连接。CPU 执行输出指令将要输出的数据写入数据输出寄存器，继而被送往并入/串出移位寄存器，然后将并行数据逐位右移输出，当全部的内容输出后，再接收 CPU 下一个并行数据，进行新的数据串行输出过程。

⑩ $\overline{CS}$ 和 A_0 分别是芯片选择信号和端口选择信号。CPU 通过 I/O 指令访问串行接口时，由地址译码电路产生对该接口的选择 $\overline{CS}$ 信号，并通过 A_0 选择接口内部的不同端口。

8.3 可编程串行 I/O 接口 8251A

Intel 系列的 8251A 是可编程串行通信接口，具有同步/异步通信的接收和发送功能。8251A 使用单一的+5V 电源和单相时钟，接收、发送数据分别有各自的缓冲器，可以进行全双工通信，提供了与调制解调器的联络信号，便于直接和通信线路相连接。

用于异步通信时，每个字符的位数可以是 5～8 位，停止位可选 1 位、1.5 位或 2 位，波特率范围为 0～19 200 波特，时钟频率可设为波特率的 1 倍、16 倍或 64 倍。

用于同步通信时，每个字符的位数 5～8 位可选，波特率范围为 0～96 000 波特。可设为单同步、双同步或者外同步，同步字符可由用户自行设定。

8.3.1 8251A 的内部结构和引脚

1. 8251A 的内部结构

8251A 由 I/O 缓冲器、读/写控制、接收器、发送器和调制/解调控制 5 个部件组成，如图 8.13 所示。8251A 各个部件的功能如下所述。

I/O 缓冲器：4 个 8 位、三态、双向缓冲器，通过 D_7～D_0 和 CPU 连接，用于和 CPU 传输控制命令和状态信息，发送和接收数据。

读/写控制逻辑：接收 CPU 的控制信号，控制数据传送方向与源/目的寄存器。

接收器和接收控制：从 RxD 接收串行数据，按指定的方式转换成并行数据。

发送器和发送控制：从 CPU 接收并行数据，自动地加上适当的成帧信号后转换成串行数据从 TxD 发送出去。

调制/解调控制逻辑：提供和调制解调器“握手”的联络信号。

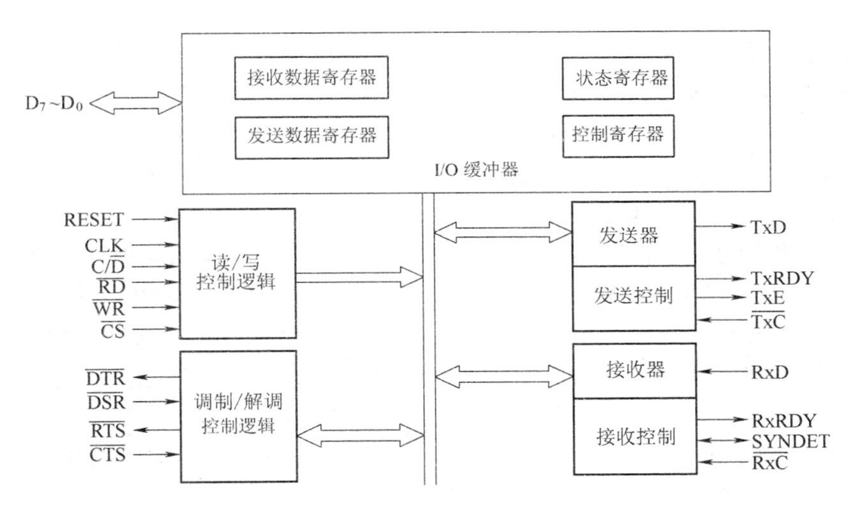

图 8.13　8251A 内部结构和引脚信号

2. 8251A 的引脚特性

8251A 采用 28 脚双列直插式封装，其引脚按连接方式可以分成两组。

（1）与 CPU 连接的引脚

D_7～D_0：双向、三态数据线，与系统数据总线相连。

CLK：时钟信号，输入，用于产生 8251A 内部时序。CLK 的周期为 0.42～1.35μs。CLK 的频率至少应是接收、发送时钟的 30 倍（同步方式）或 4.5 倍（异步方式）。

RESET：复位信号，输入，高电平有效。复位使 8251A 处于空闲状态直至被初始化编程。

$\overline{CS}$：片选信号，输入，低电平有效。仅当 $\overline{CS}$ 为低电平时 CPU 才能对 8251A 操作。

$C/\overline{D}$：控制/数据端口选择输入线，一般接 A_0。8251A 有两个端口地址，$C/\overline{D}=0$，选择数据端口；$C/\overline{D}=1$，选择控制端口。

$\overline{RD}$，$\overline{WR}$：读选通信号、写选通信号，均为输入，低电平有效。

CPU 对 8251A 的读/写操作控制，如表 8.4 所示。

表 8.4　CPU 对 8251A 的读/写操作

$\overline{CS}$	$\overline{RD}$	$\overline{WR}$	$C/\overline{D}$	读/写操作说明
0	0	1	0	（串→并）数据→数据总线
0	1	0	0	数据总线→数据（并→串）
0	0	1	1	8251 状态字→数据总线
0	1	0	1	数据总线→8251 方式/控制字

RxRDY：接收准备好状态，输入，高电平有效。接收器接到一个字符并准备送给 CPU 时 RxRDY 为“1”，字符被 CPU 读取后 RxRDY 恢复为“0”。RxRDY 可作为 8251A 向 CPU 申请接收中断的请求信号。

SYNDET：同步状态输出，或者外同步信号输入。此信号仅用于同步方式。

TxRDY：发送准备好状态，输出，高电平有效。发送寄存器空且允许发送（$\overline{CTS}$ 脚电平为低，同时命令字中 TxEN 位为 1）时 TxRDY 为高电平。CPU 向 8251A 写入一个字符后 TxRDY

恢复为低电平。TxRDY 可作为 8251A 向 CPU 申请发送中断的请求信号。

TxE：发送缓冲器空闲状态，输出，高电平有效。TxE 为 1，表示发送缓冲器中没有要发送的字符，CPU 把要发送的下一个数据写入 8251A 后，TxE 自动复位。

（2）与外设或调制解调器连接的引脚

RxD：串行数据输入，高电平表示数字 1，低电平表示数字 0。

TxD：发送数据输出。CPU 并行输出给 8251A 的数据从这个引脚串行发送出去。

$\overline{RxC}$：接收器时钟输入，它控制接收器接收字符的速率，在 $\overline{RxC}$ 的上升沿采集串行数据输入线。$\overline{RxC}$ 的频率应等于波特率（同步方式）或等于波特率的 1 倍/16 倍/64 倍（异步方式）。

$\overline{TxC}$：发送器时钟输入，在 $\overline{TxC}$ 的下降沿数据由 8251A 移位输出。对 $\overline{TxC}$ 频率的要求同 $\overline{RxC}$。

$\overline{DTR}$：数据终端准备好状态，输出，低电平有效，用于向调制解调器表示数据终端已准备好。$\overline{DTR}$ 的状态可以通过写命令到控制端口加以控制。

$\overline{DSR}$：数据准备好状态，输入，低电平有效。当调制解调器准备好时 $\overline{DSR}$ 有效，向 8251A 表示 Modem（或 DCE）已准备就绪。CPU 可通过读取状态寄存器的 D_7 位检测该信号。

$\overline{RTS}$：请求发送信号，输出，低电平有效。该信号请求调制解调器做好发送准备（建立载波）。它的状态可以通过写命令到控制端口加以控制，8251A 命令字位 D_5 为 1 时 $\overline{RTS}$ 有效，

$\overline{CTS}$：清除发送（允许传送）信号，输入，低电平有效。当调制解调器做好传送准备时 $\overline{CTS}$ 有效，作为对 8251A 的 $\overline{RTS}$ 信号的响应。

如果 8251A 不使用调制解调器而直接和外界通信，一般应将 $\overline{DSR}$，$\overline{CTS}$ 脚接地。

8.3.2 8251A 的工作过程

1. 8251A 接收器的工作过程

8251A 异步通信接收时，接收器接收到有效的起始位后，便依序接收后续的数据位、奇偶校验位和停止位等。接收完成后，数据送入寄存器，RxRDY 输出高电平，表示已收到一个字符，CPU 可以来读取。

8251A 同步通信接收时，如果设定为外同步接收，则 SYNDET 用于输入外同步信号（通常来自 Modem），SYNDET 的正跳变启动接收数据。如果设定为内同步接收，则 8251A 先搜索同步字符（同步字符已在同步字符寄存器中）。每当 RxD 线上收到一位信息移入接收寄存器，与同步字符比较，若不相等接收下一位再比较，直到两者相等。此时，SYNDET 输出高电平，表示已搜索到同步字符。接下来，把接收到的字符逐个送到接收数据寄存器，同时，每接收到一个字符发出 RxRDY 有效信号。

2. 8251A 发送器的工作过程

8251A 异步通信接收时，发送器在数据位前加上起始位，并根据编程设定在数据后加上校验位和停止位等，作为一帧信息从 TxD 端逐位发送。

8251A 同步通信接收时，发送器从 TxD 端先发送规定的 1/2 个同步字符，然后，把发送数据逐位发送出去。如果 CPU 没有及时把数据写入发送数据寄存器，则 8251A 用同步字符做填充，直至得到新的发送数据。

8.3.3 8251A 的控制字和状态字

8251A 串行通信除了发送、接收字符数据以外，还要有与之相关的方式控制字、命令控制字和状态字的操作。

1. 8251A 的控制/状态字

（1）方式控制字

8251A 的方式控制字确定通信方式、校验方式、数据位数等参数，格式如图 8.14 所示。

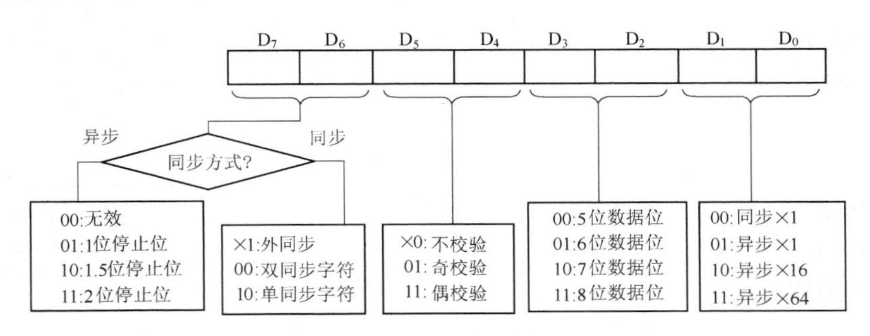

图 8.14 8251A 方式控制字

（2）命令控制字

8251A 的命令控制字确定发送或接收数据的工作状态，格式如图 8.15 所示。

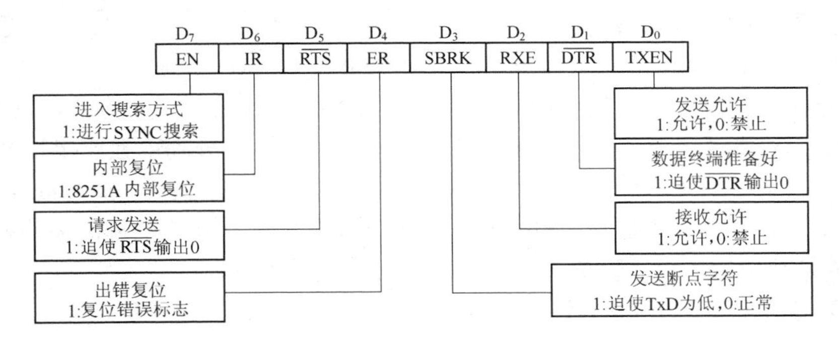

图 8.15 8251A 命令控制字

（3）状态寄存器

8251A 的状态寄存器存放当前工作状态信息，供 CPU 查询，格式如图 8.16 所示。

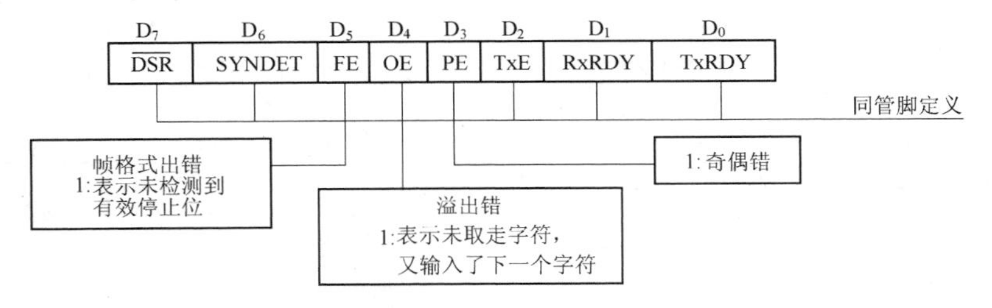

图 8.16 8251A 状态字

2. 8251A 的初始化编程

8251A 像所有可编程器件一样，在使用前要进行初始化。8251A 初始化要在确保复位的状态下进行，并且对初始化编程顺序有严格要求。

方式控制字和命令控制字本身无特征标志，而且使用相同的端口地址写入，因此 8251A 必须根据写入的先后次序来区分：先写入的为方式控制字，后写入的为命令控制字。

8251A 的初始化流程，如图 8.17 所示。首先，写方式控制字，选择定通信方式、数据位数、校验方式等。若是同步通信方式，则紧接着输入一个或两个同步字符；若是异步通信方式，这一步没有。最后，送入命令控制字，初始化结束。8251A 初始化后，可以根据设置，进行相应的发送或接收串行通信。

8251A 初始化过程的全部信息，均要写入控制端口，其地址特征是 $C/\overline{D}$=1，即地址线 A_0（或 A_1）=1 的地址。

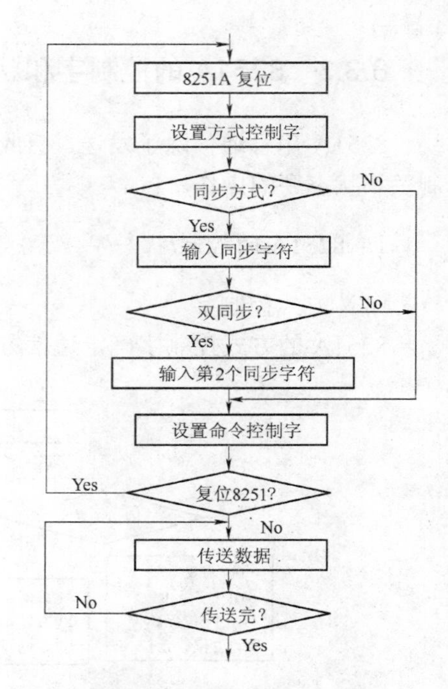

图 8.17　8251A 初始化过程

8.3.4　8251A 的应用例

8251A 需要一个外部时钟源提供 $\overline{RxC}$，$\overline{TxC}$ 和 CLK 信号。$\overline{RxC}$ 和 $\overline{TxC}$ 由波特率、时钟频率以及倍率系数（波特率因子）决定。CLK 则在 $\overline{RxC}$（$\overline{TxC}$）频率基础上增高若干倍。

8251A 与 CPU 通常采用查询或中断方式交换数据。若采用中断方式，两个状态信号 TxRDY 和 RxRDY 通过一个或门接到 8259A 中断输入（也可以分别单独连接）。其余的 $\overline{RD}$，$\overline{WR}$，RESET 都是与系统总线同名端相连。8251A 在得到中断申请后，通过读入状态字检测是接收申请（RxRDY=1），还是发送申请（TxRDY=1），然后转至相应的程序模块处理。8251A 若要判定传输是否出错，也需要读入状态字，检测错误标志位。

【例 8.4】 8251A 做一个 CRT 终端的串行通信接口，如图 8.18 所示。采用查询方式将内存 DISBUF 数据区的字符串送到串行设备 CRT 终端显示。

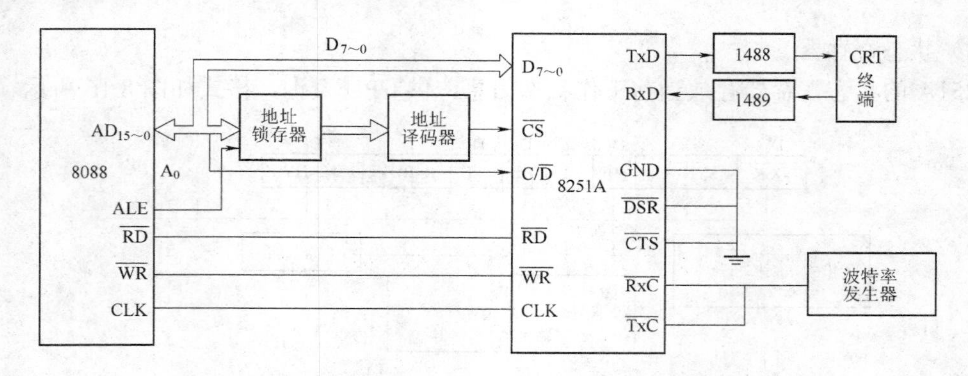

图 8.18　8251A 做 CRT 终端的接口电路

波特率发生器给 8251A 提供发送时钟和接收时钟。1488 和 1489 是电平变换电路，分别做 TTL 电平和 EIA 电平之间的转换，以便与 RS-232C 总线标准的 CRT 连接。

设地址译码器对端口地址 A_{15}～A_1 译码。如果取 A_7～A_1 为 0101000（高 8 位地址 A_{15}～A_8 为全 0）的译码输出做片选信号，A_0 做端口选信号，8251A 端口地址为 50H，51H。

设 8251A 采用异步通信，8 位数据位、奇校验、1 位停止位，波特率因子 16。

```
;CRT 显示的数据
DISBUF   DB      'Good',0DH,0AH            ;0DH,0AH 为回车,换行 ASCII 码
COUNT    DW      $ - DISBUF                ;COUNT 为数据个数
;8251A 串行通信程序段
MAIN:    MOV     AL,01011110B
         OUT     51H,AL                    ;设置方式字 5EH
         MOV     AL,00110011B
         OUT     51H,AL                    ;设置命令字 33H
         MOV     BX,OFFSET  DISBUF         ;BX 取显示数据区首址
         MOV     CX,COUNT                  ;CX 取计数初值
NEXT:    MOV     AL,[BX]                   ;取一个数据
         OUT     50H,AL                    ;发送数据,显示
         INC     BX
WT:      IN      AL,51H                    ;读状态字
         TEST    AL,01H                    ;测试 TxRDY 状态
         JZ      WT                        ;TxRDY 无效,继续查询状态
         LOOP    NEXT                      ;CX-1≠0,继续取数,显示
         HLT
```

【例 8.5】 用 8251A 构成一个异步通信、全双工接口电路，如图 8.19 所示。

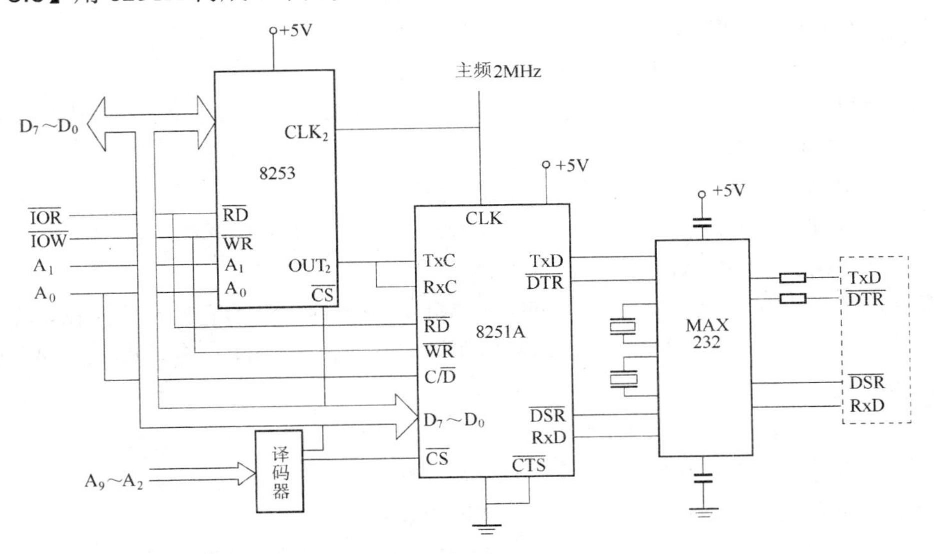

图 8.19 用 8251A 作为串行接口的线路图

MAX232 是由 Maxim 公司生产的单+5V 供电，双通道 RS-232 的收/发芯片，实现 TTL 电平与 EIA 电平转换。

8251A 的主时钟 CLK 的输入频率为 2MHz，其发送时钟 TxC 和接收时钟 RxC 由 8253 的计数器 2 的输出 OUT_2 提供。

设 8253 的计数器 2 为连续方波，即方式 3，分频值 52，OUT_2 输出频率约为 38.46kHz 时钟信号。8253 端口地址为 0D0H～0D3H。

```
；对 8253 计数器 2 设置的程序段
        MOV     AL，96H          ；计数器 2：方式 3，8 位、二进制计数
        OUT     0D3H，AL         ；设置计数器 2 控制字
        MOV     AL，52
        OUT     0D2H，AL         ；写计数初值 52
```

实际应用中，对 8251A 确保复位的操作，通常是采用先送 3 个 0，再送 40H 的方法。对 8251A 的每一次设置，都要调用一个软件延时子程序，确保 8251A 硬件电路完成响应。

设 8251A 的波特率为 2 400，波特率因子 16。8251A 端口地址为 0D8H，0D9H。

```
；对 8251A 初始化设置的程序段
        MOV     AL，0
        OUT     0D9H，AL
        CALL    DELAY            ；调用延时子程序 DELAY
        OUT     0D9H，AL
        CALL    DELAY
        OUT     0D9H，AL
        CALL    DELAY
        MOV     AL，40H
        OUT     0D9H，AL         ；设置 3 个 0 和复位命令字 40H
        CALL    DELAY
        MOV     AL，4EH
        OUT     0D9H，AL         ；设置方式字 4EH（异步、8 位数据、波特率因子 16 等）
        CALL    DELAY
        MOV     AL，37H
        OUT     0D9H，AL         ；设置命令字 37H（启动发送器、接收器）
        CALL    DELAY
```

如果 8251A 采用查询方式读取接口的一个数据，应先对 RxRDY 状态位测试，若 RxRDY 状态为“1”（有效），说明当前输入缓冲器“满”，CPU 可以用 IN 指令读取 8251A 已转换好的并行数据。

```
；8251A 采用查询方式读取一个数据的程序段
NEXT：  IN      AL，0D9H         ；读状态字
        TEST    AL，02H          ；测试 RxRDY 状态
        JZ      NEXT             ；RxRDY 无效，继续查询状态
        IN      AL，0D8H         ；读取输入数据
          ⋮                      ；处理 AL 中的数据
```

习　题　8

8.1　8255A 有哪几个端口？哪几种工作方式？各端口在不同方式下的作用有何区别？

8.2　8255A 的端口 A，B 都定义为方式 1 输入，则方式控制字是什么？此时，方式控制字中 D_3，D_0 两位的作用是什么？

8.3　假定 8255A 的端口 A 为方式 1 输入，端口 B 为方式 1 输出，端口 C 的各位是什么含义？

8.4　对满足下列要求的 8255A（端口地址 60H～63H）初始化设置。

（1）设端口 A，B 和 C 均为基本输入/输出方式（输入/输出分别考虑）。

（2）设端口 A 为选通输出方式，允许中断，端口 B 为基本输入方式，端口 C 为输出方式。

（3）设端口 A 为双向方式，允许中断；端口 B 为选通输出方式，不允许中断。

（4）设端口 A 为选通输入方式，端口 B 为选通输出方式，均允许中断，端口 C 剩余两位 PC_7 置 1，PC_6 清 0。

8.5　编写程序：读取 8255A 端口 A 输入的数据，随即向端口 B 输出，并对输入数据加以判断，当大于等于 80H 时，PC_5 和 PC_2 置位，否则复位。

8.6　8251A 的方式控制字和命令控制字公用同一个端口地址，实际使用时如何区别？如何确保 8251A 的复位？

8.7　8251A 采用异步通信，每个字符有 6 位数据位，1 位校验位，2 位停止位，如果波特率为 9 600，每秒钟最多能传输多少个字符？

8.8　对 8251A（端口地址 44 H，45H）全双工（可发可收）的初始化设置。要求：

（1）采用异步通信方式，8 位数据位，偶校验，1.5 位停止位，波特率因子 16。

（2）采用同步通信方式，双同步字符（16 H），7 位数据位，无校验。

8.9　编写 8251A（端口地址 80H，81H）异步通信输出的程序段：7 位数据位，1 位停止位，偶校验，波特率因子 64，用查询方式输出以 BUFFER 为首地址的 60 个字节数据。

8.10　编写 8251A 异步通信输出的程序段：工作参数同上，仅改用中断方式工作，中断类型号为 0AH。

第 9 章　数/模、模/数转换接口

当计算机应用于数据采集和实时控制时，其测量对象和被控对象的有关参量，如温度、压力、流量、速度等，往往都是一些在时间和幅值上连续变化的物理量——模拟量。由于计算机接收、处理和输出的只能是非连续的数字量，因此就需要在计算机与被测量/控制对象之间配置一种能把数字量转换为模拟量的接口——数/模（D/A）转换器（DAC，Digital to Analog Converter）和一种能把模拟量转变为数字量的接口——模/数（A/D）转换器（ADC，Analog to Digital Converter）。显然，D/A 转换器和 A/D 转换器是微型计算机实时测量/控制系统中不可缺少的输入/输出通道。

本章介绍 D/A 转换、A/D 转换的基本原理，常用转换芯片的性能、应用，以及微机系统的 D/A 和 A/D 通道设计。

9.1　数/模（D/A）转换

D/A 转换器是接收数字量，输出一个与数字量成比例的电流或电压信号的接口。由于 D/A 转换器接收、保持、转换的是数字信息，不存在随温度、时间漂移的问题，比输入模拟信号的电路抗干扰性好，因此被广泛用于计算机函数发生器、计算机图形显示以及与 A/D 转换器相配合的控制系统中。

9.1.1　D/A 转换原理

D/A 转换器把数字量转换为对应的模拟量，是将数字量每一位的代码按照位权转换为对应的模拟量值，再把它们相加起来，这样求和得到的便是与数字量对应的模拟量值。图 9.1 是 D/A 转换的原理图。

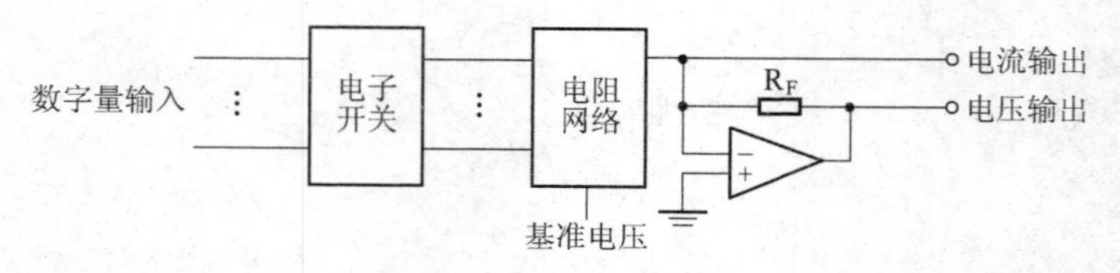

图 9.1　D/A 转换原理图

在 D/A 转换电路中，数字量输入作为电子开关的控制电平，使所有电子开关和电阻网络一起工作，以基准电压为参照得到输出用二进制加权合成的电流和电压。从电阻网络直接得到的是模拟电流，也可利用运算放大器完成模拟电流到模拟电压的转换。所以，要把一个数字量转换为模拟电压，实际上需要两个环节，即先由 D/A 转换器把数字量变为模拟电流，再由运算放大器将模拟电流变换为模拟电压。目前，D/A 转换集成电路芯片大多数都包含了这两个转换环节。在只包含第一个转换环节的 D/A 转换芯片时，需要外接运算放大器才能得到模拟电压。

为了掌握数/模转换原理，必须先了解运算放大器和电阻解码网络的工作原理和特点。

1. 运算放大器

运算放大器有 3 个特点：

① 运算放大器的放大倍数非常高，一般为几千，甚至可高达十万。在正常情况下，运算放大器所需要的输入电压非常小。

② 运算放大器的输入阻抗非常大。运算放大器工作时，输入端相当于一个很小的电压加在一个很大的输入阻抗上，所需要的输入电流也极小。

③ 运算放大器的输出阻抗很小，所以，它的驱动能力非常大。

参见图 9.1 中运算放大器部分。运算放大器有两个输入端，一个和输出端同相，称为同相端，用“+”号表示；另一个和输出端反相，称为反相端，用“−”号表示。在同相端接地时，用反相端作为输入端。由于输入电压十分小，输入点的电位和地的电位差不大，可以认为，输入端和地之间近似短路；另一方面，输入电流也非常小，这说明并不是真的和地短路。一般把这种输入电压近似为 0，输入电流也近似为 0 的特殊情况称为虚地。虚地的概念是分析运算放大器工作的基础。

运算放大器的输入端和输出端之间有一个反馈电阻 R_F，由于运算放大器的输入点为虚地，而且运算放大器的输入阻抗极大，可以认为，流入运算放大器的电流几乎为 0，也就是输入电流 I 全部流过 R_F，而 R_F 一端为输出端，一端为虚地，因此，在 R_F 上的电压降，也就是运算放大器的输出电压 $V_o = -IR_F$。

2. 采用 T 形电阻网络的 D/A 转换器

D/A 转换器品种繁多，有权电阻 DAC，T 形电阻 DAC，电容型 DAC 和权电流 DAC 等。各种 DAC 在电路结构上通常都由基准电源、解码网络、运算放大器和缓冲寄存器等部件组成。不同的 DAC 主要差别在不同的解码网络形式。其中，T 形电阻解码网络的 DAC，由于结构简单、转换速度快、转换误差小等优点特别受到青睐。

在采用 T 形电阻网络的 DAC 电路结构中，整个电阻网络只需要 R 和 2R 两种电阻。而在集成电路中，由于所有的元件都做在同一芯片上，电阻的特性可以做得很相近，而且结构精度与误差问题也可以得到解决。

图 9.2 是采用 T 形电阻网络的 4 位 D/A 转换器的示例。4 位待转换数据分别控制 4 条支路中开关的倒向。在每一条支路中，如果（数据为 0）开关倒向左边，支路中的电阻就接到地；如果（数据为 1）开关倒向右边，电阻接到虚地。所以，不管开关倒向哪一边，都可以认为是接“地”。不过，只有开关倒向右边时，才能给运算放大器输入端提供电流。

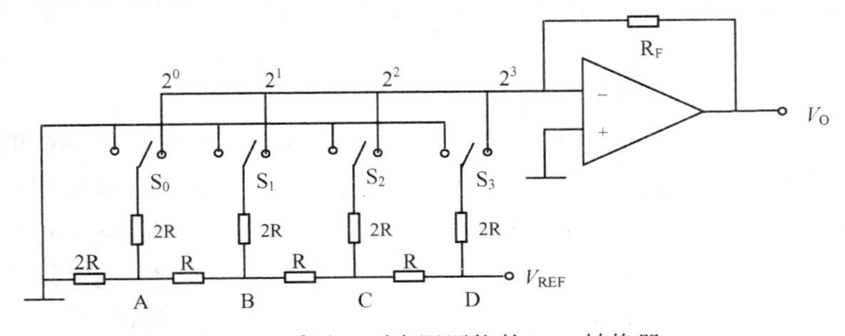

图 9.2 采用 T 型电阻网络的 D/A 转换器

在 T 形电阻网络中，结点 A 的左边为两个 2R 的电阻并联，它们的等效电阻为 R，结点 B 的左边也是两个 2R 的电阻并联，它们的等效电阻也是 R，依次类推，最后在 D 点等效于一个数值为 R 的电阻接在参考电压 V_{REF} 上。这样，就很容易算出，C 点、B 点、A 点的电位分别为$-V_{REF}/2$，$-V_{REF}/4$，$-V_{REF}/8$。

在清楚了电阻网络的特点和各结点的电压之后，再来分析一下各支路的电流值。开关 S_3，S_2，S_1，S_0 分别代表对应的 1 位二进制数。任一个数据位 D_i 为 1，表示开关 S_i 倒向右边；D_i 为 0，表示开关 S_i 倒向左边，虚地无电流。当右边第一条支路的开关 S_3 倒向右边时，运算放大器得到的输入电流为$-V_{REF}/(2R)$，同理，开关 S_2，S_1，S_0 倒向右边时，输入电流分别为$-V_{REF}/(4R)$，$-V_{REF}/(8R)$，$-V_{REF}/(16R)$。

如果一个二进制数据为 1111，运算放大器的输入电流

$$I = -V_{REF}/(2R) - V_{REF}/(4R) - V_{REF}/(8R) - V_{REF}/(16R) = -V_{REF}/(2R)\,(2^0+2^{-1}+2^{-2}+2^{-3})$$
$$= -V_{REF}/(2^4R)\,(2^3+2^2+2^1+2^0)$$

相应的输出电压

$$V_o = IR_F = -V_{REF}R_F/(2^4R)\,(2^3+2^2+2^1+2^0)$$

将数据位推广到 n 位，输出模拟量与输入数字量之间关系的一般表达式为

$$V_o = -V_{REF}\,R_F/(2^nR)\,(D_{n-1}2^{n-1}+D_{n-2}2^{n-2}+\cdots+D_1 2^1+D_0 2^0) \qquad (D_i=1 \text{ 或 } 0)$$

上式表明，输出电压 V_o 除了和待转换的二进制数成比例外，还和网络电阻 R，运算放大器反馈电阻 R_F，标准参考电压 V_{REF} 有关。

9.1.2 D/A 转换器性能参数

1. 分辨率

分辨率是指最小输出电压（对应于输入数字量最低位增 1 所引起的输出电压增量）和最大输出电压（对应于输入数字量所有有效位全为 1 时的输出电压）之比，即表示 DAC 所能分辨的最小模拟信号的能力。对于一个 n 位的 DAC，分辨率为 $1/(2^n-1)$。

例如，4 位 DAC 的分辨率为 $1/(2^4-1)=1/15=9.67\%$（分辨率也常用百分比来表示）。8 位 DAC 的分辨率为 1/255=0.39%。显然，位数越多，分辨率越高。

2. 转换精度

DAC 的转换精度与 D/A 转换芯片的结构、外部电路器件配置和电源误差有关。当这些因素造成较大的 D/A 转换误差，并超过一定程度时，D/A 转换就会产生错误。如果不考虑 D/A 转换的误差，DAC 转换精度就是分辨率的大小，因此，要获得高精度的 D/A 转换结果，首先要选择有足够高分辨率的 DAC。

D/A 转换精度分为绝对和相对转换精度，一般是用误差大小表示。DAC 的转换误差包括零点误差、漂移误差、增益误差、噪声和线性误差、微分线性误差等综合误差。

绝对转换精度是指在满刻度数字量输入时，模拟量输出接近理论值的程度。它和标准电源的精度、权电阻的精度有关。相对转换精度是指在满刻度已经校准的前提下，在整个刻度范围内，对应任一个模拟量的输出与它的理论值之差。它反映了 DAC 的线性度。通常，相对转换精度比绝对转换精度更有实用性。

相对转换精度一般用绝对转换精度相对于满量程输出的百分数来表示，有时也用最低位

（LSB）的几分之几来表示。例如，设 V_{FS} 为满量程输出电压+5V，n 位 DAC 的相对转换精度为±0.1%，则最大误差为±0.1%V_{FS}=±5mV；若相对转换精度为（±1/2）LSB，LSB=$1/2^n$，则最大相对误差为$\pm 1/2^{n+1} V_{FS}$。

3. 非线性误差

D/A 转换器的非线性误差定义为实际转换特性曲线与理想特性曲线之间的最大偏差，并以该偏差相对于满量程的百分数度量。转换器电路设计一般要求非线性误差不大于（±1/2）LSB。

4. 转换速率/建立时间

转换速率实际是由建立时间来反映的。建立时间是指数字量为满刻度值（各位全为 1）时，DAC 的模拟输出电压达到某个规定值，比如，90%满量程或（±1/2）LSB 满量程时所需要的时间。建立时间是 D/A 转换速率快慢的一个重要参数。很显然，建立时间越长，转换速率越低。不同型号 DAC 的建立时间一般从几个纳秒（10^{-9}s，ns）到几个微秒（10^{-6}s，μs）不等。若输出形式是电流，DAC 的建立时间是很短的；若输出形式是电压，DAC 的建立时间主要是输出运算放大器所需要的响应时间。

DAC 除了上述主要性能参数外，影响 D/A 转换的环境因素主要是温度和电源电压的变化。在满刻度输出的条件下，温度每升高 1℃，输出变化的百分数为 DAC 的温度系数。由于工作温度也会对运算放大器和权电阻网络等产生影响，所以只有在一定的工作范围内才能保证额定精度指标。较好的 DAC 的工作温度范围在–40～85℃之间。

表 9.1 给出了常用的 DAC 及其性能指标。

表 9.1 常用 DAC 及其性能指标

分 类	型 号	分辨率（位）	性 能
通用廉价	DAC0832	8	带输入数据缓冲/锁存器，接口简单，转换控制容易，价格低廉
	DAC1420	8	4～20mA 输出，缓冲数字输入
	AD588	8	带数字缓冲器，带参考电压和运算放大器（电压输出），单电源，供电电压+5～+15V，功耗 75mW
	AD559	8	与 1408/1508 有高性能的替换性
	DAC1422/1423	10	4～20mA 输出，回路供电、缓冲数字输入
	DAC1210	12	双缓冲结构，具有输入锁存功能，与微处理器完全兼容
	AD370	12	对标准 370 有优良的互换性，±10V 输出，功耗 150mW
高速度 高精度	DAC0800	8	不带输入数据锁存器，能直接与 TTL，CMOS，PMOS 连接，输出电流建立时间 100ns
	DAC0808	8	不带数据锁存器，输出电流建立时间 150ns，输出单极性
	DAC1106/1108	8,10,12	相对于 0.01%/0.05%/0.2%的电流建立时间分别为 150ns/50ns/20ns
	AD561	10	内部参考电压，电流建立时间 250ns
	AD563	12	高性能，电流输出，带有参考电压
	AD565	12	快速单片结构，电流输出，带有参考电压，能与 AD563 互换，电流建立时间 200ns
	AD566	12	快速单片结构，电流输出，能与 AD562 互换，电流建立时间 200ns

续表

分 类	型 号	分辨率（位）	性 能
高分辨率	AD1147	16	电压或电流输出，带输入数据锁存器和运算放大器，接口电路简单
	DAC1136	16	电压或电流输出
	DAC1137	18(16)	电压或电流输出
	DAC1138	18	电压或电流输出
低功耗	AD7525	3.5BCD 码	CMOS，工作方式（2 象限模拟），"数字电压表"
	AD7524	8	CMOS，带有μP 接口，4 象限工作方式
	AD7522	10	CMOS，4 象限工作方式，双缓冲，可直接与微处理器接口
	AD7542/7543	12	CMOS，4 象限工作方式，4 或 8 位μP 兼容，双缓冲，串联负载
	AD370/371	12	混合 IC，能与标准 370/371 有优良的互换性，低功耗

9.1.3 DAC0832 及其接口电路

DAC0832 是美国数据公司研制的 8 位双缓冲器 D/A 转换器。芯片内带有数据锁存器，可与数据总线直接相连。电路有极好的温度跟随性，使用了 CMOS 电流开关和控制逻辑而获得低功耗、低输出的泄漏电流误差。芯片采用 R-2R T 型电阻网络，对参考电流进行分流完成 D/A 转换。转换结果以一组差动电流 I_{OUT1} 和 I_{OUT2} 输出。

DAC0832 主要性能参数：分辨率 8 位，转换时间 1μs，参考电压±10V，单电源+5～+15V，功耗 20mW。

1. DAC0832 的结构

DAC0832 的内部结构，如图 9.3 所示。DAC0832 中有两级锁存器，第一级锁存器称为输入寄存器，它的锁存信号为 ILE；第二级锁存器称为 DAC 寄存器，它的锁存信号为传送控制信号 $\overline{XFER}$。因为有两级锁存器，DAC0832 可以工作在双缓冲器方式，即在输出模拟信号的同时采集下一个数字量，这样能有效地提高转换速度。此外，两级锁存器还可以在多个 D/A 转换器同时工作时，利用第二级锁存信号来实现多个转换器同步输出。

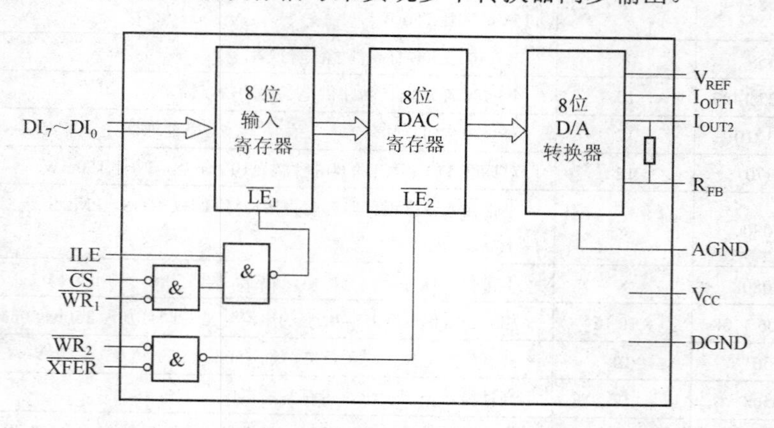

图 9.3 DAC0832 内部结构和引脚信号

当 ILE 为高电平，$\overline{CS}$ 和 $\overline{WR_1}$ 为低电平时，$\overline{LE_1}$ 为高电平，输入寄存器的输出跟随输入

而变化；此后，当$\overline{WR_1}$由低变高时，$\overline{LE_1}$为低电平，数据被锁存到输入寄存器中，这时的输入寄存器的输出端不再跟随输入数据的变化而变化。对第二级锁存器来说，$\overline{XFER}$和$\overline{WR_2}$同时为低电平时，$\overline{LE_2}$为高电平，DAC 寄存器的输出跟随其输入而变化；此后，当$\overline{WR_2}$由低变高时，$\overline{LE_2}$变为低电平，将输入寄存器的数据锁存到 DAC 寄存器中。

2. DAC0832 的引脚特性

DAC0832 是 20 引脚的双列直插式芯片，各引脚的特性如下所述。

$\overline{CS}$：片选信号，和允许锁存信号 ILE 组合来决定$\overline{WR_1}$是否起作用。

ILE：允许锁存信号。

$\overline{WR_1}$：写信号 1，作为第一级锁存信号，将输入数据锁存到输入寄存器（此时，$\overline{WR_1}$必须和$\overline{CS}$，ILE 同时有效）。

$\overline{WR_2}$：写信号 2，将锁存在输入寄存器中的数据送到 DAC 寄存器中进行锁存（此时，传送控制信号$\overline{XFER}$必须有效）。

$\overline{XFER}$：传送控制信号，用来控制$\overline{WR_2}$。

DI_7～DI_0：8 位数据输入端。

I_{OUT1}：模拟电流输出端 1。当 DAC 寄存器中全为 1 时，输出电流最大，当 DAC 寄存器中全为 0 时，输出电流为 0。

I_{OUT2}：模拟电流输出端 2。$I_{OUT1}+I_{OUT2}=$ 常数。

R_{FB}：反馈电阻引出端。DAC0832 内部已经有反馈电阻，所以，R_{FB}端可以直接接到外部运算放大器的输出端，相当于将反馈电阻接在运算放大器的输入端和输出端之间。

V_{REF}：参考电压输入端。可接电压范围为±10V。外部标准电压通过 V_{REF} 与 T 型电阻网络相连。

V_{CC}：芯片供电电压端。范围为+5～+15V，最佳工作状态是+15V。

AGND：模拟地，即模拟电路接地端。

DGND：数字地，即数字电路接地端。

3. DAC0832 的工作方式

DAC0832 进行 D/A 转换，可以采用两种方法对数据进行锁存。

第一种方法是使输入寄存器工作在锁存状态，而 DAC 寄存器工作在直通状态。具体地说，就是使$\overline{WR_1}$和$\overline{XFER}$都是低电平，DAC 寄存器的锁存选通端得不到有效电平而直通；此外，使输入寄存器的控制信号 ILE 处于高电平，$\overline{CS}$处于低电平，这样，当$\overline{WR_1}$端来一个负脉冲时，就可以完成一次转换。

第二种方法是使输入寄存器工作在直通状态，而 DAC 寄存器工作在锁存状态。就是使$\overline{WR_1}$和$\overline{CS}$为低电平，ILE 为高电平，这样，输入寄存器的锁存选通信号处于无效状态而直通；当$\overline{WR_2}$和$\overline{XFER}$端输入一个负脉冲时，使得 DAC 寄存器工作在锁存状态，提供锁存数据进行转换。

根据上述对 DAC0832 的输入寄存器和 DAC 寄存器不同的控制方法，DAC0832 有如下三种工作方式。

① 单缓冲方式：单缓冲方式是控制输入寄存器和 DAC 寄存器同时接收数据，或者只用输入寄存器而把 DAC 寄存器接成直通方式。此方式适用于只有一路模拟量输出或几路模拟

量非同步输出的情形。

② 双缓冲方式：双缓冲方式是先使输入寄存器接收数据，再控制输入寄存器的输出数据到 DAC 寄存器，即分两次锁存输入数据。此方式适用于多个 D/A 转换同步输出的情形。

③ 直通方式：直通方式是数据不经两级锁存器锁存，即 $\overline{WR_1}$，$\overline{WR_2}$，$\overline{XFER}$，$\overline{CS}$ 均接地，ILE 接高电平。此方式适用于连续反馈控制线路，不过在使用时，必须通过另加 I/O 接口与 CPU 连接，以匹配 CPU 与 D/A 的转换。

4. DAC0832 的外部连接

DAC0832 单缓冲方式的外部连接线路如图 9.4 所示。当 CPU 执行对 DAC0832 的输出指令时，$\overline{WR_1}$ 和 $\overline{CS}$ 信号处于有效电平。

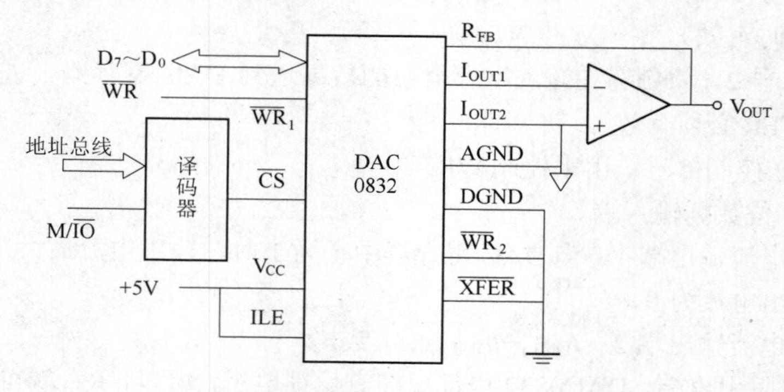

图 9.4 DAC0832 的外部连接

DAC0832 的输出是电流型的，直接得到的转换输出信号是模拟电流 I_{OUT1} 和 I_{OUT2}（$I_{OUT1}+I_{OUT2}$=常数）。为得到电压输出，应加接一个运算放大器，这时得到的输出电压 V_{OUT} 是单极性的，极性与 V_{REF} 相反。如果要输出双极性电压，应在输出端再接一个运算放大器，作为偏移电路。

5. DAC0832 的应用例

【例 9.1】波形发生器。利用 D/A 转换器可以方便地实现各种有线性变化规律的电压波形，如锯齿波、三角波、方波、梯形波等。

下面的程序段是利用 D/A 转换器产生一个正向（上升）锯齿波的输出。

```
        ⋮
        MOV     DX，PORTA      ；PORTA 为 D/A 转换器端口地址
        MOV     AL，0          ；设置转换初值 0
ROTAT： OUT     DX，AL         ；输出 D/A 转换数据
        CALL    DELY           ；调用延迟子程序，等待 D/A 转换完成
        INC     AL             ；转换数据+1
        JMP     ROTAT          ；转下一个 D/A 转换
        ⋮
DELY：  ⋮                      ；软件延迟子程序，调节 D/A 转换的输出周期
        ⋮
        RET
```

对于上述锯齿波发生器的程序例，可以做以下讨论：

① 软件延迟子程序 DELY 的设计，一定要保证匹配 DAC 的转换时间。否则，输出波形不对，或者上升波形出现过大的台阶。

② 由于 D/A 数据转换是有时间延时的，实际上，输出的锯齿波波形是有 256 个小台阶。

③ 转换初值为最大值（255，即 0FFH），然后逐渐减少到 0（INC 指令改成 DEC 指令），并重复，则输出波形为负向（下降）锯齿波。

④ 如果利用正向锯齿波和负向锯齿波的组合，并重复，则输出波形为三角波。

⑤ 仅仅有最大值（255）和最小值（0）两个转换数据，并重复，则输出波形为方（矩形）波。方波的周期可以设计相应的软件延迟子程序，并利用它的执行时间来调节。

⑥ 利用正向锯齿波、负向锯齿波和方波的组合，并重复，则输出波形为梯形波。

【例 9.2】 从两个文件中分别输出一批 X 数据和 Y 数据，驱动 X-Y 记录仪，或者是控制加工某个零件的走刀（X 轴）和进刀（Y 轴）。

驱动 X-Y 记录仪的 100 点输出，并控制记录仪抬笔和放笔的程序段：

```
              ⋮
XDATA    DB       …               ；X 轴 100 个数据
YDATA    DB       …               ；Y 轴 100 个数据
              ⋮
         MOV      SI，XDATA        ；X 轴数据区指针→SI
         MOV      DI，YDATA        ；Y 轴数据区指针→DI
         MOV      CX，100
WE0:     MOV      AL，[SI]
         OUT      PORTX，AL        ；往 X 轴的 D/A 转换器输出数据
         MOV      AL，[DI]
         OUT      PORTY，AL        ；往 Y 轴的 D/A 转换器输出数据
         CALL     DELY1            ；调延迟子程序 1，等待笔移动
         MOV      AL，01H
         OUT      PORTM，AL        ；输出升脉冲，控制笔放下
         CALL     DELY2            ；调延迟子程序 2，等待完成
         MOV      AL，00H
         OUT      PORTM，AL        ；输出降脉冲，控制笔抬起
         CALL     DELY2            ；调延迟子程序 2，等待完成
         INC      SI
         INC      DI
         LOOP     WE0
         HLT
DELY1:    ⋮                         ；笔移动延迟子程序
          RET
DELY2:    ⋮                         ；笔抬起/放下延迟子程序
          RET
```

9.2 模/数（A/D）转换

A/D 转换的实质是比例运算。它把输入模拟量（通常是模拟电压）信号 V_I 与一个基准信号 V_R 比较，将其转换为 n 位二进制数字量的输出代码表示。

9.2.1 A/D 转换过程

A/D 转换整个过程通常分四步进行：采样→保持→量化→编码。前两步在采样/保持电路中完成，后两步在 A/D 转换中同时实现。

1. 采样和保持

采样是将一个时间上连续变化的模拟量转换为时间上离散变化的模拟量，或者说，采样是在一个等时间间隔（称为采样周期）的某一点上测量输入模拟量的信号大小，使 A/D 转换能在采样周期内用一个不变的值代替在该时间间隔内连续变化着的输入模拟值。

保持是将采样得到的模拟量值保持一段稳定期间，使得 A/D 转换能可靠进行。

2. 量化和编码

量化是将采样/保持得到的模拟电压值转化成一个基本量化电平的整数倍。这就是把时间上离散而数字上连续的模拟量，以一定的准确度变为时间上和数字上都是离散的、量化的等效数字值。也就是说，量化是把采样/保持下来的模拟量值以某个标准舍入成整数值。

显然，对于连续变化的模拟量，只有当数值正好等于量化电平的整数倍时，量化才是准确值，否则，量化的结果只能是输入模拟量的近似值。这种误差称为量化误差，直接影响着转换器的转换精度。量化误差是由于量化电平的有限性造成的，所以它是原理性误差，只能减小，无法消除。为了减小量化误差，根本的办法是取较小单位的量化电平。

编码是把已经量化的模拟数值（一定是量化电平的整数倍）用 n 位二进制编码形式表示。

经过采样、保持、量化、编码，即完成了 A/D 转换的全过程，即将采样的模拟电压转换成与之对应的二进制数码。

9.2.2 A/D 转换方法

实现 A/D 转换的方法很多，可以分成两大类：直接转换法和间接转换法。直接转换法常用的有计数法、逐次逼近法等。间接转换法有双积分法、电压频率转换法等。这里介绍最通用的计数式和逐次逼近式 A/D 转换方法。

1. 计数式 ADC

计数式 ADC 最简单，也最廉价，其转换原理如图 9.5 所示。ADC 主要部件是电压比较器、计数控制器和 DAC。V_i 是电压模拟量输入，D_{n-1}～D_0 是数字量输出。D_{n-1}～D_0 数字量输出又同时作为内部 DAC 的输入。DAC 的输出电压 V_o 驱动比较器的反相端，与同相端模拟输入 V_i 比较。

计数式 ADC 的工作过程：首先启动转换信号有效（由高变低），计数器复位。当启动转换信号恢复高电平的时候，计数器准备计数。因为计数器为 0，DAC 的输出电压 V_o=0。此时，比较器（运算放大器）同相端的输入电压 V_i>0，比较器输出高电平，使计数控制信号 C 为 1，于是计数器开始计数。随着计数值的增加，内部 DAC 输入端获得不断增加的数字量，使输出电压 V_o 也不断上升。在 $V_o<V_i$ 时，比较器的输出总是保持高电平。当 V_o 继续上升到某个值时，会出现 $V_o>V_i$ 的情况，则比较器的输出变为低电平，即 C 为 0，于是计数器停止计数，此时数字输出量 D_{n-1}～D_0 就是与模拟输入电压 V_i 等效的数字量。计数控制信号 C 的负向跳变也是 A/D 转换的结束信号，表明当前 A/D 转换完成。

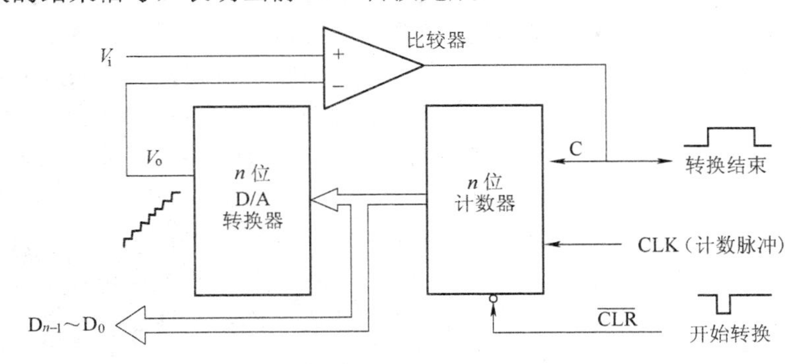

图 9.5　计数式 ADC

计数式 ADC 的缺点是速度比较慢。特别是模拟电压比较大时，转换速度更慢。对于一个 n 位 ADC，如果输入模拟量为最大值，计数器从 0 开始计数，要计数到 2^n-1 才完成转换，相当于需要 2^n-1 个计数脉冲周期。例如，对 12 位的计数式 ADC 来说，最长的转换时间达到 4 095 个脉冲周期。

2. 逐次逼近式 ADC

逐次逼近法是集成电路 A/D 转换芯片中使用最多的方法。逐次逼近式 ADC 是一个具有反馈回路的闭环系统，主要部件有电压比较器、逐次逼近寄存器、输出缓冲寄存器、DAC 和控制电路，如图 9.6 所示。

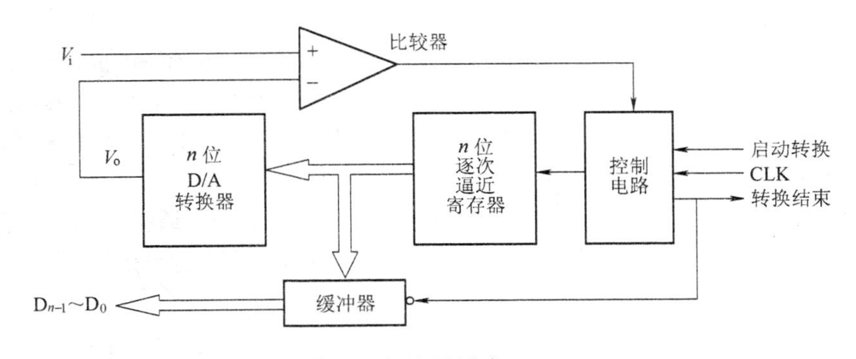

图 9.6　逐次逼近式 ADC

和计数式 ADC 一样，逐次逼近式 ADC 也用 DAC 的输出电压来驱动比较器的反相端，不同的是，转换时，要用一个逐次逼近寄存器存放转换出来的数字量，转换结束时，将数字量送到输出缓冲寄存器。

逐次逼近式 ADC 的转换原理是：二分搜索、反馈比较、逐次逼近。它与生活中天平称重原理极为相似。

当启动信号有效（由高变低），逐次逼近寄存器和输出缓冲寄存器清 0，故 DAC 的输出电压 V_o=0。当启动信号变为高电平时，转换开始，即逐次逼近寄存器开始“天平称重”。逐次逼近寄存器的操作是：从最高位开始，通过先试探性的置 1，再比较 V_o 和 V_i 大小，然后决定该位 1 的去留，然后对次高位进行同样的操作，直到最低位为止，逐位完成同样过程（置 1→比较→决定去留）。例如，在第一个时钟脉冲时，控制电路把逐次逼近寄存器的最高位置 1，即它的输出为 100…0，使得 DAC 的输出电压 V_o 成为满量程值的一半。这时，如果 $V_o>V_i$，表明试探置的 100…0 值大了，比较器输出低电平，控制电路据此清除逐次逼近寄存器最高位的 1；反之，如果 $V_o\leqslant V_i$，比较器输出高电平，控制电路使最高位的 1 保留下来。

n 位逐次逼近式 ADC 经过 *n* 次比较后，逐次逼近寄存器中得到的值就是转换的数字量。转换结束后，控制电路送出一个低电平作为结束信号，这个信号的下降沿将逐次逼近寄存器中的数字量送入输出缓冲寄存器，供 CPU 读取。

采用逐次逼近法，首先将最高位置 1，这相当于取最大允许电压的 1/2 与输入电压比较。如果搜索值在最大允许电压的 1/2 范围内，最高位置 0。然后再将次高位置 1，这相当于在 1/2 范围内再做对半搜索……依次类推，逐次逼近相当于在不断缩小 1/2 的范围内做对半搜索。因此，逐次逼近法也称为二分搜索法或对半搜索法。

逐次逼近式 ADC，理论上用 *n* 个时钟脉冲就可以完成 *n* 位转换，实际上还需要加几个时钟脉冲完成置位、复位等。但总的来说，逐次逼近法的 A/D 转换速度是很快的。

9.2.3 A/D 转换器性能参数

1. 分辨率

A/D 转换的分辨率是能够分辨的最小量化信号的能力，即输出的数字量变化 1 所需输入模拟电压的变化量，通常用位数来表示。对于一个实现 *n* 位转换的 ADC 来说，能分辨的最小量化信号的能力，即分辨率为 2^n 位。例如，12 位的 ADC，分辨率为 2^{12}=4 096 位。

2. 转换精度

模拟量是连续的，而数字量是离散的。一般，在某个范围中的模拟量都对应于同一个数字量。例如，有一个 ADC，理论上 5V 电压对应数字量 800H，实际上，4.997V，4.998V，4.999V……也对应数字量 800H。所以，A/D 转换的模拟量和数字量之间并不是严格的一一对应。这就是 ADC 的转换精度。

转换精度反映了 ADC 的实际输出接近理想输出的精确程度，通常用数字量的最低有效位（LSB）表示。设数字量的最低有效位对应于模拟量Δ，这时，称Δ为数字量的最低有效位当量。

如果模拟量在（±1/2）Δ范围内都产生相对应的唯一的数字量，这个 ADC 的精度为（±0）LSB；如果模拟量在（±3/4）Δ范围内都产生相同的数字量，这个 ADC 的精度为（±1/4）LSB。这是因为后者和精度为（±0）LSB，即误差范围为（±1/2）Δ的 ADC 相比，ADC 的误差范围扩大了（±1/4）Δ。同样，如果模拟量在±Δ范围中都产生相同的数字量，这个 ADC 的精度为（±1/2）LSB，这是因为和精度为±0LSB 的 ADC 相比，模拟量的允许误差范围扩大了（±1/2）Δ。常用的 ADC 的转换精度为±（1/4～2）LSB。

3. 转换时间和转换率

完成一次 A/D 转换所需要的时间，称为 ADC 的转换时间。用 ADC 的转换时间的倒数表示 ADC 的转换速度，即转换率。例如，一个 12 位逐次逼近式 ADC，完成一次 A/D 转换所需时间为 20μs，其转换率为 50kHz。ADC 的转换时间为 10～200μs。

4. 非线性度

ADC 的非线性度是指实际转换函数与理想直线的最大偏移。

在选用 ADC 时，应综合考虑分辨率、转换精度、转换时间、使用环境温度，以及经济性等因素。表 9.2 给出了常用的 A/D 转换器及其性能指标。

表 9.2 常用 A/D 转换器及其性能指标

分类	型 号	分辨率(位)	性 能
通用廉	ADC0801	8	CMOS，逐次逼近型，单通道，最大线性误差±1/4LSB，有三态输出锁存器直接推动数据总线
	ADC0808/0809	8	CMOS，逐次逼近型，8 通道，带有锁存器，直接与μP 接口
	AD570	8	逐次逼近型，与μP 兼容，带参考电平，三态输出，25μs 转换时间
	AD57	10	逐次逼近型，与μP 兼容，三态输出，25μs 转换时间
	AD7570/7574	8, 10	CMOS，可以像 RAM，ROM 或慢速存储器那样与微型机接口，单电源，15μs 转换时间，在允许温度范围内不漏码
高速度高精度	MOD-1020	10	整块印制板，20MHz 高速，带有采样保持器，SNR>56dB
	MAH	8, 10	最大转换时间为 1μs/750ns，并行和串行输出
	MOD-1205	12	整块印制板，5MHz 高速度，具有采样保持器，SNR>66dB
	ADC678	12	片内有采样保持器，不需外接元件，可直接与 8 位或 16 位μP 接口
	AD578	12	逐次逼近型，转换时间最小可调到 4.5μs，内部参考电平，不漏码
	AD572/574	12	逐次逼近型，25μs 转换时间，直接与μP 接口，内部有参考电平，不漏码
	ADC1130/1131	14	模块式，最大转换时间 12μs/25μs
	ADC1140	16	模块式，最大转换时间 35μs
	ADC0816	16	CMOS，逐次逼近型，16 通道，与μP 兼容，高速、高精度、低功耗
低速度高精度	5G14433	3.5 BCD 码	采用双积分式，抗干扰，转换精度高（11 位二进制数），转换速度慢，约 1～10 次/s，单基准电压
	ICL7135	4.5 BCD 码	采用双积分式，转换精度高（14 位二进制数），单极性基准电压自动校零，自动极性输出
	ICL7109	12	采用双积分式，高精度、低噪声、低漂移、低价格
高分辨率	AD7555	4.5 BCD 码	CMOS，模拟开关和对于 4 像限斜率转换的全部功能，数据形式包括多路 DAC 和串行计数
	ADC1130/1131	14	模块式，转换时间 25μs/12μs
	AD7550	13	CMOS，4 像限斜率
低功耗	AD7583	8	CMOS，9 通道（可扩展），单电源，模拟多路开关，具有对 4 像限斜率转换和数字控制的全部数字功能，借助 I/O 口进行接口
	ADC1210	12	逐次逼近型，低功耗、12 位分辨率、12 位精度、转换速度 100μs

9.2.4 ADC0809 及其接口电路

ADC0809 是采用逐次逼近法的 8 位 A/D 转换器。有 8 个模拟量输入通道，可选择其任一个通道进行 A/D 转换。ADC0809 主要性能参数：分辨率 8 位，转换时间 100μs，单一电源 +5V，功耗 15mW，模拟输入电压范围单极性为 0～5V，双极性为±5V 或±10V。

1. ADC0809 的内部结构

ADC0809 的内部结构，如图 9.7 所示。ADC0809 由 8 路模拟开关（包括地址锁存和 3-8 译码电路）、8 位 A/D 转换、三态输出缓冲器 3 部分组成。其中 A/D 转换部分是由 8 位 DAC，比较器，逐次逼近寄存器和控制逻辑组成。

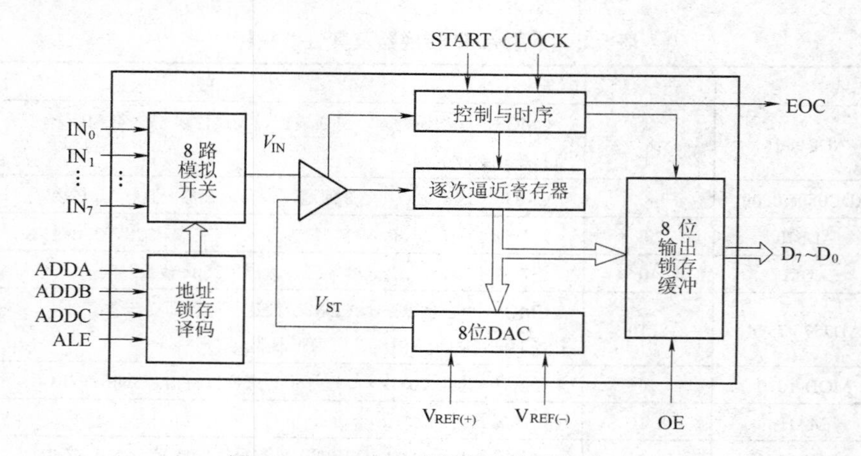

图 9.7 ADC0809 内部结构和引脚信号

8 位 DAC 的转换输出 V_{ST} 电压的大小完全取决于输入的数字量。V_{ST} 送到比较器的输入端，与输入模拟信号 V_{IN} 进行比较，根据比较器输出的“0”或“1”来确定逐次逼近寄存器的输出二进制数值，以便对树状开关进行控制。

转换完成后，逐次逼近寄存器的数值送入三态输出缓冲器。当输出允许信号 OE 为高电平时，三态输出缓冲器中的数字量放到数据总线上，供 CPU 读取。

START 和 EOC 分别为启动信号和变换结束信号，EOC 还可以做申请中断或供查询。

ADC0809 通过引脚 IN_0～IN_7 可以输入 8 路模拟输入电压。ALE 将选择模拟输入通道路数的 ADDA，ADDB，ADDC 信号锁存，经过 3-8 译码电路选通 8 路中的一路进行 A/D 转换。

2. ADC0809 的引脚特性

ADC0809 是 28 引脚的双列直插式芯片。

V_{CC} 和 GND：电源（+5V）和地（0 V）。

CLOCK：工作时钟。

IN_0～IN_7：8 路模拟输入线。

D_7～D_0：8 位转换数据三态输出线。

ADDA，ADDB，ADDC：模拟通道地址选择线。

ALE：地址锁存允许信号。其上升沿将 ADDA，ADDB，ADDC 三位模拟通道地址信号锁存，由 3-8 译码选通对应模拟通道。

$V_{REF(+)}$，$V_{REF(-)}$：基准电压输入端，且要求 $V_{REF(+)}+V_{REF(-)}=V_{CC}$，其偏差值≤±0.1V。

START：启动转换信号。在模拟通道选通地址锁存之后，由 START 的正脉冲启动转换。脉冲上升沿使所有内部寄存器清 0，下降沿使 A/D 转换开始。

EOC：转换结束信号。在转换进行时，EOC 为低电平，当转换结束，数据锁存到输出缓冲器后，EOC 变为高电平。

OE：输出允许信号。当高电平时，打开三态输出缓冲器，把数据送到数据总线上，供 CPU 读取。

3. ADC0809 与系统总线的连接

ADC0809 与系统总线连接如图 9.8 所示。微机系统的地址线通过译码器输出端作为 ADC0809 的片选信号。地址线 ADDA，ADDB，ADDC 分别接到数据总线的低 3 位上。ADC0809 的 8 位数据输出直接与系统数据总线连接。

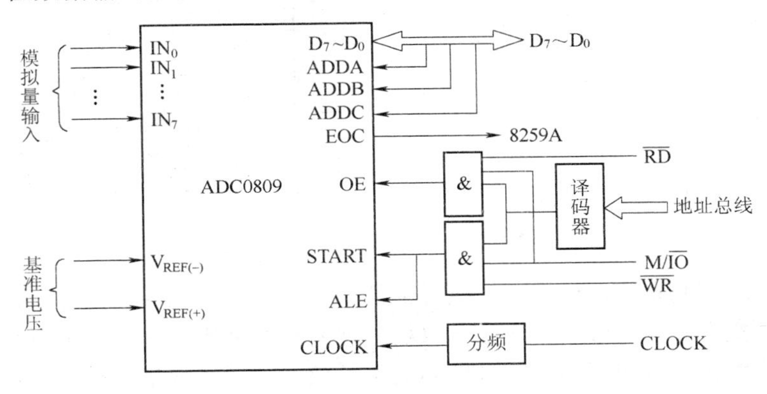

图 9.8 ADC0809 与系统总线的连接

当 CPU 向 ADC0809 执行一条输出指令时，$M/\overline{IO}$，$\overline{WR}$ 和地址信号同时有效，地址锁存信号 ALE 将出现在数据总线上的模拟通道地址锁入地址锁存器中，同时 START 信号启动芯片开始 A/D 转换。在转换结束后，CPU 向 ADC0809 执行一条输入指令时，$M/\overline{IO}$，$\overline{RD}$ 和地址信号同时有效，这时输出允许信号 OE 有效，输出三态门被打开，已转换好的数据送到数据总线上被取走。

转换是否结束，可查询 EOC 信号状态。若采用中断方式读取数据，则可利用 EOC 信号在转换结束时发中断请求脉冲。

ADC0809 的时钟频率为 640kHz，转换时间为 100μs。由于微机的时钟频率为 5MHz 或者更高一些，因此，系统时钟必须经分频后接到 ADC0809 芯片的 CLOCK 引脚上。

【例 9.3】ADC0809 的端口地址为 PORCT，把 3 通道的模拟量转换成数字量送给 AL 寄存器。

```
；ADC0809 的 3 通道读数程序段
        MOV     AL，03H
        OUT     PORCT，AL        ；送 3 通道地址，并启动转换
        CALL    DELAY            ；调 DELAY 延时子程序，等待转换完成
        IN      AL，PORCT        ；读取转换数据
```

9.3 数/模、模/数通道设计

计算机应用系统在处理连续变化的模拟量时，一般先把它们转变成仍然是连续变化的电量（模拟电流/电压量），然后再将模拟电流/电压转换成数字量。把模拟电流/电压转换成数字量，一般分两步进行：先是对模拟电流/电压采样，得到与此电流/电压相对应的离散脉冲序列，然后用 A/D 转换器将离散脉冲信号转换为离散的数字信号，从而完成模拟量到数字量的转换。

对于计算机控制过程来说，若需要用模拟信号进行现场目标控制，则应把 CPU 发出的数字信号通过 D/A 转换器转变成模拟电流/电压量，驱动执行部件完成对目标的控制。

A/D 转换和 D/A 转换是两个互逆过程。通常，这两个互逆转换过程会出现在同一个计算机实时控制系统中。一个既有 A/D 转换环节，又有 D/A 转换环节的实时控制系统，如图 9.9 所示。

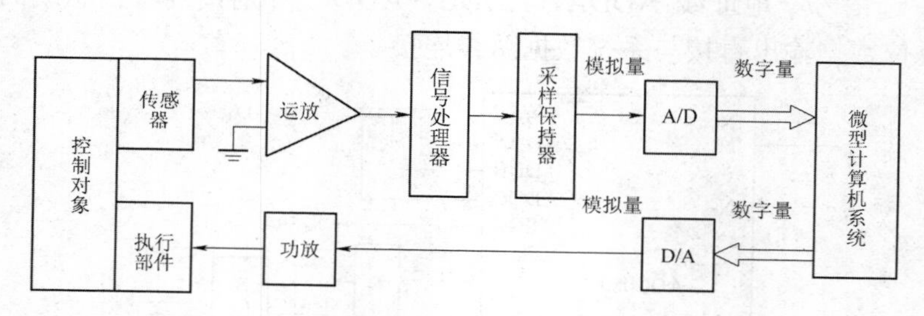

图 9.9 实时控制系统示意图

一个闭环实时控制系统，如果去掉执行部件、D/A 转换和功率放大环节，系统就是一个将现场模拟信号变为数字信号，传送给计算机处理的数据采集系统。如果系统只有计算机、D/A 转换器、功率放大器和用模拟信号控制的执行部件，系统就是一个数据控制系统。

对于一个数据采集系统，除了传感器，信号处理（放大、滤波）等环节，其余部分称为 A/D 通道。它包括 CPU、模入接口、ADC、采样/保持器（S/H）和模拟多路开关。对于一个数据控制系统，除了功率放大和执行部件等环节，其余部分称为 D/A 通道。它包括 CPU，模出接口，DAC，模拟多路开关和保持器（缓冲器）。

A/D，D/A 通道的应用，除了 ADC，DAC 接口已讨论过之外，还涉及以下一些通道的器/部件设计问题。

9.3.1 多路模拟开关

在实时控制和在实时数据采集系统中，被控或被测的往往是几路或几十路信息。最常用的技术是采用公共的 A/D，D/A 转换电路实现多个通路的转换。

多路模拟开关是多通道 A/D，D/A 转换系统的重要器件之一。为了提高系统的精度和速度，对它有 3 点基本要求：

① 当切换开关接通时，它的导通静态电阻无穷小。

② 当切换开关断开时，它的开路静态电阻无穷大，即开关的泄漏电流越小越好（漏电流一般为 0.5nA～1nA）。

③ 切换速度越快越好（延迟时间一般为 100ns～0.8μs）。

多路模拟开关有机械式开关、晶体管开关和场效应管开关 3 类。目前，各种多路开关器件都做成芯片形式。常用的模拟开关器件很多，但它们的切换通道数目、接通和断开时的开关电阻、漏电流，以及输入电压等参数各不相同。

在实际应用中，如果是多个模拟信号源公用一个 A/D 转换器，则需要“多到一”开关来分时切换模拟量的输入，如 AD 公司的 AD7501 (8→1)、AD7506 (16→1) 模拟开关。如果一个 D/A 转换器把模拟量分时送给多个接收端，则需要“一到多”开关来切换模拟量的输出。目前，有些模拟开关芯片具有“多到一”和“一到多”双向开通的功能，如 RCA 公司的 CD4501A（8←→1）、CD4097B（16←→1）模拟开关。目前有不少厂家把多路模拟开关与 A/D 转换器做在一个芯片内，如 ADC0809（8 通道），ADC0816（16 通道）。若采用这样的转换器，则无须外加多路模拟开关就能实现多路模拟量的分时转换了。

使用多路模拟开关、共享 S/H、A/D 通道的数据采集系统，如图 9.10 所示。

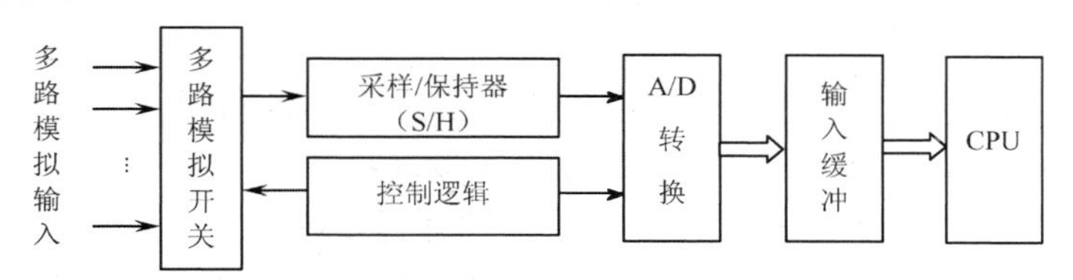

图 9.10　使用多路模拟开关和共享 S/H、A/D 通道的数据采集系统

9.3.2　采样/保持器

采样/保持电路的作用是将一个在时间上连续的信号变成一个在时间上离散的信号，并使其作为 A/D 转换的输入信号在 A/D 转换期间保持不变。

在 A/D 通道中使用的采样/保持器有两个稳定状态，即采样和保持。这两个状态的转换是受一个采样脉冲周期性控制的。最基本的采样/保持（S/H）电路，如图 9.11 所示。它由采样开关 S（用采样脉冲控制），保持电容 C_H 和输入/输出放大器 A_1、A_2 等组成。

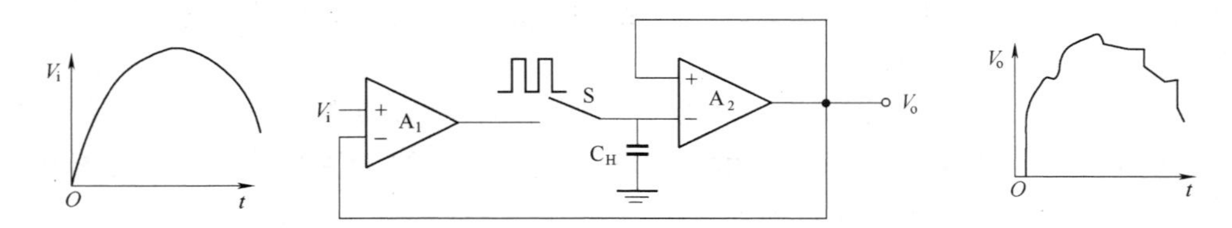

图 9.11　采样/保持（S/H）电路

在采样期间，开关 S 闭合，模拟输入信号 V_i 经高增益、低输出阻抗的放大器 A_1 向保持电容 C_H 快速充电；在保持期间，开关 S 断开，由于 A_2 输入阻抗很高，V_o 保持采样控制脉冲存在最后瞬间时的采样值不变。实际上，由于 C_H 漏电等原因，V_o 是随时间下降的。但只要 C_H 的漏电电阻、A_2 的输入电阻和采样开关 S 的截止电阻都足够大，大到可以忽略 C_H 放电电流的程度，V_o 就能保持到下次采样脉冲到来之前而基本不变。

采样/保持器的主要性能参数有：

① 孔径时间——从发保持命令到开关断开所需要的时间。

② 采样时间——从发采样命令到 S/H 的输出电压由保持值达到输入信号当前值所需要的时间。

③ 保持电压衰减速度——在保持状态下，由漏电流引起的保持电压衰减速度。

采样/保持器大多集成为芯片形式，其种类和型号很多。常用的采样保持器有廉价的LF398，通用型AD582、AD583，以及高速型AD585（采样时间3μs，孔径时间35ns）等。通常保持电容C_H不做在采样/保持器芯片内，而是由用户根据采样速度外接。

9.3.3 A/D，D/A通道的结构形式

根据系统对A/D，D/A通道个数、转换速度、信号源变化速度等不同要求，有多种A/D，D/A通道的结构形式。

1. A/D通道的结构形式

A/D通道的结构除了有单通道、多通道之外，还有低速、高速，以及带或不带采样/保持器（S/H）等之分。

① 不带S/H的单通道，用于直流或低频模拟信号的A/D转换。

② 带S/H的单通道，用于高速模拟信号的A/D转换。

③ 每个通道都各自带有S/H和A/D转换器的并行多通道。这种通道形式允许各通道同时进行转换，常用于需要同时给出多个数据项描述，且转换速度快的系统。

④ 各通道自带S/H，但共享A/D转换器的多通道。在这种通道形式中，每个通道的A/D转换是经模拟多路开关分时串行进行的，故速度较慢。

⑤ 共享S/H和A/D转换器的多通道，如图9.10所示。这种形式的通道，速度慢、硬件开销少，对转换速度要求不高的系统最为适合。

2. D/A通道的结构形式

D/A通道结构除了有单通道、多通道之外，有带或不带数据锁存器和输出保持器等之分。

① 带数据锁存器的D/A转换单通道。

② 带保持器输出的D/A转换单通道。靠保持器的电容记忆功能维持输出模拟量，故不能长久保持模拟量信息不变，必须定时刷新。

③ 每个通道各自带有数据锁存器和D/A转换器的并行多通道。一般用于高速系统。

④ 共享D/A转换器的多通道，如图9.12所示。由于共享D/A转换器，速度较慢。模拟输出端靠保持电容维持模拟信息，需要定时刷新。

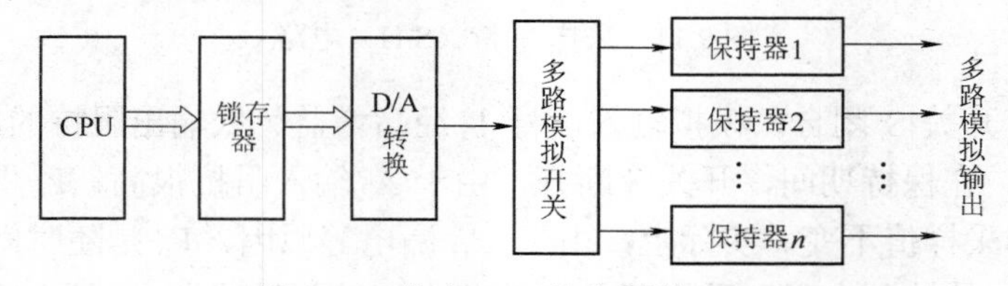

图9.12　共享D/A的多通道D/A

9.3.4 A/D，D/A通道的应用例

【例9.4】 IBM PC/XT微机控制一个模拟量输入/输出接口，如图9.13所示。该系统的模拟量输入通道数为16路，分辨率12位，模拟量输出通道数为2路，分辨率8位。数据采集部分采用共享S/H和ADC的A/D多通道形式，A/D转换器与CPU之间数据传输采用查询方式。数据控制部分采用并行D/A多通道形式，两路D/A转换同时进行。

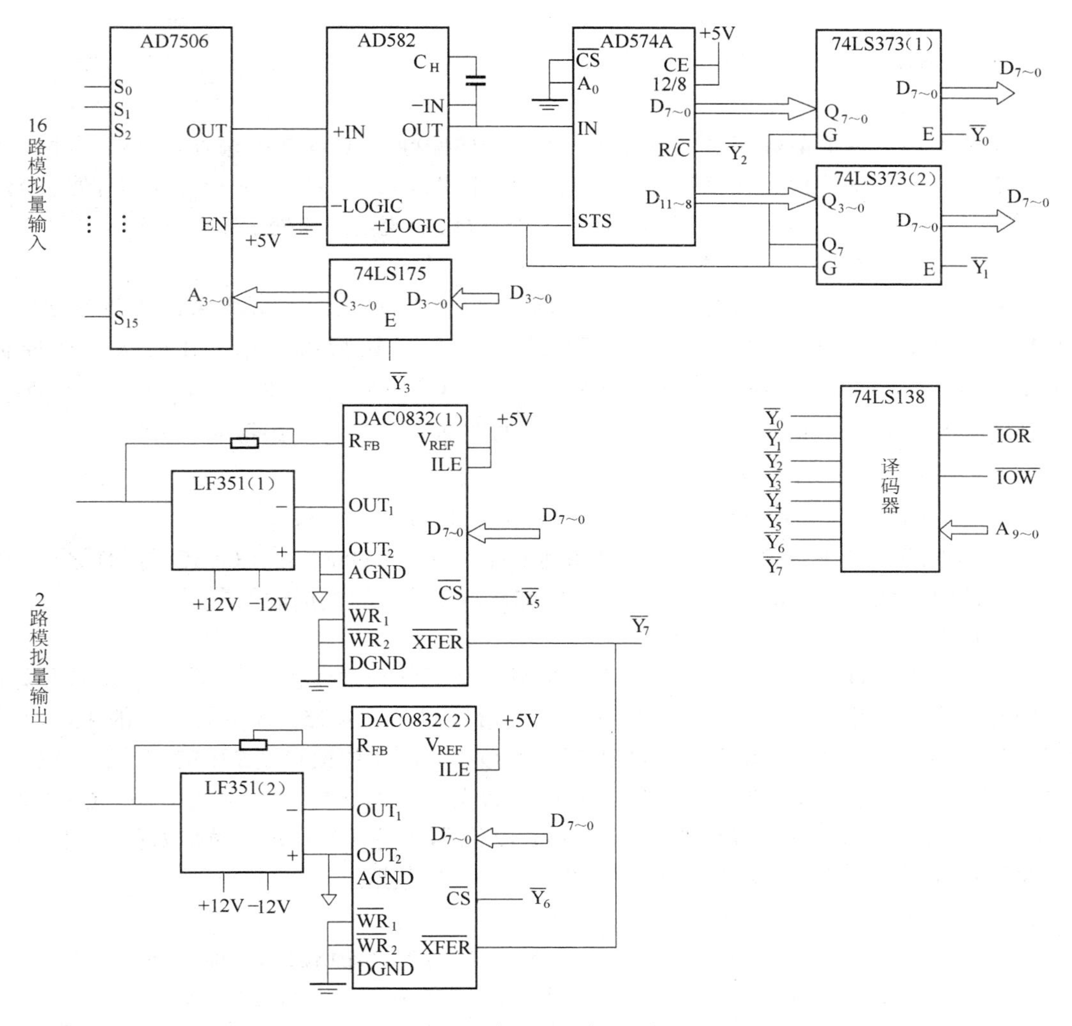

图 9.13 模拟量输入/输出接口系统电路图

1. 电路组成

系统的 A/D 转换接口主要由模拟多路开关 AD7506（16→1）、采样保持器 AD582、12 位 A/D 转换器 AD574A 组成；D/A 转换接口主要由 8 位 D/A 转换器 DAC0832、运算放大器 LF351 组成；接口地址译码电路采用 74LS138 译码器，$\overline{Y_0}$～$\overline{Y_7}$ 是 8 个连续的 I/O 端口地址选通端，设为 0210H～0217H（0214H 未用）。

2. A/D 转换工作过程

（1）选择通道

数据采集时，应先选择多路模拟开关 AD7506 中 S_{15}～S_0 的模拟量输入通道。通道地址由数据总线的低 4 位 D_3～D_0 编码产生，经锁存器 74LS175 送到多路开关 AD7506 的 A_3～A_0 通道进行译码。74LS175 的选通由地址译码器 74LS138 的 $\overline{Y_3}$ 控制，即地址为 0213H。

例如，选择模拟输入通道 2（S_2）可用以下程序段实现。

```
        MOV     DX, 0213H
        MOV     AL, 02H
        OUT     DX, AL
```

选定通道后，模拟量输入通过多路开关进入采样保持器 AD582 的输入端+IN。此时，由于 AD574A 尚未启动转换，它的转换信号 STS 为低电平，加到 AD582 的+LOGIC 端，使 AD582 处于采样状态，保持电容器 C_H 的电压随着输入模拟信号变化，即处于跟随状态。

（2）启动 A/D 转换

AD574A 是采用快速逐次逼近转换方式的 12 位 A/D 转换器。AD574A 的 $\overline{CS}$ 接地，CE 接+5V，即 $\overline{CS}=0$，CE=1，AD574A 的启动转换信号 $R/\overline{C}$ 由地址译码器 74LS138 的 $\overline{Y_2}$ 控制。当 $R/\overline{C}=0$ 时，AD574A 启动 12 位数据转换。对 0212H 地址执行一条输出指令，由于 0212H 地址选通，$\overline{Y_2}=0$，即 $R/\overline{C}=0$，启动了一次 A/D 转换，这里是用虚拟的"写"操作。

```
        MOV     DX, 0212H
        OUT     DX, AL              ; 虚拟写操作，启动 A/D 转换
```

在转换期间 STS 变成高电平，此信号加到采样保持器 AD582 的+LOGIC 端，使之处于保持状态。此时，保持电容器 C_H 的电压就是供 AD574A 转换的模拟输入电压。

（3）读取数据

当转换结束，STS 为低电平，采样保持器 AD582 又回到采样状态，为下一次采样作好准备。同时，STS 打开两个锁存器 74LS373 的门控信号 G，把 AD574A 并行输出的 12 位转换数据送到锁存器，低 8 位锁存到 74LS373（1）的 $Q_{7\sim0}$，高 4 位锁存到 74LS373（2）的 $Q_{3\sim0}$。同时，STS 信号通过 74LS373（2）的 Q_7 连接到数据总线 D_7 位。在查询方式下，CPU 查询 D_7 位便可知转换是否完成。存放在锁存器中的 12 位数据分两次读取。读取数据过程可用下面程序段实现。程序执行完，AX 的内容为转换的 12 位数据。

```
L1:     MOV     DX, 0211H
        IN      AL, DX              ; 读状态位（D7）和高 4 位数据，即 74LS373（2）
        AND     AL, 80H             ; 测试 STS 是否为 0，即转换是否完成
        JNZ     L1                  ; 未完成，继续测试 STS 位
        AND     AL, 0FH             ; 转换完成，将高 4 位取出来存入 AH
        MOV     AH, AL
        MOV     DX, 0210H
        IN      AL, DX              ; 读低 8 位数据，即 74LS373（1）
```

3. D/A 转换工作过程

此系统有两个 D/A 通道：DAC0832（1）和 DAC0832（2）。要求 2 路模拟量同时输出，因此采用双缓冲工作方式。DAC0832 是电流型输出，使用运算放大器 LF351 将电流信号输出转换成电压输出。

它们的 $\overline{WR_1}$，$\overline{WR_2}$ 接地，ILE 接+5V；$\overline{CS}$ 为第一级缓冲选通信号，把 8 位转换数据送到输入寄存器，两片 DAC0832 的 $\overline{CS}$ 分别与 74LS138 的 $\overline{Y_5}$ 和 $\overline{Y_6}$ 相连，由相应地址（0215H 和 0216H）选通控制；$\overline{XFER}$ 为第二级缓冲选通信号，两片 DAC0832 的 $\overline{XFER}$ 均与 74LS138 的 $\overline{Y_7}$ 相连，由 0217H 地址选通作两路同时启动 D/A 转换的控制。

实现两路同时 D/A 转换的程序段如下：

```
MOV    DX，0215H
MOV    AL，N1
OUT    DX，AL          ；送 DAC0832（1）转换数据 N1
MOV    DX，0216H
MOV    AL，N2
OUT    DX，AL          ；送 DAC0832（2）转换数据 N2
MOV    DX，0217H
OUT    DX，AL          ；虚拟写操作，启动两个 DAC0832 同时转换
```

习　题　9

9.1　A/D 转换器和 D/A 转换器在微机控制系统中分别起什么作用？

9.2　在 D/A 转换中，什么是分辨率？什么是相对转换精度？

9.3　采用 DAC0832 电路，设计并编程完成一个周期可调的梯形波发生器的功能。

9.4　使用带两级数据缓冲的 8 位 D/A 转换器时，为什么有时要用 3 条输出指令才能完成 12 位，或者 16 位数据的转换？

9.5　试述 A/D 转换器的主要技术指标。其中最重要的是哪两个？

9.6　比较计数型 A/D 转换和逐次逼近型 A/D 转换的优缺点。

9.7　如果 ADC0809 与微机接口采用中断方式，EOC 应如何与微处理器连接？转换程序又如何设计？

9.8　用示意图说明，什么是采样保持电路的采样状态和保持状态？

9.9　PC/XT 微机扩接一个 8 位 A/D 转换器，如图 9.14 所示。8255A 端口地址为 60H～63H。为了启动一次 A/D 转换，应在 START 端加一个正脉冲，脉宽不小于 0.5μs。当 A/D 转换完成时 EOC 由低变高。试以查询方式连续采集 100 个 V_i 数据，存放到起始地址为 Buffer 的内存数据区。

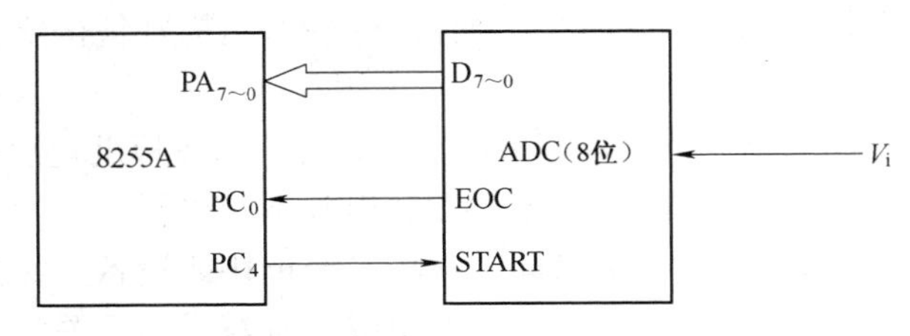

图 9.14　习题 9.9 的 A/D 转换器应用图

第 10 章　微机总线接口

微机系统是一个信息处理系统，各部件之间存在着大量的信息流动。因此，微机的系统与系统之间、插件与插件之间以及插件上的芯片之间需要用通信线路连接起来。由于所有信号都要通过通信线路传输，使得通信线路的设置和连接方式显得尤为重要。

通信线路的设置有两种方法。一种是专线式的信息传输。这种方式的线路仅与通信器件本身有关，传输信息控制简单、传输速率可以很高。但是专线式通信线路若用于整个系统，将使得所需要的传输线路数量巨大，增加了系统的复杂性，加重了通信部件的负载，同时不便于系统的模块化。另一种是设置公共通信线进行信息传输，即总线式的信息传输。

本章介绍微机系统在设计和开发输入/输出接口时，常使用的主流型的总线接口标准，以及相关总线应用技术。

10.1　总线技术

10.1.1　总线和总线结构

所谓总线，是计算机中各模块传输信息的一组公共信号线集合。它为计算机各个模块之间，或者各个设备之间，甚至模块的各部件之间提供公共的、标准化的信息通路。目前微机系统的体系结构就是以总线为中心的面向总线的结构。

微机系统采用总线结构有以下 3 个优点。

① 简化系统结构：面向总线的结构节省连接线路，使系统结构清晰。

② 优化硬件和软件设计：由于总线是标准化的，硬件设计只需要按总线规范设计能够互换的、通用的插件，而且可以大批量生产。插件式的硬件结构则使得软件设计模块化。模块化的软件开发效率高、调试方便、共享性好。

③ 便于系统的扩充和更新：由于各厂家的插件、芯片都按标准化总线生产，因此便于系统从功能和规模上进行扩充，并可随着技术的发展得到不断更新。

总线的特点在于其公用性，即它可以同时挂接多个模块或设备，作为所有挂接模块或设备公共使用的信号载体或通路。总线上的每个模块或设备都通过开关门电路与总线中相应的信号线连接。作为发送的模块或设备可以通过驱动器把要传输的信息送到总线相应信号线上传输；而作为接收的模块或设备则在适当时刻打开接收总线信号的缓冲器，把总线相应信号线上传输的信号接收进来。

总线在同一时刻，只允许一对模块或设备进行信息交换。当有多个模块或设备需要同时使用总线进行信息传输时，总线只能采用分时方式，并且要对总线使用的优先权进行仲裁管理。因此，多个模块或设备公用总线，必须解决如何汇集与分配信息，如何选择发送模块和接收模块，如何建立总线控制权，以及如何实施控制权的转移等。相应地，总线结构的实体应包括两部分：用于传输信息的传输线路和解决上述问题有关的总线控制逻辑。

10.1.2 总线类型和总线标准

1. 总线分类

从不同的角度总线有多种分类方法。按连接对象可分为内总线和外总线。内总线主要用于连接 CPU 与其他支持电路等。外总线主要用于连接系统与系统、主机与外设等。按用途可分为数据总线、地址总线、控制总线、电源线、地线和备用线等。按握手技术或联络方式可分为同步传输总线和异步传输总线。按数据传输格式可以分成并行总线和串行总线。计算机系统内部的总线一般都采用并行总线。按总线标准可分为很多类总线，如 IEEE-696，IEEE-488，EIA-RS-232C 总线等。

但是，最通用的总线分类方法是把总线按功能进行分类。这种分类方法体现了总线在系统中的功能层次结构。按功能层次可以把总线分成 3 类。

（1）局部总线

局部总线是部件（插件板）内各芯片之间互连的总线，又称片级总线。它是以微处理器为核心的中央处理器模块或一个很小系统所用的总线。例如，微机 CPU 系统板上的包括地址总线、数据总线和控制总线的局部总线，将 CPU 芯片和其他外围芯片相互连接起来。像磁盘适配卡、通信卡等插件板上都使用片级总线实现插件板内芯片一级的互连。

（2）系统总线

系统总线是计算机系统内各功能部件之间相互连接的总线，又称板级总线或内总线。计算机系统内各功能部件往往以插件板的形式出现，如 CPU 板、存储器扩展板以及各种 I/O 接口板。通常所说的微机总线就是指系统总线。

比较典型的系统总线有 S-100 总线、STD 总线、多总线（Multibus）、微通道（MCA）总线，以及 PC 系列微机总线 PC/XT 总线、ISA（PC/AT）总线、EISA 总线等。

（3）通信总线

通信总线是计算机系统之间，或者计算机系统与其他通信设备之间的通信总线，又称外总线。这种总线不是计算机所专有的，通常是借用电子工业或其他领域已有的总线并加以应用而形成的。典型的通信总线有 IEEE-488（并行），EIA-RS-232C（串行）等。

对于用户，无论是在已有微机系统的基础上扩展功能插件，还是用功能插件板组装成新的微机系统，所直接接触到的往往是系统总线和通信总线。因此，这两类总线对于开放式的系统组成至关重要。

2. 微机的多级总线结构

微机系统一般采用如图 10.1 所示的多级总线结构。图中虚框是 CPU 系统主板结构，板内通过局部总线将 CPU 芯片、基本存储器芯片，以及其他芯片连接。存储器扩展板、显示器接口板等各种插件板虽然功能各异，但它们内部也都是通过局部总线将所有的芯片连接起来的。系统总线将 CPU 板和其他插件板连接，组成一个微机系统。微机系统通过一个特殊的部件——总线扩展板挂接到通信总线上，通过通信总线与其他系统或设备建立联系。

3. 总线标准

总线标准是国际上计算机厂家和计算机用户公认的，按某种约定的总线互联标准。之所以采用约定的总线标准，有两方面原因。

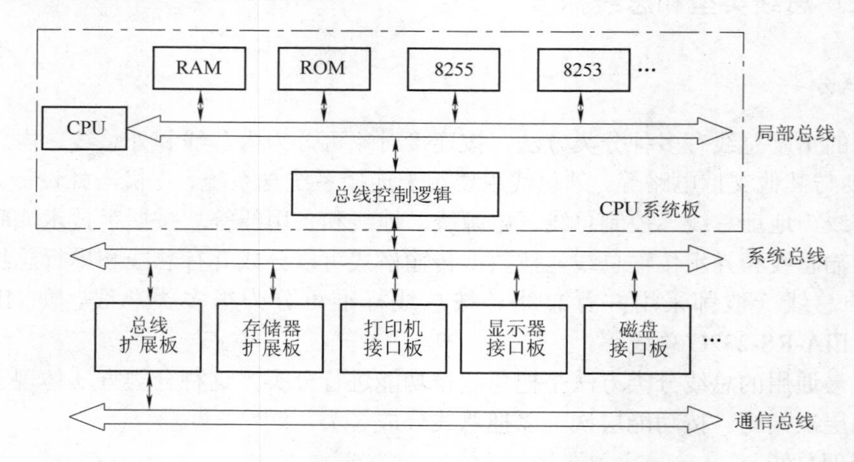

图 10.1 微机系统的三级总线结构

一方面，为了使系统组成更简单、灵活和易于扩展。现在所有的微机系统，包括多处理器系统，都采用模块化结构，即用若干个功能模块搭积木式的组成系统。一个模块通常就是一个独立的插件板，如显示器适配卡、磁盘适配卡、打印机适配卡、网络适配卡，以及用于工控的各种插件等。将各种插件板插入插座，并用总线将各插座连接起来，便构成了所需要的应用系统。为了让系统内各个插件板能够插在任何一个插座上，要求各插座之间具有通用性，因此，需要制定总线标准。

另一方面，计算机生产厂家都采用开放式设计策略，使自己设计、制造的插件板或设备能够与其他厂家的产品互联或互换，即能够标准化地生产各种兼容的配套产品，以获得广泛的市场，因此，也需要规定总线标准。

总线标准一般包括机械结构规范、功能结构规范、电气规范 3 部分内容。

① 机械结构规范：规定模块尺寸、总线插头、边沿联结器等规格。

② 功能结构规范：确定引脚名称、功能及相互作用的协议。包括数据线、地址线、读/写控制逻辑线、时钟线、电源线和地线等；中断机制；总线主控仲裁；应用逻辑，如复位、自启动、联络、休眠维护等。

③ 电气规范：规定信号逻辑电平、负载能力及最大额定值、动态转换时间等。

其中，功能结构规范是总线标准的核心，通常以时序和状态来描述信息的交换、流向以及信息的管理规则。

10.1.3 总线技术

总线技术的内涵有物理连接技术和信号连接技术两个方面。总线的物理连接技术包括电缆的选择与连接；用于缓冲的驱动器、接收器的选择与连接；酌情采用点对点的连接技术，把高速的内部总线与较长的物理总线相隔离；传输线的屏蔽、接地和抗干扰等。由此，总线的物理连接可以认为是总线的“硬”技术。

总线的信号连接技术除了解决信号传输的缓冲、匹配等基本连接外，主要指总线判决、总线握手和中断控制等连接信号相互间的定时和逻辑控制技术。由此，总线的信号连接可以认为是总线的“软”技术。下面着重讨论信号连接技术中的总线判决和总线握手。

1. 总线传输周期

总线是模块与模块之间信息传输的公共通道，因此，总线最基本的任务就是要保证信息能在总线上高速而可靠地传输。总线完成一个传输周期，一般分成如下 4 个阶段。

① 总线请求和判决阶段：需要使用总线的主模块提出总线请求，由总线判决机构确定把下一个传输周期的总线使用权分配给哪一个请求源。

② 寻址阶段：取得使用权的主模块通过总线发出本次要访问的从模块的地址和有关命令，让参与本次传输的从模块开始启动。

③ 传数阶段：主模块和从模块进行数据传输，数据由源模块发出，经数据总线传输到目的模块。

④ 结束阶段：主、从模块的有关信息均从总线上撤除，让出总线，以便其他模块能使用总线。

从总线传输的整个过程可以看出，总线对传输信息的管理主要有两个环节：传输周期的总线判决和称之为总线握手的完成传输（寻址、传数、结束阶段）任务的管理。

2. 总线判决技术

总线判决也称为总线仲裁。它合理地控制和管理总线上需要占有总线的请求源，确保任何时刻总线上最多只有一个模块发送信息，不允许产生总线冲突。当多个源同时提出总线请求时，以一定的优先算法判决哪一个应获得对总线的占用权。

总线判决方式通常有两种，即串行判决和并行判决。

（1）串行判决

串行判决又称菊花链判决，其中以三线菊花链的串行判决方式最具有代表性。三线菊花链的连接方式如图 10.2 所示。为了判定总线互连各个模块 C_i（i=1，2，…，n）之间的优先权，使用了 3 根控制线：总线请求线 BR（Bus Request）、总线允许线 BG（Bus Grant）、总线忙线 BB（Bus Busy）。BG 线是按优先权从高到低的顺序穿越各模块的非连续线。

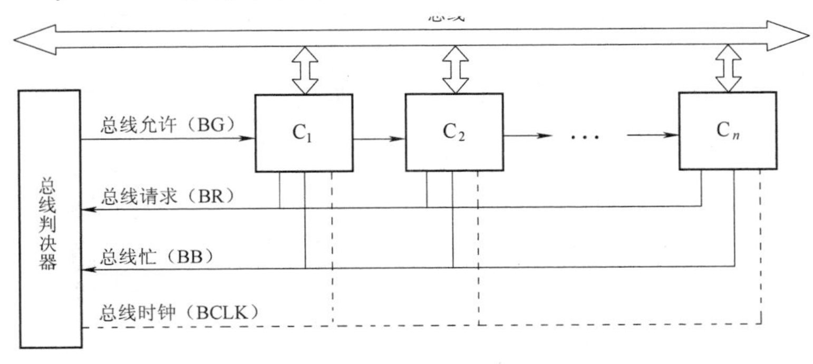

图 10.2　三线菊花链判决示意图

三线菊花链的判决方案的步骤如下：

① 有任一主控模块 C_i 发出总线请求时，使 BR_i 为 1，BR_i 通过“线或”，使 BR 为 1。

② 任一主控模块 C_i 占用了总线，使 BB 为 1，以禁止总线判决器输出有效的 BG 信号。

③ 当 BR=1，BB=0 时，判决器发出 BG=1 有效信号。

④ 如果主控模块 C_i 没发送请求（BR_i=0）却收到有效的 BG 信号（BG_{INi}=1），则将有效

的 BG 信号在链路上往后传输（BG_{OUTi}=1）。

⑤ 如果主控模块 C_i 同时满足了 3 个条件，即 BR_i=1，BB=0，BG_{INi}=1 时，就接管总线，此时则将无效的 BG 信号在链路上往后传输（BG_{OUTi}=0）。

在实际的判决机构中，除了与判决逻辑直接有关的控制线外，还应有总线时钟线 BCLK，如图 10.2 中的虚线所示。它保证总线传输的同步、决定总线传输的速度和菊花链上允许串入的主控模块个数。

菊花链判决方式的优点是，无论在逻辑上，还是在物理上实现都很简单，控制线少，易于扩充。其缺点是优先权结构不能改变，链路上任一环节发生故障，将引起“断链”；由于响应信号要经过逐级传输延迟，响应速度慢，而且链路末端的模块易被“锁死”（请求不到总线）。

有一种循环菊花链判决方式，可以解决链路的末端模块易被“锁死”的问题。这种判决方案有两点重大改进：

① 总线允许线 BG 由最后一个模块又连回到第一个模块，形成循环串行回路。

② 链路上没有集中的总线判决器，无论哪一个主控模块被批准访问总线，它就是下一个总线周期仲裁的判决器。

因此，各个主控模块的优先权决定于它在链路上距当前总线判决器的远近，随每个总线周期动态改变。在循环菊花链中各个模块在总线上的身份平等，获得总线占用权的机会均等。

（2）并行判决

并行判决又称独立请求判决。并行总线判决结构如图 10.3 所示，每个主控模块有独立的总线请求线 BR，总线允许线 BG 与总线判决器相连，相互间没有任何控制关系。总线判决器直接识别所有模块的请求，并根据一定的优先权仲裁算法选中一个模块 C_i，向它直接发出允许信号 BG_i；于是模块 C_i 占用总线，并撤销 BR_i 信号，输出 BB 有效信号；当 C_i 传输结束后，把 BB 信号撤销，判决器也相继撤销 BG_i 信号。此后，判决器重新判决和分配总线控制权。

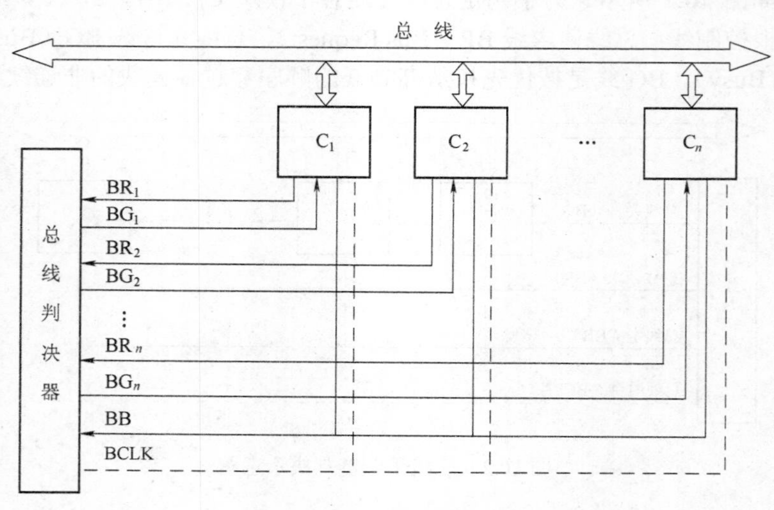

图 10.3　并行判决示意图

并行判决的突出优点是，请求信号和允许信号避免了链式判决的逐级传输延迟，使响应速度大大加快，适用于各种实时性要求高的多处理器系统。主要缺点是控制信号多，逻辑复杂。

总线判决（仲裁）器和每个模块上的总线请求器的设计主要是根据判决协定和总线规范，解决各控制信号之间的逻辑功能和时序匹配两大问题。实际上，各微处理器厂家在推出新一代微处理器芯片时，也同时或相继推出了各种配套的外围接口芯片，其中包括相应的总线请求器和总线仲裁器或总线控制器芯片。而且许多 32 位以上的微处理器，如 Intel 公司的 80386，80486 和 Pentium 等已经将总线请求和总线仲裁逻辑集成在芯片内。

3. 总线握手技术

总线握手主要是解决主模块取得总线占用权后，如何在主模块和从模块之间实现可靠的寻址和数据传输的问题。

总线握手的作用是控制每个总线操作周期中数据传输的开始和结束，以实现主、从模块之间的协调和配合，确保数据传输的可靠性。因此，总线握手必须以某种方式用信号的电压变化来标明总线周期的开始和结束，以及整个周期内每个子周期的开始和结束。

微机系统通常采用的总线握手协定有以下 3 种。

（1）同步总线协定

按这种协定实现的总线传输是同步的。同步总线用同一时钟脉冲的前沿和后沿分别指明一个总线周期的开始和结束。总线上所有模块的传输都是受同一时钟源控制的。这是最简单的一种握手协定，由于完成一次总线操作时间较短，比较适合高速模块间传输的需要。

（2）异步总线协定

总线上的主模块和从模块采用“一问一答”的方式工作。不同速度的模块可以自主协调配合，以各自最佳的速度进行传输。这是一种具有高可靠性和良好适应性的、使用很普遍的握手协定。由于总线除了数据传输外，还需要有“问答”互锁控制信号的来回传输，因此异步总线比同步总线的总线周期长、总线频带窄。

（3）半同步总线协定

这是综合同步协定和异步协定的优点而产生的一种混合式总线协定，兼有同步总线的速度和异步总线的可靠性与适应性。

10.2 系统总线

本节介绍 PC 系列微机主流型的 PC/XT，ISA，EISA 系统总线，以及为 CPU 和高速外设提供的一条高速通道——PCI 高速局部总线。

10.2.1 PC/XT 总线

PC/XT 总线是 Intel 微机系统总线系列中最为精简的，若充分了解其各种信号的功能，则对于复杂的扩展总线系统就能够更加深入地探究。

IBM PC/XT 有 8 个 62 芯扩展槽 J_1～J_8，可以在扩展槽中插入不同功能的插件板，用来扩充系统功能。通常见到的插件板有存储器扩展板和各种外设适配器，如打印机适配器、显示器适配器、网络适配器和语音系统适配器等。

连接扩展槽的 62 根线组成了 PC/XT 扩展总线。PC/XT 总线除了提供特殊需要的±12V 电源外，其他信号均与 TTL 电平兼容。若为输出信号，至少可以驱动两个低功率的集成电路负载。

PC/XT 总线的 62 芯引脚信号见表 10.1，按功能可分成以下 5 个功能组。

表 10.1 PC/XT 扩展总线引脚信号

引 脚	信 号 名 称		引 脚	信 号 名 称	
	B 面	A 面		B 面	A 面
1	GND	I/O CHCK	17	$DACK_1$	A_{14}
2	RESET DRV	D_7	18	DRQ_1	A_{13}
3	+5V	D_6	19	$DACK_0$	A_{12}
4	IRQ_2	D_5	20	CLK	A_{11}
5	−5V	D_4	21	IRQ_7	A_{10}
6	DRQ_2	D_3	22	IRQ_6	A_9
7	−12V	D_2	23	IRQ_5	A_8
8	CARD SLCTD	D_1	24	IRQ_4	A_7
9	+12V	D_0	25	IRQ_3	A_6
10	GND	I/O CHRDY	26	$DACK_2$	A_5
11	MEMW	AEN	27	T/C	A_4
12	MEMR	A_{19}	28	ALE	A_3
13	IOW	A_{18}	29	+5V	A_2
14	IOR	A_{17}	30	OSC	A_1
15	$DACK_3$	A_{16}	31	GND	A_0
16	DRQ_3	A_{15}			

① 数据总线（8 根）

D_7～D_0：数据线，双向。

② 地址总线（20 根）

A_{19}～A_0：地址线，由 CPU 或 DMA 控制器产生。若是 I/O 地址，则 A_{19}～A_{16} 无效。

③ 控制线（21 根）。

ALE：地址锁存允许信号。它是由总线控制器 8288 提供的脉冲信号。ALE 有效时，在 ALE 的下降沿把来自 CPU 的地址进行锁存。

MEMR，MEMW：分别是存储器读、存储器写信号。它们是由 CPU 或 DMA 控制器发出的低有效信号。MEMR 有效时，将从存储器读取数据；MEMW 有效时，将来自数据总线的数据写入存储器。

IOR，IOW：分别是 I/O 读、I/O 写信号。它们是由 CPU 或 DMA 控制器发出的低有效信号。IOR 有效时，将选中的 I/O 端口数据读到数据总线上；IOW 有效时，将数据总线上的数据写入地址总线上选中的 I/O 端口，I/O 端口利用这一信号的上升沿锁存数据。

IRQ_2～IRQ_7：中断请求输入信号。它们对应连接到 8259A 中断控制器的 IR_2～IR_7（8259A 的 IR_0 和 IR_1 已被系统板占用了）。如果外设的中断请求信号未被屏蔽，则信号的上升沿产生对微处理器的中断请求，并保持有效高电平，直到接收到中断响应信号为止。

DRQ_1～DRQ_3：DMA 通道 1～3 请求信号。它们是由外设接口发出的请求 DMA 周期的高电平有效信号。这些信号线直接连至处理器系统板上的 DMA 控制器，经过优先级判别，然后产生一个 DMA 周期请求。DRQ_0 是专门用来刷新动态存储器的 DMA 周期请求信号，不出现在系统总线上。

$DACK_0$～$DACK_3$：DMA 通道 0～3 响应信号。它们是由 DMA 控制器发送给外设的低电平有效信号，表示对应的 DRQ 信号已被接收，DMA 控制器将要处理所请求的 DMA 周期。$DACK_0$ 仅表明当前 DMA 周期是一个刷新系统动态存储器的虚拟读周期，此时地址总线上是逐次递增的刷新地址。$DACK_0$ 刷新周期是每 72 个时钟周期发生一次。

AEN：地址允许信号。它是由 DMA 控制器发出的高电平有效信号。AEN 输出有效，表明切断了 CPU 对总线的控制而处于 DMA 总线周期，此时 DMA 控制了地址总线、数据总线和读/写命令线。

T/C：计数结束信号。它是由 DMA 控制器发出的高有效输出信号，表明某个 DMA 通道已达到其程序预置的传输周期计数，结束当前 DMA 数据块传输。由于有 4 个 DMA 通道，接口逻辑应将 T/C 和 DACK 相“与”，得到特定 DMA 通道的 T/C 信号。

RESER DRV：复位驱动信号。它为系统各部件提供电源接通复位信号。

④ 状态线（2 根）

I/O CHCK：I/O 通道奇/偶校验信号（低电平有效）。它是用于检查 I/O 通道上的设备或存储器插件奇/偶校验信息。若该信号有效，就会对微处理器产生非屏蔽中断（NMI）。

I/O CHRDY：I/O 通道准备好信号。它用来插入等待周期，使速度较慢的存储器或 I/O 设备能和系统协调操作。插入等待周期 T_W 的个数与 I/O CHRDY 信号低电平的时间有关，但最多不得超过 10 个时钟周期。

⑤ 电源、时钟等线（11 根）

+5V，–5V，+12V，–12V，GND：直流电源和地线。

OSC：振荡器输出信号。它的振荡频率为 14.318 18MHz（基频），周期约为 70ns，占空比为 50%。该信号是总线上频率最高的信号，所有其他的时序信号都由它产生。

CLK：系统时钟信号。它由 OSC 三分频得到，其频率为 4.77MHz（主频），周期为 210ns，占空比为 33%。

CARD SLCTD：J_8 插件板选中（低有效）信号。J_8 插件板与 J_1～J_7 插件板有所不同，要求有应答能力，所以只能插异步通信适配器。

PC/XT 主板上的时钟基频为 14.31818MHz，而微处理器的系统时钟为基频的 1/3（4.77MHz）。至于扩展总线，由于是与慢速的外围设备和逻辑接口相连，总线速度只有基频的 1/12（1.193MHz）。因此，PC/XT 扩展总线的传输性能一直无法提高。

10.2.2 ISA 和 EISA 总线

当 80286 的 IBM 微机 PC/AT 问世之后，PC/XT 总线显然不够使用了。因此，IBM 推出了在 PC/XT 总线基础上的 PC/AT 扩展总线。1984 年，IEEE 以 PC/AT 扩展总线为标准，制定出工业标准体系结构（ISA，Industry Standard Architecture）。因此，ISA 总线成了比 PC/AT 总线更为通用的名称。80286，80386，80486，甚至 Pentium 等微机系统都采用 ISA 总线。

1989 年以 Compaq 公司为首的 9 家计算机公司，在 ISA 总线的基础上推出了 EISA（Extended Industrial Standard Architecture）标准，称为增强的 ISA。EISA 由于是从 ISA 传承下来的，具有很好的兼容性，很快就得到了工业界的广泛应用。

1. ISA 总线

ISA 扩展总线是由 PC/XT 总线扩展的，共有 98 个引脚，其中前 62 个 B1～B31 和 A1～A31 与 PC/XT 总线完全相同，表 10.2 给出 ISA 扩充的 36 个引脚信号。

表 10.2　ISA 扩展总线（36 脚插槽）引脚信号

引 脚	信 号 名 称		引 脚	信 号 名 称	
	D 面	C 面		D 面	C 面
1	MEM16	SBHE	10	$DACK_5$	MEMR
2	IO16	LA_{23}	11	DRQ_5	SD_8
3	IRQ_{10}	LA_{22}	12	$DACK_6$	SD_9
4	IRQ_{11}	LA_{21}	13	DRQ_6	SD_{10}
5	IRQ_{12}	LA_{20}	14	$DACK_7$	SD_{11}
6	IRQ_{15}	LA_{19}	15	DRQ_7	SD_{12}
7	IRQ_{14}	LA_{18}	16	+5V	SD_{13}
8	$DACK_0$	LA_{17}	17	MASTER16	SD_{14}
9	DRQ_0	MEMW	18	GND	SD_{15}

ISA 总线的特殊设计使其直到 Pentium 系统仍能使用，值得探讨。

ISA 总线设计的最大速度为 8MHz，比 PC/XT 总线几乎快了一倍，而最佳的数据传输速率达 20Mb/s。不过微处理器的执行速度更快，因此，要在总线控制器中增加缓冲器，作为微处理器与较低速扩展总线之间的缓冲空间，这样才能使扩展总线与微处理器之间传输数据。

ISA 的数据总线扩充到 16 位，增加了 SD_{15}～SD_8 高 8 位数据线。ISA 除了加宽数据路径外，对于数据路径宽度的使用也加以控制。下面是对数据路径和传输数据进行控制的信号。

SBHE：系统总线高位使能信号。当有 16 位数据需要传送时，此信号便以高电平启动之。

MEM16：16 位内存芯片选择信号。扩充槽上的接口卡有 16 位数据需要传输时，此信号指明数据的来源为内存。

IO16：16 位输入/输出芯片选择信号，扩充槽上的接口卡有 16 位数据需要传输时，此信号指明数据的来源为 I/O。

ISA 的地址总线扩充到 24 位，增加了 LA_{23}～LA_{17} 地址线，其中 LA_{19}～LA_{17} 是 A_{19}～A_{17} 的复制。寻址能力的增加也是提高性能的重要方式。

随着个人计算机系统的发展，外设的类型在不断增加，并对硬件中断和 DMA 通道提出了更多的要求。ISA 将中断数目扩充到 15 个。至于 DMA 通道则增加到 8 个。

80286，80386，80486，Pentium 等微处理器均可作为 ISA 总线的主处理器。ISA 把微处理器视为总线唯一的主控设备（Master），其余的外设，包括暂时得到总线控制的 DMA 控制器和协处理器均属于从控设备。新增加的 MASTER16 信号作为微处理器脱离总线控制而由智能接口卡占用总线的标志。但是，它仅允许一个这样的智能卡工作。

2. EISA 总线

EISA 将总线仲裁设计成独立的芯片，称之为中心仲裁控制单元 CACU（Centralized Arbitration Control Unit）。当有部件需要拥有总线控制权传输数据时，会先向 CACU 申请，由 CAC 决定优先权顺序并产生总线控制信号。如果有多个部件需要使用总线时，CACU 会裁决出使用的权限，并通过 6 条确认信号线之一来传输信号，通知哪个部件能拥有总线的控制权。

EISA 扩充槽提供了 32 位数据和 32 位地址扩展。EISA 采用双层结构，如果只用上一层，就可连接 ISA 扩展板，所以 EISA 支持 ISA。如果使上、下两层均与 EISA 扩展板相连，则成为标准的 EISA 槽。EISA 总线通常用于 80286，80386，80486，Pentium 等微机系统中。这些系统有 2 片 DMA 控制器（7 个 DMA 通道）、2 片中断控制器（15 个中断请求输入）、2 片定时/计数器（5 个计数器）。

EISA 还有另一个特殊的功能，就是拥有总线主导能力。在传统的扩展总线设计上，每一个数据传输都在微处理器的控制下完成，而在有总线主导能力的总线系统中，外围设备之间可以不需要微处理器参与就能进行数据传输。

采用 EISA 总线的系统必须用专门软件 ECU（EISA Configuration）进行配置。配置过程是将 EISA 系统各主要部件（如内存、磁盘、显示器等）的情况记录到系统内部一片用电池供电的静态 RAM 中，以便于系统管理。当增加新部件或出现信息丢失，均须重新进行配置。

表 10.3 给出了 EISA 扩展总线引脚信号。

表 10.3　EISA 扩展总线引脚信号

引脚	信号名称		引脚	信号名称		引脚	信号名称	
	B 面	A 面		B 面	A 面		B 面	A 面
1	GND	IOCHK	29	$DACK_3$	SA_{16}	57	+5V	SA_{02}
2	GND	CMD	30	BE_3	GND	58	+5V	LA_{11}
3	RESET DRV	D_7	31	DRQ_3	SA_{15}	59	OSC	SA_{01}
4	+5V	START	32	KEY	KEY	60	GND	GND
5	+5V	D_6	33	$DACK_1$	SA_{14}	61	GND	SA_{00}
6	+5V	EXRDY	34	BE_2	BE_1	62	LA_{10}	LA_{09}
7	IRQ_9	D_5	35	DRQ_1	SA_{13}	63	LA_{08}	LA_{07}
8	NA	EX32	36	BE_0	LA_{31}	64	LA_{06}	GND
9	−5V	D_4	37	REFRESH	SA_{12}	65	M16	SBHE
10	NA	GND	38	GND	GND	66	LA_{05}	LA_{04}
11	DRQ_2	D_3	39	BCLK	SA_{11}	67	IO16	LA_{23}
12	KEY	KEY	40	+5V	LA_{30}	68	+5V	LA_{03}
13	−12V	D_2	41	IRQ_7	SA_{10}	69	IRQ_{10}	LA_{22}
14	NA	EX16	42	LA_{29}	LA_{28}	70	LA_{02}	GND
15	NOWS	D_1	43	IRQ_6	SA_{09}	71	IRQ_{11}	LA_{21}
16	NA	SLBURST	44	GND	LA_{27}	72	KEY	KEY
17	+12V	D_0	45	IRQ_5	SA_{08}	73	IRQ_{12}	LA_{20}
18	+12V	MSBURST	46	LA_{26}	LA_{25}	74	SD_{16}	SD_{17}
19	GND	SHRDY	47	IRQ_4	SA_{07}	75	IRQ_{15}	LA_{19}
20	M/IO	W/R	48	LA_{24}	GND	76	SD_{18}	SD_{19}
21	SMWT	AENx	49	IRQ_3	SA_{06}	77	IRQ_{14}	LA_{18}
22	CLOCK	GND	50	KEY	KEY	78	GND	SD_{20}
23	SMRDC	SA_{19}	51	$DACK_2$	SA_{05}	79	$DACK_0$	LA_{17}
24	NA	NA	52	LA_{16}	LA_{15}	80	SD_{21}	SD_{22}
25	IOWC	SA_{18}	53	NA	SA_{04}	81	DRQ_0	MWTC
26	GND	NA	54	LA_{14}	LA_{13}	82	SD_{23}	GND
27	IORC	SA_{17}	55	BALE	SA_{03}	83	$DACK_5$	MRDC
28	NA	NA	56	+5V	LA_{12}	84	SD_{24}	SD_{25}

续表

引 脚	信号名称		引 脚	信号名称		引 脚	信号名称	
	B面	A面		B面	A面		B面	A面
85	DRQ_5	D_8	90	KEY	KEY	95	+5V	D_{13}
86	GND	SD_{26}	91	$DACK_7$	D_{11}	96	+5V	SD_{31}
87	$DACK_6$	D_9	92	SD_{29}	GND	97	MASTER16	D_{14}
88	SD_{27}	SD_{28}	93	DRQ_7	D_{12}	98	MAKx	MREQ
89	DRQ_6	D_{10}	94	+5V	SD_{30}	99	GND	D_{15}

注：表中“NA”表示保留未用

10.2.3 高速局部总线

随着微处理器的飞速发展，计算机技术已被应用到不少新的领域，如高分辨率、多色彩的复杂图像显示，高保真的立体音响，Windows NT 多任务，局域网络及多媒体应用等。这些应用需要在 CPU 和高性能外设之间高速传输大量数据，因而对总线传输速率的要求越来越高。很显然，ISA，EISA，MCA 等总线已不能满足系统对数据传输速率的需求。这是由传统的系统总线体系结构所引起的瓶颈问题。

1. 高速局部总线

微处理器是个人计算机处理的核心，也是各个处理部件中速度最快的一个，若能跟上微处理器的速度也就达到了最大的传输效率，也就是说扩展总线所能达到的极限便是与微处理器同速。考虑到这一点，解决上述瓶颈问题的方法之一是在系统总线的基础上增加高速局部总线。将一些高速外设，如网络适配器、硬盘适配器、多媒体卡等不挂接在 ISA 或 EISA 系统总线上，而直接连到高速局部总线上，并以 CPU 速度运行。这种特殊的总线插槽称为高速“局部”总线插槽。

在个人计算机系统中，局部总线原泛指微处理器及周围芯片连接的总线接口，此接口上所提供的资源是微处理器专属的，所以可称为微处理器局部总线。而这里所说的局部总线是一种类似 80386 与 80486 微处理器接口的总线，除了保持原有的向下（与微处理器局部总线）兼容性之外，还可与原有的系统总线结构并存而构成一种中介式总线结构——高速局部总线结构。

高速局部总线为 CPU 和高速外设提供了一条高速通道，不仅保证了 CPU 与高速外设之间的数据传输速率，而且只要增加少量成本，就能使系统的总体性能得到极大提高。对于其他慢速设备仍保持原来 ISA 或 EISA 总线标准。

目前，在微机系统中常用的高速局部总线是 PCI 总线。

2. PCI 总线的特点

1992 年以 Intel 为首的几家公司推出了 PCI（Peripheral Component Interconnect，外部设备互连）总线标准。PCI 总线功能强、规范完善，且独立于 CPU，可适用不同的平台，有很大的发展前途。PCI 是目前局部总线的最新技术，已广泛用于 Pentium 微机系统中。

PCI 是一个高性能的局部总线，目前有 4 个主要的标准规格，可分别支持 32 位和 64 位数据宽度，电源信号可分成 3.3V 和 5V 两种信号。表 10.4 给出的是 64 位、+3.3V 规格的 PCI

总线标准。运行在 33MHz 下的 PCI，其数据传输速率可达到 132MB/s，而 64 位的 PCI 最大数据传输速率可达到 264MB/s。

表 10.4　PCI 扩展总线引脚信号（64 位，+3.3V）

引 脚	信 号 名 称		引 脚	信 号 名 称		引 脚	信 号 名 称	
	B 面	A 面		B 面	A 面		B 面	A 面
1	−12V	TRST	33	C/BE$_2$	+3.3V	65	C/BE$_6$	C/BE$_5$
2	TCK	+12V	34	GND	FRAME	66	C/BE$_4$	+3.3V
3	GND	TMS	35	IRDY	GND	67	GND	PAR64
4	TDO	TDI	36	+3.3V	TRDY	68	AD$_{63}$	AD$_{62}$
5	+5V	+5V	37	DEVSEL	GND	69	AD$_{61}$	GND
6	+5V	INTA	38	GND	STOP	70	+3.3V	AD$_{60}$
7	INTB	INTC	39	LOCK	+3.3V	71	AD$_{59}$	AD$_{58}$
8	INTD	+5V	40	PERR	SDONE	72	AD$_{57}$	GND
9	PRSNT$_1$	NA	41	+3.3V	SBO	73	GND	AD$_{56}$
10	NA	+3.3V	42	SERR	GND	74	AD$_{55}$	AD$_{54}$
11	PRSNT$_2$	NA	43	+3.3V	PAR	75	AD$_{53}$	+3.3V
12	KEY	KEY	44	C/BE$_1$	AD$_{15}$	76	GND	AD$_{52}$
13	KEY	KEY	45	AD$_{14}$	+3.3V	77	AD$_{51}$	AD$_{50}$
14	NA	NA	46	GND	AD$_{13}$	78	AD$_{49}$	GND
15	GND	RST	47	AD$_{12}$	AD$_{11}$	79	+3.3V	AD$_{48}$
16	CLK	+3.3V	48	AD$_{10}$	GND	80	AD$_{47}$	AD$_{46}$
17	GND	GNT	49	GND	AD$_9$	81	AD$_{45}$	GND
18	REQ	GND	50	GND	GND	82	GND	AD$_{44}$
19	+3.3V	NA	51	GND	GND	83	AD$_{43}$	AD$_{42}$
20	AD$_{31}$	AD$_{30}$	52	AD$_8$	C/BE$_0$	84	AD$_{41}$	+3.3V
21	AD$_{29}$	+3.3V	53	AD$_7$	+3.3V	85	GND	AD$_{40}$
22	GND	AD$_{28}$	54	+3.3V	AD$_6$	86	AD$_{39}$	AD$_{38}$
23	AD$_{27}$	AD$_{26}$	55	AD$_5$	AD$_4$	87	AD$_{37}$	GND
24	AD$_{25}$	GND	56	AD$_3$	GND	88	+3.3V	AD$_{36}$
25	+3.3V	AD$_{24}$	57	GND	AD$_2$	89	AD$_{35}$	AD$_{34}$
26	C/BE$_3$	IDSEL	58	AD$_1$	AD$_0$	90	AD$_{33}$	GND
27	AD$_{23}$	+3.3V	59	+3.3V	+3.3V	91	GND	AD$_{32}$
28	GND	AD$_{22}$	60	ACK64	REQ64	92	NA	NA
29	AD$_{21}$	AD$_{20}$	61	+5V	+5V	93	NA	GND
30	AD$_{19}$	GND	62	+5V	+5V	94	GND	NA
31	+3.3V	AD$_{18}$	63	NA	GND			
32	AD$_{17}$	AD$_{16}$	64	GND	C/BE$_7$			

注：表中“NA”表示保留未用

PCI 支持无限读/写突发方式的 DMA 传输，确保总线不断满载数据，因此有效地利用了总线的最大传输速率。这特别适用于快速显示高分辨率、多色彩的图像，如高清晰度的电视信号的处理。

PCI 支持外围设备与 CPU 并发工作，当 CPU 访问 PCI 总线设备时，先快速地把数据写入 PCI 总线缓冲器（桥接器），然后在这些数据不断地由缓冲器写入 PCI 总线设备的过程中，

CPU 执行其他操作。这种并发工作提高了总线整体性能。

PCI 扩展总线具有自动配置功能，让任何插件卡插入系统就能工作，而不必设置开关或跳线——“即插即用”。这实际是将所有需要设置的工作，在系统初启时由 BIOS 处理了。

PCI 的扩充接口插槽采用 MCA 的设计方式。它不同于 VESA，不再保留原来的 ISA 插槽，因此接口卡更为短小。再者，PCI 的部分信号线采用分时复用技术，使得一条信号线具有多任务能力，节省了信号线数目。例如，PCI 总线的 AD_{31}～AD_0 就是分时复用的地址、数据信号线，C/BE_7～C/BE_0 是总线命令和字节有效分时复用信号线。

3. PCI 桥接器（控制器）

PCI 与 VL 总线机制不同的是在 PCI 与微处理器的局部总线之间插入了一个 PCI 桥接器（控制器），这是一个复杂的管理/协调电路。PCI 桥接器的功能是把 PCI 与微处理器的局部总线隔离，协调它们之间的数据传送，并提供一个公共的总线缓冲接口。这样就能允许 PCI 总线处理较多的外围设备，而不增加微处理器的负担。

运用桥接器隔离微处理器与 PCI，使得总线信号从局部总线中隔离出来，因此不会有类似 VL 造成微处理器过热的问题。此外，也消除了数据交换时可能发生的延迟问题。由于 PCI 桥接器提供了总线缓冲，扩大了局部总线负载的限制，使 PCI 可运行 10 种外设，并在高频率下保持这些设备的高性能。PCI 桥接器巧妙地使用读/写缓冲区。在数据交换时，微处理器可将数据交给 PCI 桥接器，由桥接器再将这些数据存入缓冲区，而微处理器不必等到整个数据传输操作完成就可去执行下一条指令。

图 10.4 是使用 PCI 总线的一个比较典型的系统框图。由图可见，PCI 桥接器在总线体系结构中有以下 4 个作用。

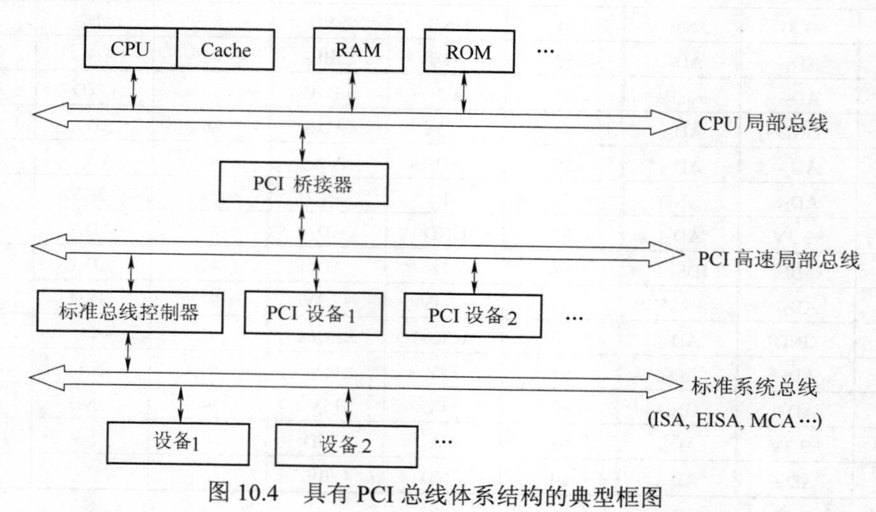

图 10.4　具有 PCI 总线体系结构的典型框图

① 连接处理器子系统（包括主处理器、高速缓存和存储器）和主 PCI 总线，使 PCI 独立于处理器。（从这一角度，PCI 就不能说是真正的局部总线。）

② 连接 PCI 和标准系统总线，如 ISA，EISA，MCA，在两种总线之间进行转换。

③ 将主 PCI 总线连至次级 PCI 总线，突破 PCI 总线的负载限制，实现总线扩展。

④ 在 PCI 和 I/O 协议间进行转换，如图形、SCSI、局域网和 Modem 的 I/O 控制器均属于这一类。

10.3 常用的串行总线

本节介绍微机系统应用于数据终端设备（DTE）与数据通信设备（DCE）之间最为广泛的、主流型的串行通信总线 EIA-RS-232 和使用最为方便的通用串行总线 USB。

10.3.1 EIA-RS-232 总线

RS-232 总线是由美国的电子工业协会（EIA，Electronic Industry Association）颁布的，对信号电平标准和控制信号定义两方面作了规定。

RS-232C 总线采用的电平信号（EIA 电平）与通常的 TTL 电平不兼容，采用的是负逻辑标准：–5V～–15V 规定为“1”，+5 V～+15 V 规定为 0。所以 TTL 信号和 RS-232C 信号之间要有相应的电平转换电路，例如：

MC1488 总线发送器可接收 TTL 电平信号，输出 EIA 电平信号；

MC1489 总线接收器可接收 EIA 电平信号，输出 TTL 电平信号。

RS-232C 使用 D 型 25 芯插头插座（DB-25）连接器。表 10.5 给出了 EIA-RS-232C 标准总线的引脚信号。在实际应用中，并不是每一个引脚信号都必须用到。所以，IBM 公司在开发自己的系统时，将其缩减为 D 型 9 芯连接器（DB-9）。DB-9 引脚 1～9 的信号依序为 DCD，RxD，TxD，DTR，GND，DSR，RTS，CTS，RI。

表 10.5　EIA-RS-232C 标准总线引脚信号

引 脚	信 号 定 义	引 脚	信 号 定 义
1	保护地 FG	14	（辅通道）发送数据 STxD
2	发送数据 TxD	15	发送时钟（DCE 为源）
3	接收数据 RxD	16	（辅通道）接收数据 SRxD
4	请求发送 RTS	17	接受时钟（DCE 为源）
5	允许/清除发送 CTS	18	（保留）
6	通信装置准备好 DSR	19	（辅通道）请求发送 SRTS
7	信号地 GND	20	数据终端准备好 DTR
8	载波信号检测 DCD	21	（保留）
9	（保留）	22	音响指示 RI
10	（保留）	23	数据速率选择 DSRS
11	（保留）	24	发送时钟（DTE 为源）
12	（辅通道）载波信号检测 SDCD	25	（保留）
13	（辅通道）允许/清除发送 SCTS		

RS-232C 的引脚信号按功能分成以下 4 组。

① 地线（2 根）：保护地一般接机壳，也可以不接；信号地 GND 是所有电平信号的参考点，必须连接。

② 数据线（2 根）：接收数据线 RxD 和发送数据线 TxD 分别是串行数据的输入/输出信号线。

③ 控制信号线（4 根）

请求发送 RTS 信号表示 DTE 要求发出数据。当 DTR 和 DSR 接通时，RTS 则应接通。

允许发送 CTS 信号表示 DCE 已准备好接收数据。若 DSR 断开状态（为负电压），则 CTS 也为断开。当 DSR 和 RTS 接通时，则 CTS 接通。

通信装置（DCE）准备好 DSR 信号表示 DCE 通信信道已连接。

数据终端（DTE）准备好 DTR 信号表示 DTE 准备发送数据。DTR 必须先接通，然后 DSR 才能变为接通状态。

④ 与 DCE 有关的信号线（2 根）

音响指示 RI 信号是 DCE 发给 DTE 的信号。RI 正电压，表示正在接收音响信号，为接通状态，而在两个音响之间，则为断开状态。

载波检测 DCD 信号当收到满足要求的载波信号时为正电压。这个信号可用来驱动载波检测发光二极管发光。

在上述信号中 TxD，RxD，GND 三线是最基本的。串行通信最简单的三线连接就是指这三线。DSR，DTR，DCD，RI 是针对电话网络设计的。

在本地互联的微机系统中，最常用到的联络信号是 DSR，DTR，RTS，CTS。对于 DTE 来说，若要使 TxD 发送数据的必要条件是 DTR，DSR，RTS，CTS 应接通（为正电压）。DSR，CTS 两条输入线的接通可以来自互连设备，也可以通过软件设置或直接接到正电压上。

RS-232C 允许最大通信距离为 15 m，最高传输速率为 20 kb/s。因此，RS-232C 是一种较慢速的，传输距离不长的总线。为了弥补 RS-232C 的不足，出现了 RS-422 和 RS-423 标准。RS-423 的传输速率达到 100 kb/s，而 RS-422 的传输速率超过 1Mb/s，它们的传输距离均可达到 1 600m。尽管 RS-422 和 RS-423 的性能较为优越，但远没有 RS-232C 应用的广泛，这是因为很少场合需要用到那么高的数据传输速率和那样长的线。

此外，20/60 mA 电流环接口也是一个广泛使用的串行总线标准，常用于 CRT 终端设备和某些有特殊接口的打印机。20/60 mA 电流环接口是以电流（20 mA 或 60 mA）的流通与不流通两个状态表示逻辑上的“1”和“0”。它主要的优点是抗共模干扰和易于实现接收端与发送端之间的隔离，其传输距离可长达几千米。

10.3.2 USB 总线

通用串行总线（USB，Universal Serial Bus）接口是由 Intel，Microsoft，Compaq，NEC，IBM 等公司开发的一种简单的、新型的总线标准。由于 USB 总线可方便地适用很多微机设备，是目前最流行的微机外设总线接口。

USB 总线接口的插座为 4 芯：2 根是电源线，提供 5V 电压和地；2 根是输入/输出数据信号线。USB 插座呈长方形，体积很小。

1. USB 总线的特点

USB 设备可以在不关机的情况下，直接插入计算机的 USB 总线接口，所以 USB 设备可以“热”插/拔（Hot Plug In），真正支持即插即用（Plug & Play）。

USB 接口需要 Windows 操作系统支持，有 1.5 Mb/s 低速和 12 Mb/s 全速两种传输方式，新的 USB 2.0 标准，最高数据传输速率可达到 480 Mb/s。USB 接口适合中、低带宽的数据传输需要，传输速度与当前标准串行接口相比，将近快 100 倍，与当前标准并行接口相比，将近快 10 倍。

USB 总线接口还可以利用集线器（Hub），简单而方便地进行扩展应用，最多可同时支持 127 个 USB 设备，两个 USB 设备之间的最长通信距离为 5m。

2. USB 总线的应用结构

USB 设备的物理连接形式是一个有层次（最多 5 层）的“树”形结构，如图 10.5 所示。

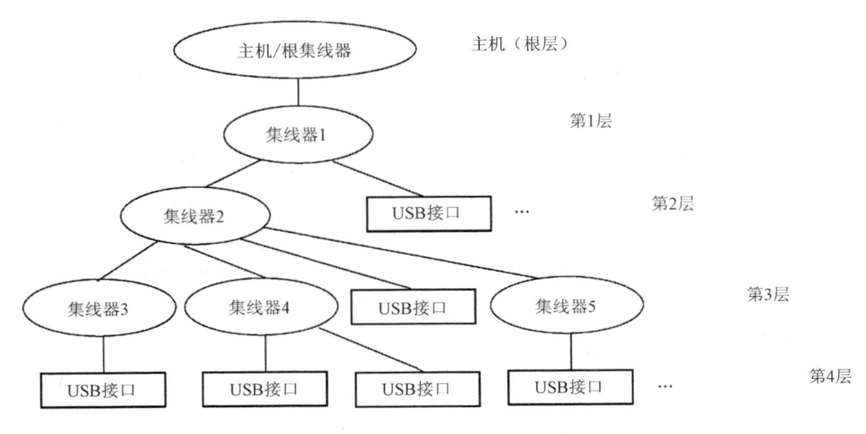

图 10.5　USB 总线结构例图

USB 结构中的核心部件是集线器。集线器提供 2/4/7 个 USB 接入端点，并检测它们的连接和断开状态。

“根”层是 USB 主机（HOST）。USB 主机包括 USB 主控制器和根集线器，负责 USB 总线上的数据传输，管理主机和 USB 设备之间的控制流，检测 USB 设备的活动属性。

其他 4 层可以是 USB 接口，或者是扩展 USB 接口的集线器。USB 总线结构中的每一个 USB 设备，由于集线器的作用，从逻辑上讲，都好像直接挂在主机/根集线器上。

举一个 USB 设备的扩展连接例子。如果 PC 有 2 个 USB 端口，有 5 个 USB 设备，那么可以用一个端口接一个 USB 设备，而用另一个端口接一个集线器，用该集线器扩展接下一层的 4 个 USB 设备。

习　题　10

10.1　什么是总线？总线分成哪几类？通常讲的计算机总线是指哪一类总线？

10.2　微型计算机系统采用总线结构有什么优点？

10.3　局部总线和系统总线有什么差别？局部总线在多处理器微机系统中为什么显得特别重要？

10.4　当系统中多个主模块同时请求总线时，总线裁决/仲裁是采用什么方式解决这个问题的？

10.5　试比较微机 PC 系列的 PC/XT，ISA，EISA 总线的特点。

10.6　高速局部总线和传统的系统总线相比，有哪些技术优势？

10.7　PCI 总线桥接器的功能是什么？适用在哪些应用场合？

10.8　什么是“即插即用”技术？

10.9　USB 总线有什么特点？如何做扩展 USB 设备的连接？

第11章　人-机交互接口

微机的输入/输出设备是以人的感觉器官易于接受和识别的文字、图像、语音等形式，在人与计算机之间建立联系，交流信息的重要组成部件。它不仅直接影响计算机整体性能，还关系到计算机使用的方便性、舒适性，影响普及与应用。所以，输入/输出设备也称为人-机交互设备。常用的人-机交互设备有键盘、鼠标、LED 数码管、显示器、打印机、软/硬磁盘等。人-机交互设备一般采用专用接口板/卡（常称为适配器）与微机系统总线相连。

本章介绍常用人-机交互设备的基本原理，相应接口的软、硬界面及应用技术。

11.1　输入设备接口

11.1.1　非编码键盘接口

键盘是微机系统中最基本的输入设备，由排列成矩阵形式的若干个按键开关组成。键盘的接口具有 4 个基本功能：去抖动、防止串键、识别按键或释放按键，以及产生与按键对应的键码。至于键码产生后实现按键的特定功能，由操作系统软件完成，而不是键盘接口的功能。微机键盘有编码键盘和非编码键盘两种类型。

编码键盘用硬件检测按键，并提供与按键对应的键码，以并行或串行方式送给 CPU。编码键盘接口简单，使用方便，通用微机系统一般都使用它。

非编码键盘只提供键盘行、列的位置值，靠软件完成按键识别和键值的确定。非编码键盘是最便宜的微机输入设备。单片机、工业控制计算机一般都使用它。

非编码键盘的键盘通常以 $i \times j$ 的矩阵形式排列按键。矩阵键盘与计算机的连接线仅为 $i+j$ 条。图 11.1 为一个 4×4 的 16 个按键的非编码键盘接口例子。矩阵键盘的行、列线分别连接到 8255A 的 PC_4～PC_7 和 PC_0～PC_3。

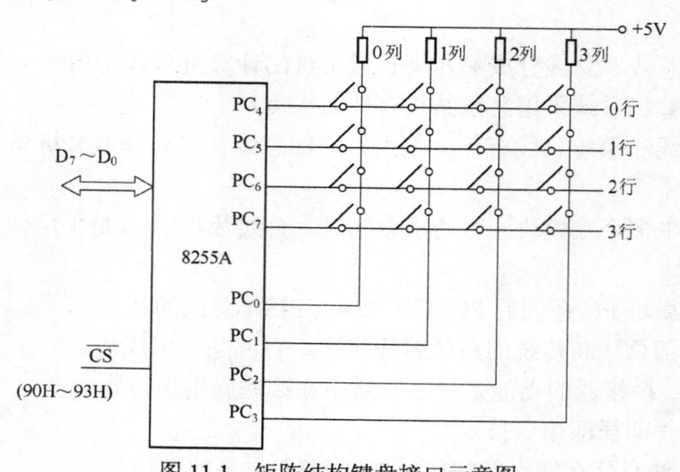

图 11.1　矩阵结构键盘接口示意图

非编码键盘接口对按键的识别和键码的产生，一般通过软、硬件结合来完成。有行扫描法和线反转法两种方法。

（1）行扫描法

行扫描法首先通过程序向键盘的所有行逐行输出低电平（逐行扫描），若无按键闭合，则所有列的输出均为高电平；若有一个按键闭合，就会将所在的列钳位在低电平，再通过程序读入列的状态，判断是哪一个按键闭合了。然后根据按键所在的行、列位置找到该键的编码。行扫描法的行线为输出端口、列线为输入端口。

（2）线反转法

线反转法的第一步，通过程序先向所有的行输出低电平，然后读入所有列的状态，若读入的列状态全部为高电平，说明没有键按下；若读入的列中有一个为低电平，其余为高电平，说明为低电平的那一列有按键按下。第二步，行、列颠倒，即先向所有的列输出低电平，然后读入所有行的状态。同理，可以判断出是哪一行有按键按下。通过两次扫描就可以知道是哪行、哪列的按键闭合了，由此可以得到该键的编码。线反转法的行线、列线均为双向端口。

微机系统以行扫描法的应用最广。这里以图 11.1 所示的 4×4 键盘接口为例，给出行扫描法对按键的扫描程序 KEY。设定数据区 Keytbl 中存放的是所有按键的编码表，通过查找键编码表得到键定义。

```
Keytbl  DB   …                      ；16 个按键的编码表
             ⋮
KEY:    MOV   AL，81H
        OUT   93 H，AL              ；设置 8255A 方式 0，PC4～PC7 输出，PC0～PC3 输入
        MOV   AL，00H
        OUT   92H，AL               ；使所有行线为低
        IN    AL，92H               ；读列值
        AND   AL，0FH
        CMP   AL，0FH               ；判是否有按键
        JZ    DISUP                 ；无按键，转 DISUP（显示）程序
        CALL  C20MS                 ；有按键，调延时 C20MS 程序消除抖动
        MOV   BX，0404H             ；行数 4 送 BL，列数 4 送 BH
        MOV   CL，0FFH              ；起始键号（CL）置为-1
        MOV   AL，11101111B         ；指向起始扫描行——0 行
DN1:    OUT   92H，AL               ；扫描一行
        ROL   AL，1                 ；指向下一扫描行
        MOV   AH，AL                ；扫描行位置保存
        IN    AL，92H               ；读列值
        AND   AL，0FH
        CMP   AL，0FH               ；判本行是否有按键
        JNZ   DN2                   ；有按键，转查找本行键号
        ADD   CL，4                 ；键号+4（每行 4 个键）
        MOV   AL，AH                ；扫描行位置恢复
        DEC   BL                    ；行数-1
```

```
        JNZ     DN1              ；没有扫描完，转下一行扫描
        JMP     DISUP            ；扫描完，转 DISUP（显示）程序
DN2:    INC     CL               ；键号+1
        ROR     AL，1            ；循环右移一位
        JC      DN2              ；最低位为 1，本列无按键，返回查找
DN3:    IN      AL，92H          ；读列值
        AND     AL，0FH
        CMP     AL，0FH          ；判是否有键释放
        JNZ     DN3              ；键未释放，转等待释放
        CALL    D20MS            ；调延时程序消除抖动
        MOV     AL，CL           ；键号送 AL
        MOV     BX，OFFSET Keytbl
DN4:    XLAT                     ；根据键号查 Keytbl 表，AL 换码得到按键编码
        ⋮                        ；转按键处理
```

11.1.2 PC 键盘接口

IBM PC 系列微机的键盘内使用了一片 Intel 8048（或 8049）单片机，能自动识别按键的闭合与释放，生成相应的扫描码（行、列位置码），并以串行方式传送给主机。此外，它还具有 20 个键扫描码的缓冲和出错的自动重发能力。从这个角度看，它具有编码键盘的绝大部分特征。但是，不管 PC 键盘的功能有多强，它向主机提供的毕竟只是按键的行、列位置码，而反映键定义的键码是由 8088 CPU 用软件完成的。从这个角度看，它又具备非编码键盘的特征。所以，PC 的键盘严格地说是介于编码键盘和非编码键盘两者之间。

1. PC 键盘工作原理

当在键盘上按下一个键时，键盘向键盘接口电路发串行扫描码；键盘接口把来自键盘的串行扫描码转换成并行的系统扫描码，存入接口的输出缓冲器；然后通过 8259 的 IR_1，向主机发中断请求；主机在 IR_1 中断的作用下，调用 INT 09H 中断处理程序，读取键盘接口传送来的系统扫描码，并把扫描码转换成字符的 ASCII 码，或者是命令键、组合功能键的扩展码，存入 BIOS 的键盘缓冲区。

INT 09H 中断处理程序的流程如下：

① 从键盘接口输出缓冲器（端口地址 60H）读取系统扫描码。

② 将系统扫描码转换成 ASCI I 码或扩展码，存入键盘缓冲区。

③ 如果是换挡键（如 Caps Lock, Insert 等），将其状态存入 BIOS 数据区键盘标志单元。

④ 如果是组合键（如 Ctrl+Alt+Del），则直接执行，完成其对应的功能。

⑤ 对于中止组合键（如 Ctrl+C 或 Ctrl+Break），强行中止应用程序的执行，返回 DOS。

PC 的键盘操作处理除了 INT 09H 之外，还可以通过 INT 16H 和 INT 21H 的一些键盘功能调用，参见附录 C 和附录 D。

2. 键盘接口电路

PC 扩展键盘的接口电路，用一个 5 芯插座与键盘相连，如图 11.2 所示，其中键盘控制

器（8042 单片机）是 PC 键盘接口电路的主体。

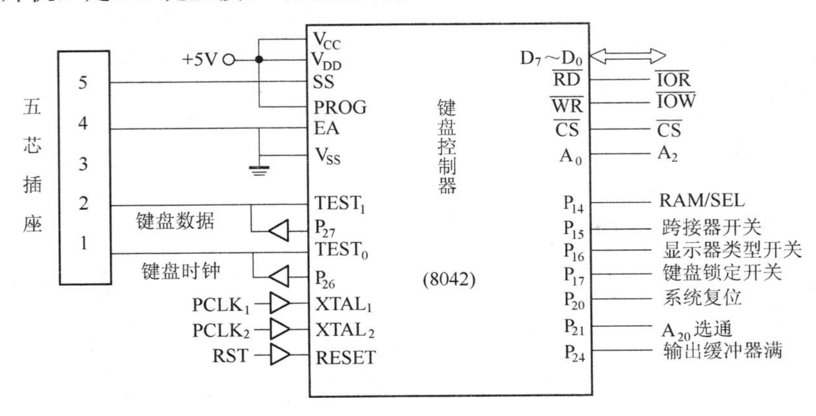

图 11.2　PC 扩展键盘的接口电路

键盘控制器有 8 位的 CPU，2KB 的 ROM，128B 的 RAM，两个 8 位的 I/O 端口，一个 8 位的定时/计数器，以及时钟发生器。P_{26}，$TEST_0$ 引脚和 P_{27}，$TEST_1$ 引脚分别与五芯插座 1，2 脚相连，作为与键盘双向传输的时钟信号和串行数据通信端。电源和地分别与五芯插座的 5，4 脚相连，为键盘提供电源（键盘本身为无源设备）。P_{24}“输出缓冲器满”引脚作为硬件中断请求信号输出端，接至主机 8259A 的 IR_1。

11.1.3　鼠标接口

鼠标器（MOUSE）是以屏幕信息作为对象，做选取操作和执行命令的一种输入部件。

鼠标器从工作原理上分，有机械式、光电式两种。机械式鼠标基座安装有一个圆球，当鼠标器在平面移动时，圆球在转动过程中带动 X，Y 方向的计数盘转动，从而向计算机发出 X，Y 方向的位移坐标：光电式鼠标基座安装有两对发光和光电接收晶体管，鼠标必须在一个特殊的网格垫上移动，光电接收管计数鼠标移动的网格数，从而获得 X，Y 方向的位移信息，送给计算机。

鼠标器还可以从接口上分，有 MS 串行鼠标器、PS/2 鼠标器、总线式鼠标器。尽管各种接口的鼠标器有一定的差异，但基本工作原理相同。这里给出最常用的 MS 串行鼠标器的工作原理和软件编程。

MS 鼠标器没有专门的电源，直接使用 RS-232C 信号线提供的电源；通信使用 TxD，RxD，RTS，DTR 等信号线。对于 MS 鼠标器的异步串行通信参数为：1 200 波特率、7 位数据位、无奇偶校验位、1 位停止位。MS 鼠标器用 3 个字节描述 X，Y 的位移等信息，其数据格式如表 11.1 所示，其中，3 个字节的 D_7 位任意，D_6 位为标志位，LB 为 1 表示鼠标左键按下，RB 为 0 表示鼠标右键按下。

表 11.1　MS 鼠标器的数据格式

	D_7	D_6	D_5	D_4	D_3	D_2	D_1	D_0
第 1 字节	×	1	LB	RB	Y_7	Y_6	X_7	X_6
第 2 字节	×	0	X_5	X_4	X_3	X_2	X_1	X_0
第 3 字节	×	0	Y_5	Y_4	Y_3	Y_2	Y_1	Y_0

下面给出中断方式的鼠标接收程序 RECEIVE（未对接收数据处理）。可以从中了解串行通信中断方式的编程，以及如何直接对串行接口 8250/8251 进行控制。

```
; MOUSE   RECEIVE   PROGRAM
.286
CODE      SEGMANT
          ORG      100H
          ASSUME   CS: CODE
START:    JMP      INIT
INT0B     DD       ?
RECEIVE   PROC     FAR
          STI
          PUSHA                      ; 保护现场
NO_OK:    MOV      DX, 2FDH          ; COM2 状态端口为 2FDH
          IN       AL, DX
          TEST     AL, 1EH           ; 测数据是否有效
          JNZ      NO_OK             ; 无效等待
          MOV      DX, 2F8H          ; COM2 数据端口为 2F8H
          IN       AL, DX
          AND      AL, 7FH           ; 屏蔽 D7 位
          TEST     AL, 40H           ; 测是否按了左键
          JZ       A0                ; 没按，是第 2 或第 3 字节数据
          MOV      AL, 'L'           ; 按了，送左键标志
          SUB      AL, 30H
A0:       ADD      AL, 30H           ; 接收的数据或‘L’转换成 ASCII 字符
          MOV      AH, 0EH
          INT      10H               ; 显示
          MOV      AL, 20H
          OUT      20H, AL           ; 清除中断
          POPA                       ; 恢复现场
          JMP      CS: INT0B         ; 转原 INT 0BH 中断（IRQ3）
RECIVE    ENDP
INIT:     PUSH     CS                ; 中断加载程序
          POP      DS
          MOV      DX, 2FBH
          MOV      AL, 80H           ; 设置波特率除数
          OUT      DX, AL
          MOV      DX, 2F9H
          MOV      AL, 00H           ; 设置波特率因子
          OUT      DX, AL
          MOV      DX, 2F8H
```

```
        MOV     AL，60H             ；设置波特率 1 200b/s
        OUT     DX，AL
        MOV     DX，2FBH
        MOV     AL，02H             ；设置数据格式
        OUT     DX，AL
        MOV     DX，2FCH
        MOV     AL，08H             ；设置 Modem 控制
        OUT     DX，AL
        MOV     DX，2F9H
        MOV     AL，01H             ；开放 8250/8251 中断
        OUT     DX，AL
        MOV     DX，2F8H
        IN      AL，DX
        MOV     AX，350BH           ；取原 0BH 中断向量
        INT     21H
        MOV     DI，OFFSET CS：INIT0B
        MOV     [DI]，BX            ；保存原 0BH 中断向量到 INIT0B
        MOV     [DI+2]，ES
        MOV     AX，250BH           ；设置新 0BH 中断向量
        MOV     DX，OFFSET CS：RECEIVE
        INT     21H
        STI
        MOV     AL，00H
        OUT     21H，AL             ；允许 8259 所有硬件中断
        MOV     DX，OFFSET CS：INIT
        INT     27H                 ；驻留退出
CODE    ENDS
        END     START
```

11.2 输出设备接口

11.2.1 LED 数字显示器接口

通用微机系统最主要的显示设备是 CRT 显示器，用来显示字符和图形等。但是在专用微机系统，特别是在微机控制/测量系统中，往往只需要有数字显示功能，在这种情况下，使用数码管组成的 LED 数字显示器是非常合适的。

七段发光二极管组成的 LED（Light Emitting Diode），是一种广泛应用于单板机、计算器、数字化仪器仪表中的显示器件。LED 通过 7 个发光二极管（分别称为 a，b，c，d，e，f，g 段，有的还附带有一个表示小数点的 dp 段）亮、灭的不同组合，显示 0～9 和 A～F 共 16 个字母数字的字形，实现十六进制数的显示，所以 LED 也称为数码管。

LED 显示不同字形需点亮不同组合的显示段，7 个显示段亮、灭不同组合的编码称为对应字形的显示段码。LED 的显示段码格式为

D_7	D_6	D_5	D_4	D_3	D_2	D_1	D_0
dp	g	f	e	d	c	b	a

1. LED 工作原理

LED 可分为共阴极和共阳极两种结构形式，如图 11.3 所示。共阳极的 LED，数码显示段输入低电平有效，即发光。例如，当 a，b，g，e，d 为低电平，c，f 为高电平时，显示数字"2"。共阴极的 LED，则相反，数码显示段输入高电平有效，即发光。LED 的数码显示段正向导通发光，发光时通过的平均电流为（10～20）mA，所以，使用时必须在正向串入一个限流电阻。采用共阴极 LED 时，除了阴极接地外，阳极要增加驱动电路。

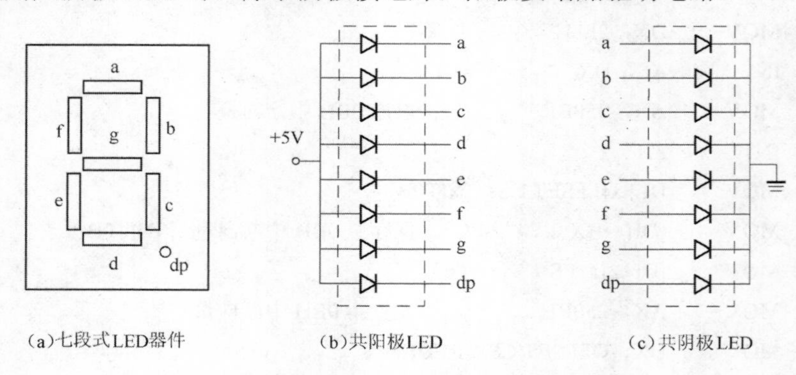

图 11.3 LED 显示器及其结构形式

LED 对应于共阴极和共阳极两种不同的接法，同一个字形，所对应的显示段码是不同的，它们互为反码。例如，"2"的显示段码，共阳极为 10100100，共阴极为 01011011。

LED 一般采用软件查表法实现显示数字与显示码之间的"译码"。首先在 ROM 存储区设置好共阴极接法或共阳极接法的 0～F 数字对应的显示段码表。要显示某个数字时，通过查表将该数字转换成对应的显示段码，从 LED 显示接口输出。

2. 多位 LED 显示器接口

LED 显示器的应用，多数是用多个 LED 实现多位显示。如果一个 LED 占用一个输出通道，这太浪费硬件资源了。所以，多位 LED 显示器采用动态扫描，分时循环显示的方法。

动态扫描多位 LED 显示器的驱动软件，除了要提供一个可供查询的显示字符段表（一般装在 ROM 区），还要建立一个显示数据缓冲区（在 RAM 区）。显示控制程序从显示缓冲区中取出显示数据，在显示字符段表中找到对应的段码，送到段码锁存器，接着根据位码选通对应显示器显示，延时一段时间，再循环下一位显示。

一个动态扫描 8 位 LED 显示器的接口，如图 11.4 所示。此例采用共阴极 LED 显示器组成 8 位数码显示器（B_7，B_6，…，B_0）。各位显示器的 8 个段分别并接，公用一套段码锁存器和驱动器。各位显示器的位置用 3 位位码表示，位码经锁存器和 3-8 译码器，做各位显示器共阴极的控制。当某一位的阴极为"0"（表示该位选通）时，显示此时加到该位阳极上的段码提供的字形。尽管其他位阳极上也是这个段码，但由于译码器的输出是唯一有效的，其他

位阴极没有选通，则不显示。如果这样循环地选通各位，分时显示，利用人眼视觉的滞留效应，看上去是各位“同时”显示各自的数字。

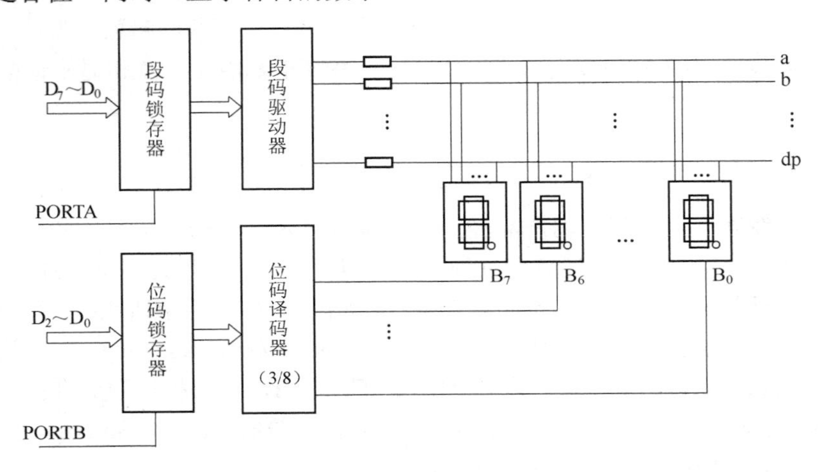

图 11.4　8 位动态 LED 显示器接口电路

下面给出 8 位 LED 显示器驱动程序 DISUP，显示“1998.7.1”字符。

```
DISMEM  DB      1，9，9，8，16，7，16，1          ；“1998.7.1”8 个显示数据
TABLE   DB      3FH，06H，5BH，4FH，66H，6DH，7DH，07H
        DB      7FH，6FH，77H，7CH，39H，5EH，79H，71H，80H    ；共阴极段码表
        ⋮
DISUP:  MOV     ES，SEG  DISMEM        ；取显示数据缓冲区 DISMEM 段地址
        MOV     SI，OFFSET  DISMEM     ；取显示数据缓冲区 DISMEM 偏移地址指针
        MOV     DS，SEG  TABLE         ；取段码表 TABLE 段地址
        MOV     CL，07H                ；设置位码初值(7)，选择最左边的 LED
DIS1:   MOV     AL，ES：[SI]           ；取显示数据
        MOV     BX，OFFSET  TABLE      ；取段码表 TABLE 偏移地址指针
        XLAT                           ；AL 换码得到段码
        OUT     PORTA，AL              ；将段码输出，PORTA 为段码通道地址
        MOV     AL，CL                 ；取位码值
        OUT     PORTB，AL              ；将位码输出，PORTB 为位码通道地址
        PUSH    CX                     ；保存位码值
        MOV     CX，30H
DELAY:  LOOP    DELAY                  ；延时
        POP     CX                     ；恢复位码值
        CMP     CL，00H                ；判是否显示到最右边的 LED
        JZ      QUITDIS                ；一次循环显示结束，转退出处理
        INC     SI
        DEC     CL                     ；指向下一显示位
        JMP     DIS1                   ；转显示下一位 LED
QUIDIS:  ⋮                             ；一次循环显示结束后的处理
```

11.2.2 CRT 显示器和显示适配器

阴极射线管（CRT，Cathode Ray Tube）显示器，通常和键盘一起总称为计算机终端，是微机系统最基本最通用的人-机交互设备。CRT 显示系统主要由显示器和显示适配器（显示卡）两部分组成。

1. CRT 视频显示标准

随着微机的发展，CRT 显示器产品经历了从字符显示到图形显示，从低分辨率到高分辨率，从单色（黑白）到彩色的发展演变过程。随之相对应，出现了许多不同的视频显示标准，有单色显示适配器（MDA，Monochrome Display Adapter）、彩色图形适配器（CGA，Color Graphics Adapter）、增强型图形适配器（EGA，Enhanced Graphics Adapter）、视频图形阵列（VGA，Video Graphics Array）等。现在 MDA，CGA，EGA 三种视频标准已基本不用，而 VGA 视频标准呈系列化发展，VGA 系列更高档的有 SVGA，XGA，SXGA，UXGA 等。每一种视频标准都有对应的显示适配器和软件。

人们一般按照显示分辨率的高低来划分 CRT 显示器的档次。分辨率仅能代表视觉的清晰度，除此之外还有许多重要指标。显示器和视频标准涉及以下这些概念。

① 像素：像素是屏幕显示（按像素点扫描）的最小单位。像素点的排列组成了字符和图像。

② 分辨率：分辨率是屏幕每行每列的像素点数，用水平点数×垂直点数表示。例如，VGA，SVGA，XGA，SXGA，UXGA 的分辨率分别是 640×480，800×600，1 024×768，1 280×1 024，1 600×1 200。

③ 点距（栅距）：点距是指荫罩型显示器屏幕上点的距离，栅距是指光栅型显示器屏幕上光栅的距离。点距（栅距）越小越清晰，其数值取决于所采用的显像管。点距范围一般是（0.39～0.22）mm。

④ 点时钟：点时钟决定光点出现的速率，也是显像管所能承受的电子束最大开关速度。例如，XGA 的点时钟为 60MHz。

⑤ 水平扫描频率：水平扫描频率是指一秒钟扫描的行数，也称为行频，用点时钟（频率）除以水平分辨率（即水平点数）来表示。例如，XGA 的行频为 411.4kHz。

⑥ 垂直扫描频率：垂直扫描频率是指一秒钟刷新屏幕的次数，也称为刷新频率，或帧频，或场频，用水平扫描频率除以垂直分辨率（即垂直点数）来表示。刷新频率越高图像越稳定。例如，XGA 的刷新频率为 70Hz。

⑦ 色彩数：色彩数是指每个像素点可具有的色彩数目，也称为色分辨率。色彩数有 16 色、256 色、64K 色、增强色（16 位）和真彩色（32 位）等。经过数字化处理像素点的颜色用 bit 数表示，例如，16 色的 bit 数为 4 位，256 色的 bit 数为 8 位，增强色的 bit 数为 16 位，真彩色的 bit 数为 32 位。

2. CRT 显示器结构

CRT 显示器主要由阴极射线管、视频放大电路、同步扫描组成。以 VGA 显示器为例，其结构如图 11.5 所示。

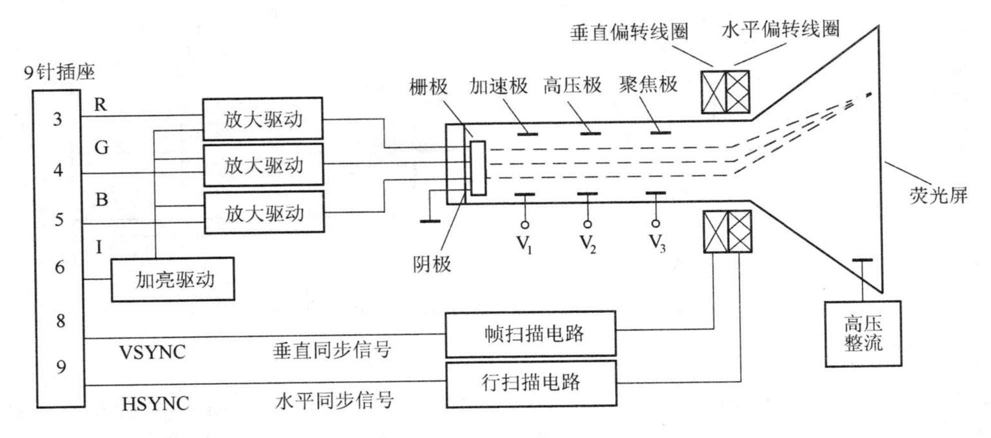

图 11.5 VGA 显示器结构示意图

视频放大电路接收显示卡接口电路送来的显示信号。单色 CRT 显示器接收的是彼此分离的图像信号（水平同步信号、垂直同步信号、亮度信号）。彩色 CRT 显示器一般接收合成的视频信号。VGA 显示器接收 R，G，B 三基色和 I 加亮参数，经放大驱动后送到阴极射线管。

阴极射线管由阴极、栅极、加速极、高压极、聚焦极以及荧光屏组成。阴极用来发射电子，所以称为电子枪。当阴极射线管的灯丝加热时，由视频放大电路送来的三基色信号驱动阴极，使之发射三色电子流，向荧光屏冲射。三色电子流经加速、聚焦，并在水平和垂直偏转电路控制下，聚集成很窄的电子束撞击荧光屏表面的磷光物，使对应的位置出现光点。

为了在整个屏幕上显示字符/图像，CRT 显示器采用光栅扫描方式，即利用高速电子束，从左到右、自上而下不断扫描整个荧光屏。屏幕每一帧的扫描过程分水平（从左到右）扫描和垂直（自上而下）扫描两部分，每部分扫描又有正程和逆程（回扫）之分。正程扫描显示，逆程扫描消隐。根据人的视觉滞留特性，帧扫描频率必须至少为 50Hz，才能避免扫描闪烁的感觉。

光栅扫描有隔行扫描和逐行扫描之分。逐行扫描方式的显示效果好，因此被普遍使用。

3. CRT 显示器适配器（显示卡）

目前，PC 的 CRT 显示器一般采用 9 芯，或 15 芯 D 型插座与 CRT 显示器接口，即显示适配器（显示卡，）连接，CRT 显示卡通过串行或并行通信接口与主机连接。所以，显示卡是主机与显示器之间的专用接口电路，其功能是接收来自主机的显示数据/图形，将其转变为视频信号送到 CRT 显示器显示。

显示卡早期直接做在主板上，如今大多为一块独立的模板插在主机箱标准插槽中。显示卡插件板按视频接口标准分类，可分为 ISA，VESA，PCI 和 AGP 等总线形式。

显示卡是以 CRT 控制器专用接口芯片为核心，辅以其他器件组成的 CRT 显示器接口电路。以 VGA 显示卡为例，图 11.6 给出了 VGA 显示卡的结构，以及它与主机和 CRT 显示器的连接。

（1）图形控制器

图形控制器接收主机送来的显示数据，并且可对数据进行与、或、异或、循环移位等逻辑运算，然后写入显示缓冲区。

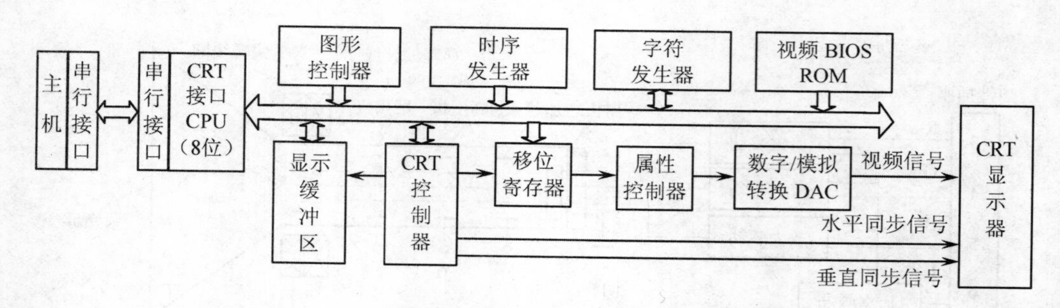

图 11.6 VGA 显示卡结构及与主机和显示器的连接

（2）显示缓冲区

显示缓冲区为动态 RAM 存储器，容量为（256～512）KB。存放显示字符的 ASCII 码和属性代码，或者是字符点阵码、显示图形的位码等。显示缓冲区的组织结构方式是影响显示模式的重要因素。

显示卡为显示缓冲区安排了两套地址。一套地址是与显示卡上其他存储器统一编址的，是存放显示卡接口 CPU 通过串行或并行通信端口从主机接收的显示信息的写地址；另一套地址是扫描荧光屏所安排要读出的显示信息地址，这套地址与荧光屏上的位置一一对应，是由一个扫描地址发生器（循环加 1 计数器）提供的读地址。这两套地址使用在不同场合，通过一个多路转换器进行地址切换。

（3）字符发生器

从广义上讲，字符发生器就是一个将 ASCII 符转换成 ASCII 点阵码的码制转换电路，即译码电路。字符 ROM 是字符发生器的核心部件，它存储了全部字符（128 个或 64 个）的 5×7 点阵码。要显示一个 ASCII 字符，则顺序多次访问字符发生器，逐次读取该字符对应每条水平扫描线上的点阵码，然后将并行的点阵码送到移位寄存器。

（4）移位寄存器

移位寄存器把并行字符点阵码，或者直接从显示缓冲区来的图形位码（这些都称为像素值）转变成串行信号，送入属性控制器。由于在显示过程中光栅扫描是逐行自左向右进行的，用来控制光点颜色和亮度的视频信号，必定是与之对应的串行脉冲信号串。因此，并行显示代码必须利用移位寄存器，以点时钟信号的控制频率串行移位输出，成为串行的“光点”脉冲信号串，这个过程称为“打点”。

（5）属性控制器

属性控制器包含有颜色对照表 ROM 和属性译码器，将一个个像素值转换成颜色值。颜色值为 8 位（或 4 位、16 位、32 位）bit 数，2^8=256 种颜色。

（6）数字/模拟信号转换（DAC）

DAC 内部结构类似于调色板，有 256 个 18 位寄存器，每个寄存器的 18 位分成 3 个 6 位，分别对应 R，G，B 三基色成分，可由编程设置。可见，VGA 有 256 种颜色，而颜色选择范围为 2^{18}=256K。DAC 将选出的颜色值转换成模拟的视频信号，输出给 CRT 显示器。

（7）CRT 控制器（CRTC）

CRTC 是可编程的专用接口芯片，是显示卡的核心部件。CRTC 一方面产生水平和垂直同步信号送 CRT 显示器，使 CRT 上的电子束不断地从上到下、从左到右进行扫描，产生光栅。另一方面又根据电子束在屏幕上的行列位置，自动计算并生成显示缓冲区的相应地址，不断地控制取出显示缓冲区中的像素值，转换成对应的视频信号，送到 CRT 的阴极去发射电子束，在屏幕上显示出稳定的字符或图像。

（8）时序发生器

时序发生器产生 CRTC 控制器和动态存储器所需的定时和计数等时序信号。主要有点时钟、字符时钟、扫描线时钟、扫描行时钟、帧时钟等。

（9）视频 BIOS

视频 BIOS 是一个只读存储器，除了有固化的视频控制程序外，还固化有不同字符集的字符点阵，在文本显示模式下，充当字符发生器的角色。

对于标准显示卡来说，BIOS 中的视频中断服务程序实现的显示控制功能非常强，可以对显示卡工作方式进行控制，也可以在显示器上写单个字符，或在显示器上写一个像素点，等等。视频中断服务程序通过 INT 10H 软件中断指令进行调用。一般 VGA 视频 BIOS ROM 的地址范围是 C0000H～CFFFFH。

4. 图形加速显示卡

随着各种图形/图像应用的日益流行，显示速度，特别是逼真的 3D 显示要求越来越高。如果还是让 CPU 处理图形数据，然后再传送给显示器显示，CPU 将不堪重负，而且根本达不到所需要的显示刷新速度。

IBM 公司在研制 VGA 之前曾推出一种 PGA 显卡。PGA 的最大特点是在显示卡上有专用的图形显示处理芯片，能协助 CPU 处理图形输出，这种显卡称为图形加速卡。最初，图形加速卡只专用于图形处理，必须与 VGA 显卡配合才可使用。后来，图形加速卡不仅集成了显卡的所有功能，还具有各种动态视频的功能，成为目前显卡的主要产品。

图形加速卡实际上是一个用于图像处理和显示的微机系统，其基本结构，初一看似乎与 VGA 结构差不多，实际上有许多重大改变。

① 最重要的是把图形控制器换成了图形加速芯片。前者只能根据 CPU 指令执行一些简单控制任务，而后者不仅有控制作用，还能加工处理显示内存中要显示的图像，分担 CPU 的图形处理工作，具有智能性。

② 图形加速卡是采用新型视频接口标准——AGP 的板卡总线方式。AGP 总线是 PCI 总线的扩充，总线宽度为 32 位或 64 位，最大为 128 位，超过了 PC 系统总线。时钟频率为 66 MHz 或 133MHz，最大数据传输率达到 264MB/s～1 056MB/s，比 PCI 总线快 8 倍。这些新设计使得各部件之间的数据吞吐量大大增加，比传统的显示速度提高了 4 倍以上。

③ 图形加速卡有专门的视频加速电路，可以提高动态影像的解压缩速率。

④ 图形加速卡的 DAC 有高速转换加速器，使模拟信号输出速率增加。

11.2.3 针式打印机接口

打印机是微机系统最常用的硬拷贝输出设备，利用它可以输出文字、字符和图形。各式各样的打印机很多。按打印原理分，有针式打印机、喷墨打印机、激光打印机等。还有其他一些分法，例如，有宽行打印机、窄行打印机和微型打印机，有单向打印机和双向打印机，有单色打印机和彩色打印机等。目前，应用最多的是针式打印机（简称针打）和激光打印机（简称激打）。

1. 针式打印机结构

针式打印机是靠垂直排列的钢针在电磁铁驱动下撞击色带，把油墨打印到纸上形成色点的一种击打式打印机。针式打印机是以行列点阵的形式来打印字符或图形的，所以也称为点阵式打印机。针式打印机因具有打印速度较快、结构可靠、价格低廉、功能灵活、使用方便等特点，在小型机和微机系统得到广泛应用。

针式打印机主要由打印台架、打印头、走纸机构、色带、打印控制逻辑和打印接口等部件组成，如图 11.7 所示。

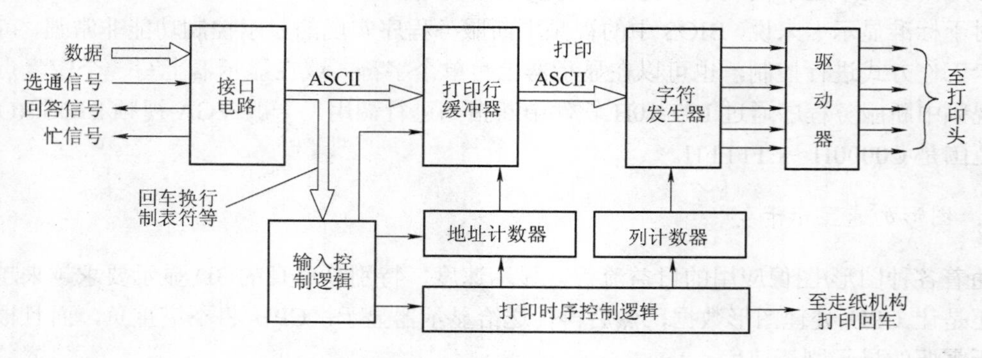

图 11.7　针式打印机结构

打印机的打印原理与 CRT 的显示原理有相似之处，例如，字符采用点阵式结构，打印的 ASCII 码，需要在字符发生器中转换成字符点阵码。两者最主要的区别是：CRT 是将字符点阵一行一行水平显示，只有一行所有扫描线被扫描之后，一行字符才完全被同时显示出来；而针式打印机是将字符点阵一列一列纵向打印，若干列后，一个字符才被打印完成，一行字符要这样一个一个字符地打印。

2. 针式打印机工作过程

针式打印机与主机的接口信号为 8 位数据信号（D_7～D_0）、选通信号（$\overline{STB}$）、回答信号（$\overline{ACK}$）和忙（BUSY）信号。

当打印机处于初始状态，或打印任务完成时，行缓冲器中没有要打印的数据，打印头在打印台架的最左端，此时打印机输出“非忙”信号。主机要输出打印数据时，首先查询打印机忙状态。若打印机“非忙”，才允许主机向打印机输出数据。在选通信号有效时，打印数据被送入打印机接口的数据寄存器。

打印机接收的数据有两大类：一类是可打印数据，包括字符的 ASCII 码和图形的位码；另一类是管理打印机的控制命令。打印机输入控制逻辑电路判断输入数据是打印数据还是控制命令（回车、换行、制表符等），分别处理。

对可打印字符，要从字符发生器中检索出相应的点阵码，送入打印行缓冲器，而对图形位码，则不需要经过字符发生器，直接送入打印行缓冲器。每当一个打印数据送入行缓冲器，地址计数器加 1，接着接口电路产生回答信号，准备好接收下一数据。如此重复，直到把要打印的一行数据（用回车或换行表示行结束）都存入打印行缓冲器。

当接收到一行打印数据，或者是行缓冲器满时，由输入控制逻辑电路判别，并发出“忙”信号，通知主机不能再送数据，然后打印机开始打印行缓冲器中的数据。

打印机的打印是在时序电路的控制下，按行缓冲器地址把打印行缓冲器中存储的点阵数据取出，根据当前打印头所处的列位置，发送到驱动电路，控制打印针动作。经过若干列打印针动作之后，一个数据打印完成，行缓冲器地址计数器加 1，再取下一个数据打印，时序电路同步地控制打印头自左向右运动。在一行数据打印完成之后，控制走纸一行。当打印头返回到打印台架最左端时，接口电路发出“非忙”信号，主机又可输出数据供打印。

如果主机送来的是控制命令，打印机按命令功能完成指定的动作。打印机的基本控制命令有回车（CR）、换行（LF）、换页（FF）、纵表定位（VT）、横表定位（HT）、倍宽（SO）、撤销倍宽（SI）、清除行缓冲区（CAN）等。

3. 并行打印接口标准

不管哪种打印机，相互差别主要体现在内部结构、打印原理和控制电路的功能上。但是，从它们与主机的接口特性看，无非是两大类：串行打印机和并行打印机。所谓串行打印机，实际上数据还是并行打印的，只不过是采用了 RS-232-C 串行接口标准，CPU 向打印机发送的是串行数据，在打印接口内经过串→并转换后进行数据打印。目前使用的大多是并行打印机，采用 Centronic 并行打印接口标准。

Centronic 标准为 36 芯引脚，信号名称和功能如表 11.2 所示。其中，主要的是 8 位并行数据线 $DATA_1$～$DATA_8$，2 根联络信号线 $\overline{STROBE}$，$\overline{ACK}$ 和 1 根“忙”状态线 BUSY。

表 11.2　Centrontc 并行打印接口标准

引 脚	信号名称	方 向（打印机）	功 能 说 明	引 脚	信号名称	方 向（打印机）	功 能 说 明
1	$\overline{STROBE}$	入	数据选通	14	$\overline{AUTOLF}$	入	打印一行后自动走纸
2	$DATA_1$	入	数据最低位	15	（不用）		
3	$DATA_2$	入		16	逻辑地		
4	$DATA_3$	入		17	机架地		
5	$DATA_4$	入		18	（不用）		
6	$DATA_5$	入		19～30	地		双绞线的回线
7	$DATA_6$	入		31	$\overline{INIT}$	入	初始化命令（复位）
8	$DATA_7$	入		32	$\overline{ERROR}$	出	无纸、脱机、出错指示
9	$DATA_8$	入	数据最高位	33	地		
10	$\overline{ACK}$	出	打印机准备接收数据	34	（不用）		
11	BUSY	出	打印机忙	35	+5V		通过 4.7kΩ电阻接+5V
12	PE	出	无纸（纸用完）	36	$\overline{SLCTIN}$	入	允许打印机工作
13	SLCT	出	指示打印机能工作				

$\overline{STROBE}$ 为 0 表示有效，打印机接收数据。BUSY=1 为“忙”信号，打印机不能接收数据，反之，BUSY 为 0 表示“不忙”。$\overline{ACK}$ 有效为宽度 5μs 的负脉冲信号，表示打印机已准备好接收新数据，同时在 $\overline{ACK}$ 脉冲的上升沿使 BUSY 信号撤销，即为“不忙”状态。

采用 Centronic 标准的打印机接口，其接口设计取决于接口工作方式，有程序查询方式和中断方式两种方案。接口硬件一般采用可编程并行接口，如 8255A，8155，Z-80 PIO 等。接口芯片的选择十分灵活，即使选用同一种可编程接口芯片，具体使用方法也可以有多种设计。

无论采用何种打印机接口方案，必须满足以下基本要求：

① 提供一个并行输出数据端口，微机通过它向打印机输出要打印的数据。

② 提供对打印机的选通信号 $\overline{\text{STROBE}}$。

③ 接收来自打印机的响应信号 $\overline{\text{ACK}}$，或者忙信号 BUSY，供 CPU 查询/检测，或者是由此产生向 CPU 申请中断的请求信号。

4. PC/XT 打印机适配板

IBM PC/XT 系统可配置两种打印机适配板作为打印机接口。一种是独立的，即专用的打印机适配板；另一种是和单色显示器适配电路组合在一起的显示器/打印机适配板。这两种适配板上有关打印机适配电路部分和与打印机的连接都是相同的，其差别只是端口地址不同（独立式适配板为 378H～37AH，而组合式适配板为 3BCH～3BEH）。

PC/XT 系统独立式打印机适配板逻辑结构如图 11.8 所示。打印机适配板通过 25 芯 D 型插座与打印机连接，不过，打印机一侧是 36 芯 D 型插座。

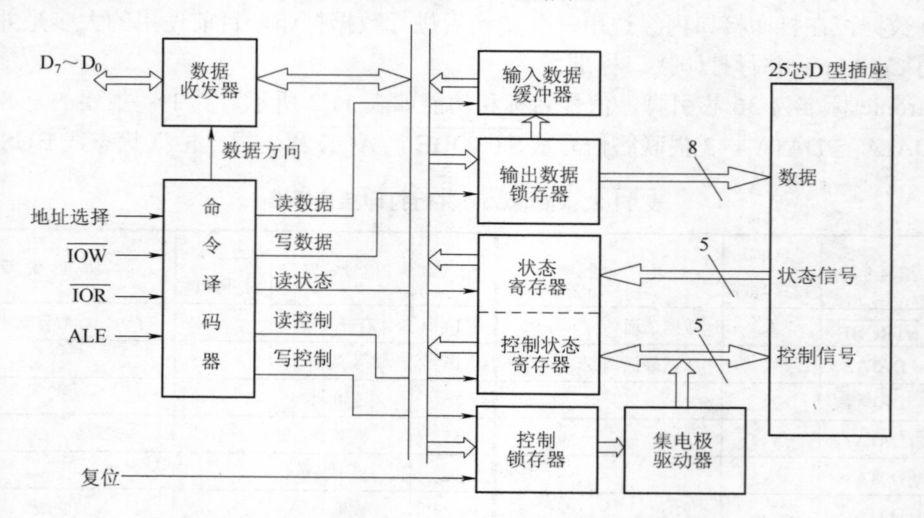

图 11.8 IBM PC/XT 打印机接口适配板逻辑结构

主机发给打印机适配板的有 5 种命令，即数据读、数据写、控制字读、控制字写和状态字读命令。这 5 种命令的操作是通过相关端口地址和读或者写相区别的，数据读/写地址为 378H，状态字读地址为 379H，控制字读/写地址为 37AH。命令译码器根据 CPU 对不同端口地址的读/写指令，产生对接口内部各个部件的控制信号。

输出数据锁存器存放 CPU 送来的打印数据，它一方面将打印数据通过 D 型插座送往打印机打印，另一方面将打印数据送到输入数据缓冲器，以便必要时被读取，进行故障诊断、分析。控制锁存器存放 CPU 送来的打印控制字（5 位），集电极驱动器根据控制字内容产生相应的信号，并被驱动输出实现打印控制，同时，这些控制信号也送到控制状态寄存器，可以被读出做检测之用。状态寄存器存放打印机状态信号（5 位），也可以被读出做检测之用。

PC/XT 系统的 BIOS 提供了使用 INT 17H 中断调用形式，实现主机与打印机之间的通信功能，有打印一个字符、打印机初始化（复位）、读打印机状态 3 个功能调用。

11.3　磁盘存储器接口

由于内存的容量有限，微机普遍采用磁盘、光盘作为外部存储器。磁盘存储器是一种价格低、容量大、速度较快、信息可长期保存的存储设备，由磁盘驱动器加上磁盘盘片组成，通过磁盘接口电路（磁盘控制器）与主机系统相连。磁盘有软磁盘和硬磁盘两种类型。把它们相比较，主要有以下特点：

① 软磁盘片由聚酯塑料制成，比较柔软，而硬磁盘片采用铝合金制成，比较坚硬，故有软盘、硬盘之分。

② 软磁盘采用接触式读/写，为了不损伤盘片，而硬磁盘一般使用浮动磁头读/写，浮动间隙一般小于一微米至几微米之间。

③ 软磁盘驱动器的主轴转速一般为 300 r/min，而硬磁盘为了使磁头浮动起来，硬磁盘驱动器的主轴转速比较高，一般以（2 400～3 600）r/min。

④ 软磁盘的存储容量一般只有几兆字节，而硬磁盘的存储容量很大，一般有几千兆字节以上。

11.3.1　软磁盘接口

软磁盘使用特别方便，应用非常普遍。微机系统现在主要使用 3.5 inch 软磁盘。

1. 软磁盘片

软磁盘形同唱片，是两面涂有磁性氧化物的聚酯薄膜圆片，盘片外罩是由一定硬度的塑料和衬垫组成的方形盘套。当软磁盘插入驱动器，盘片随主轴一起旋转而盘套不动。通过读/写窗口，磁头可与盘片接触，进行数据的存取。软磁盘片上还有索引孔（索引磁道的起始位置）、写保护缺口、消除应力缺口和表示磁盘商标和参数的标记信息。

按信息记录密度，软磁盘片可分为单密度和双密度，还可分为单面型和双面型。

（1）软磁盘的磁道、道密度、位密度、扇区

软磁盘片的记录面分成若干个同心圆环，每个圆环称为一个磁道（Track）。沿磁盘径向每英寸的磁道数称为道密度，记做 TPI（Track Per Inch）。单密度软盘的道密度一般为 48 TPI，而双密度为 96 TPI。在磁道上数据的记录密度称为位密度，常用每英寸记录的位单元数来表示，记做 BPI（Bit Per Inch）。由于内、外磁道记录信息密度不一样，位密度规定为记录面最内磁道上的记录密度。每个磁道被划分为若干个存储区，每个存储区称为扇区（Sector）。

（2）软磁盘的记录格式

软磁盘划分扇区有两种方法：软分区和硬分区。采用硬分区时，在软磁盘上每一个扇区开始处冲一个孔，因此，每个扇区是用一个扇区脉冲来启动的。软分区由软件来划分扇区，每个磁道从检索脉冲开始，每个扇区的开始使用独特的标识符。

标识符（ID）是每个扇区开始处的标识字段。它包含标识符地址标记、磁道地址、扇区地址和两字节的 CRC（循环冗余码）校验码。

每个扇区的数据字段包含有 1+128（或 256，512，1 024，即用户数据）+2 个字节。第一个字节是数据地址标志，用来指明该数据段是保留数据还是消去数据。最后两个字节是数据段的 CRC 校验码。

每个磁道有 4 种间隔符。间隔 1 在每个磁道的开始处出现，称为索引间隔。间隔 2 使扇区的标识符与数据字段分开，称为标识符间隔。间隔 3 是数据段与下一扇区之间的间隔。间隔 4 在磁道上只出现一次，它出现在磁道的末端与索引孔之间，称为无索引间隔。

上述这些间隔既提供了读/写操作所需的开关间隔时间和转速补偿时间，又提供了软磁盘与软磁盘之间、驱动器与驱动器之间由于制造公差所需的时间间隔，从而保证了一个系统中软磁盘上记录的信息，可以由其他系统读出，这是软盘的互换特性。

重新格式化软磁盘，也就是重新在软磁盘上划分扇区，并写入标志信息和地址信息。

2. 软磁盘驱动器（FDD）

软磁盘驱动器（FDD，Floppy Disk Drive）种类很多，其电路各异。主机通过软磁盘控制器（FDC，Floppy Disk Controller）实现对它的控制操作。

FDD 一般由磁头选择电路、驱动器状态检测电路、主轴恒速驱动电路、磁头寻道定位控制电路、写入和抹除电路、读出电路等组成，实现以下基本功能：

① 判别 FDC 发出的各种控制信号，有启动电机信号、驱动器选择信号、磁头选择信号、磁头步进方向信号、磁头步进信号、写选通信号、写数据信号、读数据信号等。

② 检测并产生相应的状态信号，有索引信号、零磁道信号、写保护信号等，反馈给 FDC。

③ 按控制信号要求，实现磁头定位。

④ 对软磁盘进行读/写操作。

FDD 接受 FDC 控制的工作过程大致如下：

第一步，FDC 根据主机命令，向 FDD 发出驱动器选择信号和启动电机信号。当驱动器被选中，主轴电机开始旋转，驱动器选择信号经驱动器选择电路转换后产生一个“盘选中”信号（高电平有效），供驱动器内部选通以下电路：索引电路、零磁道电路、写保护电路、寻道定位控制电路、写入电路。

第二步，当插入盘片，关闭驱动器门以后，盘片将随主轴以 300 r/min 恒速转动，FDD 向 FDC 发送 3 个状态信号：索引信号、零磁道信号和写保护信号。

第三步，FDC 对上述 3 个状态信号进行检测，根据零磁道信号，发出寻道检测命令，进行寻道检测。

第四步，当寻道检测无误时，FDC 转入读操作。在读软盘中某一文件时，先由 FDD 读出软盘中该文件存放的磁道、扇区和盘面地址，送 FDC；FDC 根据磁道地址和盘面地址发出相应的方向信号、步进信号和面选信号，根据扇区地址实时发出读操作命令，接收 FDD 的读数据。

第五步，当 FDC 检测写保护信号为“允许执行写操作”时，FDC 发出写选通信号，经写门转变成写允许信号，供 FDD 内部进行以下控制：

① 切断读电路与读/写磁头线圈的通路。

② 将+12V 电压加到读/写磁头线圈的中点，作为产生写电流的电源。

③ 选通写电路中的恒流源开关。

④ 释放写电路中的写触发器。

⑤ 经延迟后，送抹磁头线圈一端，以产生抹电流。

同时，写电路把 FDC 发出的写数据信号转换成相应的写电流，通过磁头写到磁盘上。写入的数据信息，再经读出，并与原写入数据信息比较，若无误，则写操作完成。

3. 软磁盘控制器（FDC）

软磁盘控制器（FDC）是主机与 FDD 之间的接口设备。它可以解释来自主机的命令，向 FDD 发出控制信号，同时可随时检测 FDD 的状态，并可按规定的格式将数据写入 FDD，或从 FDD 读出数据。目前，FDC 通常与硬盘控制器（HDC）、串行口和并行口制成一个电路板，安装在主机板的扩展槽中，通过一条扁平电缆与多台（一般为两台）FDD 相连。

概括起来，FDC 一般具有以下功能：

① 能接收主机发来的命令，对命令进行译码，按照命令要求发出具体控制信号给 FDD，使软磁盘机执行相应的操作，例如，加载、寻道、读、写等。

② 监测软磁盘机有关状态，并通知主机，如，零磁道、写保护等。一般情况下，主机在读/写之前先检查软磁盘机的状态，然后才发出读/写命令。

③ 对主机存取的数据进行处理。写入时，并行数据转换成串行数据，并按规定方式进行编码；读出时，对读出数据序列解码，并把串行数据转换成并行数据。

④ 对软磁盘进行格式化。

FDC 的核心部件是一个专用控制电路——FDCLSI（软磁盘控制器大规模集成芯片），也可简称为 FDC。比较典型的 FDCLSI，有美国西方数据公司生产的 FD1771，FDl791 和日本 NEC 公司生产的μPD765 芯片。

μPD765 由数据总线缓冲器、读/写 DMA 控制逻辑、串行接口控制器、驱动器接口控制器、内部寄存器等 5 部分组成，如图 11.9 所示。

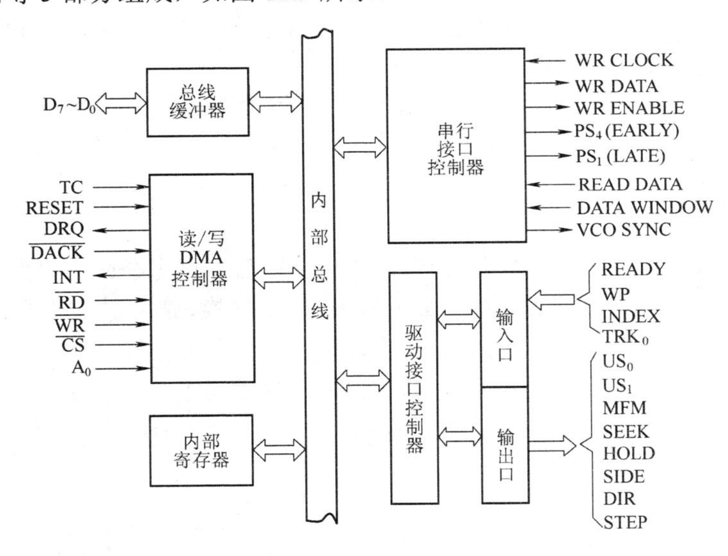

图 11.9 μPD765 内部结构图

μPD765 芯片是双密度的 FDC，可使用 2KB/扇区、4KB/扇区、8KB/扇区，具有数据扫描、磁头卸载时间设定等功能，数据传输可采用 DMA 方式和非 DMA 方式。

μPD765 的写操作是根据时序电路的有关信号和 FDD 的状态信号，接收系统的 8 位并行数据信号，并将其转换成对 FDD 的串行写数据信号。

μPD765 的读操作是从 FDD 读出的串行数据，经锁相电路后，转换成 8 位并行数据，再送到系统总线上。

11.3.2 硬磁盘接口

硬磁盘存储器高密度、高可靠性、大容量、低价格，是微机系统最主要的外存储设备。

1. 硬盘驱动器（HDD）的基本结构

硬磁盘驱动器（HDD，Hard Disk Driver）是一种既有精密机械结构，又有复杂控制电路的电子机械装置，可分为固定头式、活动头固定盘式（常称为温盘）、活动头可换盘式 3 种。

固定头式 HDD 的数据存取时间短，但磁头数量多，结构复杂；活动头固定盘式 HDD 的磁头数量减少，提高了磁道密度，固定盘片便于密封；活动头可换盘式 HDD 可以实现脱机存储，扩大了存储容量。不同类型的 HDD，基本结构是相同的。这里以活动头可换盘式磁盘驱动器为例，介绍 HDD 的基本结构及其工作原理。

HDD 基本结构由以下 5 个部分（系统）组成。

① 主轴系统由主轴电机、主轴部件、两个盘片（一个固定盘片，一个可换盘片）和控制电路等组成。主轴系统主要是安装和固定盘片和盘盒，驱动器以额定转速稳定旋转。

② 数据转换系统包括磁头、磁头选择电路、读/写电路、索引、区标电路等。它主要是接收主机通过接口送来的信息，写入盘片，或者从盘片上读出信息，送到接口电路。

③ 磁头驱动和定位系统包括磁头驱动和磁头定位两部分。磁头驱动主要由磁头小车、音圈电动机控制完成，磁头定位主要由定位电路控制完成。

④ 空气净化系统由风机、空气过滤器、印刷电动机及其控制电路组成。由于硬盘采用浮动头读/写，而且磁头和盘面之间的间隙又很小，空气净化系统主要是防尘和冷却，往盘腔内送入干净的、冷却的空气，并清洁盘面。

⑤ 接口电路由接收门和发送门组成，主要完成 HDD 和硬磁盘控制器（HDC，Hard Disk Controller）之间的数据传输。

2. 硬盘驱动器（HDD）的工作过程

读磁盘的控制过程为：磁盘的信息经读磁头读出以后，首先经读出放大器放大，然后进行数据与时钟的分离，再做串行到并行的数据转换、格式转换，最后进入数据缓冲器，经 DMA 控制将数据传输到主机总线。写磁盘的过程正好相反，读者可自行分析。

主机与 HDD 之间数据交换的控制逻辑，如图 11.10 所示。

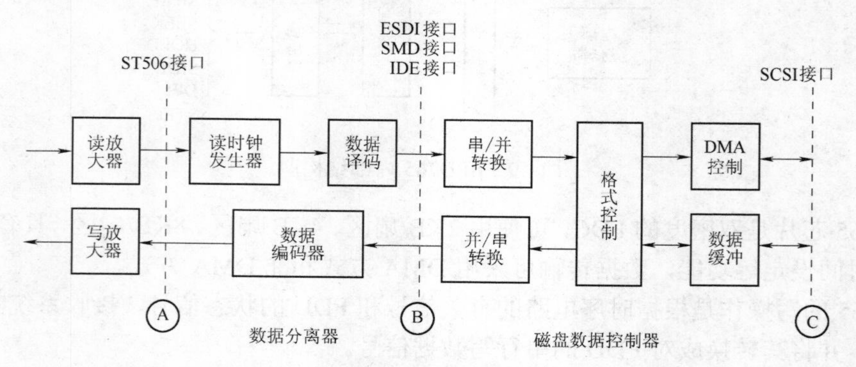

图 11.10 硬盘数据传输过程及控制功能划分

HDD 的写入工作过程：由硬磁盘控制器（HDC）送来的写入信息，通过接口送到写入电路，磁头选择电路选择要写入的磁头，磁头驱动和定位系统把该磁头定位在要写入的磁道位置，然后信息就写入到选定的盘面、磁道和扇区上。

HDD 的读出工作过程：由磁头选择电路选定磁头，磁头驱动和定位系统使之定位在要读出的磁道位置，然后由该磁头读出相应扇区的信息，通过读电路将读出信息进行放大、滤波、鉴零、整形以后，送到接口电路。

3. 硬盘控制器（HDC）及其功能

硬盘控制器（HDC）是主机与 HDD 之间的接口，主要具有数据处理功能和输入/输出控制功能。HDC 的基本结构，如图 11.11 所示。

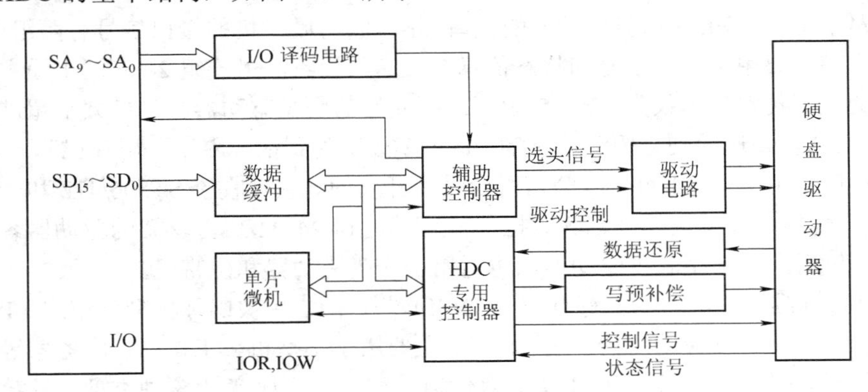

图 11.11　硬盘控制器接口的结构

其中，单片微机有自己的 ROM，RAM 和程序，主要是分析主机送来的命令，调用相应的 I/O 驱动程序，完成各种智能化管理工作；辅助控制器是智能控制电路和主机之间的控制接口，主机通过该控制器写入参数和命令，在硬盘操作结束后，取其状态信息控制硬盘的操作，向 HDD 发出磁头选择和驱动器选择信号，向主机发出中断请求信号等。

HDC 数据处理功能：写数据时，对数据进行并/串转换，并加上 ECC 校验码，形成 MFM 制的写数据信号和预补偿编码信号，经写预补偿后送驱动器；读数据时，把驱动器磁头送来的 MFM 信号经锁相数据同步，还原电路分离出读数据信号和时钟信号送到 HDC，HDC 进一步分离出有效数据，串/并变换后送单片微机，单片微机处理后送主机。

HDC 输入/输出控制功能：接收 HDD 读/写时送来的索引信号、0 磁道信号、写故障信号、寻道完成信号、驱动器准备好信号等；向 HDD 发出寻道方向、步进信号、读/写控制信号等。

由于磁盘与主机之间的数据交换采用 DMA 控制方式，HDC 作为主机与 HDD 之间交接部件的控制器，需要有两个方向的接口，一个是与主机的接口，控制磁盘与主机系统总线之间的数据交换，称为系统级接口；另一个是与 HDD 的接口，根据主机的命令控制驱动器的操作，称为设备级接口。

对应 HDC 设备级接口，HDC 与 HDD 之间的功能分工比较模糊，哪些工作由 HDD 完成，哪些工作由 HDC 完成，并没有定论。所以，HDC 与 HDD 的之间的交界面可以有多种分法。参看图 11.10 所示，第一种方式是将交界面设在Ⓐ处，HDD 只完成读/写、放大和数据分离，以后的控制逻辑构成 HDC（ST506/412 接口标准属于该方式）；第二种方式是将交界面设在Ⓑ处，HDD 主要完成数据分离和编码、译码操作，然后再将数据传输到 HDC，而 HDC

由串/并转换、格式控制和 DMA 控制等逻辑构成（IDE，SMD，ESDI 接口标准属于该方式）；第三种方式是将交界面设在©处，HDC 的功能转移到设备中，主机与设备间采用标准的通用接口（SCSI 和 IPI 接口标准属于该方式）。现在最广泛采用的是后两种方式。

4. 常用硬盘接口标准

为了使硬磁盘机具有通用性和互换性，硬盘生产企业制定了主机与 HDD 的接口标准，对主机与硬盘之间如何传输数据、工作状态、控制信号、接口线数目和作用等都做了明确规定。随着微机系统的发展，硬盘接口标准也不断地改进和更新，形成了标准系列。微机常用的硬盘接口标准有 ST506/412，ESDI，IDE，SCSI 等，其中，使用最广泛的是 IDE 和 SCSI 接口标准。

ST506/412 是 5.25 inch 温盘驱动器的接口标准。它与硬盘机的接口信号有两组电缆组成，一组 34 芯电缆主要用于控制信号和状态信息的发送与接收，另一组 20 芯的电缆主要用于数据传输。它的数据传输速率仅为（5～15）MB/s，所支持的硬盘驱动器容量最大不超过 100 MB。因此，对于大容量高速的硬盘驱动器，ST506/412 接口受到很大限制，现在已基本淘汰。

ESDI 接口是由美国 Maxtor 等公司联合设计开发的。它吸收了 ST506/412 和一些非标准接口的优点，性能上有较大提高，其数据传输速率达到 24 MB/s，支持的驱动器容量也提高了。ESDI 不仅适用于小型温盘驱动器，也适用于光盘驱动器和磁带机。

SCSI 接口标准是由美国国家标准局（ANSI）制定的，后被国际标准化组织（ISO）确认的一种智能、高速、多任务的输入/输出通道，主要用于小型机、工作站、服务器等机型的硬盘（也可用于其他外部设备）。SCSI 接口有快速、宽带、快速宽带 3 种类型，其数据传输速率达到了 40 MB/s，80 MB/s。它的最大特点是扩充了设备命令集，在连接各种设备时，硬件结构不变，只需修改软件驱动程序即可配接到主机系统上，这样就使得各种应用能独立于主机，增强了设备之间的互换能力，更有利于即插即用的实现。

IDE 接口是由美国 Western Digitat 和 Compaq 公司开发的，当前通用的一种 HDD 接口。IDE 接口实际源于 IBM PC/AT 机的 I/O 通道扩展总线的扩充，也称为 ATA（AT Attachable 或 AT BUS）规格。IDE 采用了和 PC/AT 同样的使用 BIOS 的 INT 13H 软件中断和系统打交道方法，支持的硬盘数目和种类也相同。IDE 的这种特性，限制了多媒体系统性能的提高（因为多媒体系统不仅需要硬盘，而且需要 CD-ROM），于是出现了对 IDE 接口规格扩充的增强型 IDE（EIDE），也称为 ATAPI（ATA Packet Interface）规格，一般把 IDE 和 EIDE 都称为 IDE 接口。

IDE 接口标准的主要特点如下：

① 不需要为 IDE 接口的 HDD 提供特殊的设备驱动器程序，由系统 BIOS 利用保存在 CMOS 中的硬盘参数直接驱动。因为 IDE 接口的 HDD 可利用自身的智能来仿真 BIOS 所支持的硬盘。

② 一台微机可接两台 IDE 接口的 HDD。两个驱动器是主从关系，由驱动器电路板上标有 C/D 字样的跨接线来决定。跨接线开路为 C 盘，反之为 D 盘，如果 C 盘有多个逻辑盘，则原来所有的逻辑盘顺序后移，例如，D 盘变为 E 盘等。

③ IDE 接口的 HDD 具有自动“坏块”重映像的特征，即驱动器能利用“坏块”扇区中的纠错码，将该扇区数据转储到后备扇区中去。

④ 它仅有两个电缆插头，一个为 40 线的扁平电缆插头，其中数据线为 16 位，其余为控

制线和地线，另一个为 4 线的电源插头，为驱动器提供直流电源。主机通过一个直接集成在主机板上或插在主机板上的一个卡式适配器，通过 40 线的扁平电缆，实现 IDE 接口与 HDD 的连接。

⑤ 由于 IDE 接口的 HDD 采用了音圈电动机驱动磁头，当断电时磁头会自动退回，并锁定启停区。

⑥ IDE 的 HDD 传输数据可以用两种方式：处理器 I/O（PIO）方式和 DMA 方式。传统的 IDE 数据传输采用 PIO 方式，因为 PIO 的传输速度比 DMA 快，它的速度取决于总线的速度。随着总线传输速度的提高，DMA 速度也随之提高，EIDE 就支持好几种类型的 DMA 传输方式。

⑦ 为了达到软件的兼容性，IDE 硬盘仍使用 BIOS 中的磁盘 I/O 中断 INT 13H。由于在 IDE 的 HDD 中采用了逻辑地址对物理地址的映射技术，即用逻辑地址来保证 INT 13H 功能调用中对可用的最大柱面数、每道最大扇区数、磁头数的兼容性，用物理地址来保证对硬磁盘片操作的正确性，这样就使得 BIOS 能支持实际硬盘参数超过 BIOS 极限的 HDD，例如，PC/AT 的 INT 13H 可支持的硬盘容量达到 8.4GB。

习 题 11

11.1 扫描式键盘和非扫描式键盘各有什么特点？各适用在什么场合？

11.2 试编程实现反转法扫描识别按键的过程。

11.3 试用 C 语言编写鼠标器驱动程序。

11.4 试说明 CRT 的分辨率、点距、刷新频率各自数值的大小对显示效果的影响。

11.5 利用有关 BIOS 中断调用，或者 DOS 调用，每隔 5 秒在 CRT 显示器和打印机上输出“INT 1CH WORKING!”信息。

11.6 试编写一个彩色文本显示程序。要求循环用 16 色显示 26 个英文字母，直到整个屏幕显示满了程序结束。

11.7 试说明在 IBM PC/XT 系统上，分别采用查询方式，中断方式打印一行 80 个字符的过程。

第 12 章　微机原理与接口实验

微机原理与接口技术是一门既有基本理论，又要结合实际运用的专业课程。为了掌握微机原理与接口技术，培养和提高微机系统的应用技能，应该十分重视该课程的实验环节。

本章是与前述各章内容相配套的教学实验部分，介绍实验系统的组成和实验设备，组织 8 个微机实验项目供选用。每个实验项目均给出了实验原理、内容、相关电路、实验提示，以及实验程序的参考流程等，相当于是实验指导书。

读者还可以把本章内容作为学习和应用微机接口技术的示例，相信亦会有所获益。

12.1　微机实验系统

为了配合本课程的学习，许多高等院校和计算机公司，陆续推出了一些微机原理与接口实验系统（或称为实验台）。

12.1.1　实验系统（台）的组成

根据微机原理与接口实验系统（台）的结构和操作方式，可以分成独立 CPU 型和上位机接口扩展型。

1．独立 CPU 型实验系统

独立 CPU 型实验系统（台）带有独立的微处理器芯片，有独立的监控程序等基本软件，可以独立进行各项微机原理与接口实验。独立 CPU 型实验台的主要配置设备有以下几个部分。

（1）CPU 子系统

CPU 子系统是由 CPU 芯片（Intel 8086/8088）、时钟发生器（Intel 8284）、地址锁存器（74LS373）、数据驱动器（74LS244）组成的最小模式 CPU 子系统。该 CPU 子系统提供系统运行所需的基本信号。

（2）存储器子系统

存储器子系统由 EPROM 芯片和 RAM 芯片组成。EPROM 存放实验台的引导程序、监控程序、与上位机的通信程序和若干辅助程序。RAM 用来存放中断向量表、系统数据、实验用户程序或数据。

（3）中断控制器、定时/计数器、DMA 控制器、并行接口、串行接口

这些接口电路一方面可以构成实验台的基本功能，另一方面为各个实验项目提供所需信号。

（4）单相脉冲按钮、基本输入/输出电路

实验台的基本输入电路有单相脉冲按钮、开关和键盘，产生输入数据（脉冲/“1”/“0”）信号，起到“输入设备”的作用；基本输出电路有发光二极管和 LED 数码显示，显示输出数

据，起到“输出设备”的作用。

输入电路常选用 74LS244 将“输入设备”的输入信号经缓冲/驱动后，连接系统数据总线。输出电路常选用 74LS377 作为输出数据端口，将输出数据锁存，并向“输出设备”输出。

（5）数字量/模拟量转换电路

数字量与模拟量之间的转换电路由数/模转换器、模/数转换器、输入/输出模拟量信号等组成。常用可调电位器做模拟输入电压信号，进行模拟量到数字量的转换；也可以先进行数/模转换，得到一个模拟量输出，然后接收该模拟量，再进行模/数转换，得到数字量，验证这两种转换方法的互逆性。

（6）通信接口

实验台提供串行接口（Intel 8251）和一个 RS-232 接口，与上位机（PC）串行接口连接，传输实验台和上位机之间的程序、数据、控制/状态等信息。

（7）其他电路

提供直流电源±5V，±12V 供实验设备使用。此外还提供复位键、强制停机按钮等系统控制。

独立 CPU 型实验台的实验操作方式有以下 2 种。

（1）独立实验操作

实验程序由实验台上的键盘自行输入，通过实验台自带的汇编程序（ASM，称为小汇编）汇编成机器指令，存放到 RAM 中。再通过键盘输入执行命令，启动运行，或者是输入调试命令，进行调试。

这种方式的设备配置简单，但是实验操作比较烦琐，一旦程序需要修改，就得从头做起。

（2）上位机辅助实验操作

为每个实验台配备一台 PC 作为上位机，实验台用 RS-232 接口与上位机实现串行通信。所有实验操作，例如，编辑（EDIT）、汇编（MASM/TASM）、连接（LINK/ TLINK）实验程序等在上位机上进行。然后，把实验程序的机器代码传输（下载）到实验台上。程序的调试和启动运行都在实验台上进行。调试/实验结果也可以传输（上传）到 PC 上显示。

这种方式操作方便，有较强的调试能力，还可以通过上位机直观地显示，但是设备配置较多。

2. 上位机接口扩展型实验系统

上位机接口扩展型实验系统（台）没有自己独立的 CPU 子系统和监控程序，系统台所有的实验设备都是上位机接口的一部分。实验者在上位机上操作，实现微机原理与接口的各项实验项目。

上位机需要插入专用的接口电路板，通过总线电缆连接到实验台。从上位机引出的总线信号通常与 PC/XT 总线，或者 ISA 总线信号兼容。

这种实验台上的其他实验设备与独立 CPU 型的类似。但是，由于实验台是上位机接口的一部分，实验台使用的内存地址、端口地址、中断向量等都不能和上位机的对应设备冲突。

上位机接口扩展型实验台的结构简单，特别是直接使用上位机的编辑、汇编、连接、调试等系统软件，使得实验台的软件配置最少。实验者只要熟悉上述微机基本软件，就可以在上位机上方便地进行实验项目的操作。

12.1.2 TDN 86/51 教学实验系统

西安唐都科教仪器公司推出的 TDN 86/51 微机教学实验系统（台），以及它的开发系统是微机教学实验的一个平台。由于 TDN 86/51 有两个独立的 CPU 子系统——8086（微处理器）和 8051（单片机）组成，可以支持“微机原理与接口技术”、“单片机原理及应用”、“计算机控制技术”等课程的教学实验。

这里介绍与“微机原理与接口技术”实验教学相关部分，即 TDN 86 部分。12.2～12.9 节提供的实验项目，就是以 TDN 86 为实验平台而设计的。

1. TDN 86 教学实验系统简介

TDN 86 教学实验系统采用 Intel 8088 CPU，以最小工作模式构成开放式的微机实验台。它是一个典型的独立 CPU 型实验系统（台）。

实验台有基本监控和串行通信监控两套监控程序，提供了可供选择的、灵活的操作方式，即“独立使用方式”和“与 PC 联机方式”。

（1）独立使用方式

实验台如果采用独立使用方式，可以通过系统自配备的小汇编（ASM）、标准 PC 键盘和液晶显示器，具有几乎与 PC 机同样的汇编、运行、调试等功能和操作界面。

（2）与 PC 联机方式

实验台如果采用与 PC 联机方式，可以通过串行接口 8251，运行实验台自配备的串行通信监控程序，切换成由上位的 PC 微机控制实验台。

这种方式类似于上位机接口扩展型实验系统（台）。

2. TDN 86 实验系统的组成

TDN 86 实验台的基本组成如表 12.1 所示。

表 12.1 TDN 86 实验系统基本组成

系统构成方式	独立 CPU 型接口实验系统，CPU 为 Intel 8088 最小工作模式
存储器	系统程序区 64KB（EPROM 27512 ，F0000H～FFFFFH） 系统数据和用户程序/数据区 32KB（SRAM 62256） （系统数据区 4KB：00000H～00FFFH；用户程序/数据区 28KB：01000H～07FFFH ） 可扩展 32KB（SRAM 62256，08000H～0FFFFH）
实验接口芯片	扩展 SRAM6264（8KB）、系统 8259A，级联 8259A，8237A，8253，8255A，8251A，ADC 0809，DAC 0832
实验单元	单脉冲触发器，拨动开关组，发光二极管组，电子发声单元，LED 数码管，小键盘，时钟源、EPROM 编程器、面包板等
显示器	STN 字符型液晶显示器（ 2 行 40 列）
键盘	标准 PC 键盘
外设总线接口	PC 总线接口、RS-232C 串行通信接口、打印机接口、34&40 线外接实验扩展器接口

TDN 86/51 除了标准 PC 键盘和 2 行 40 列的液晶显示器之外，其他设备的布局简图如图 12.1 所示。双 CPU（8088 和 8031）结构使系统具有良好的开放特性。实验者可以通过系统选择开关“NC/86/51”（位于线路板右下角“RESET”键旁）方便地选择 8088 微机实验系统，或者 8031 单片机实验系统。

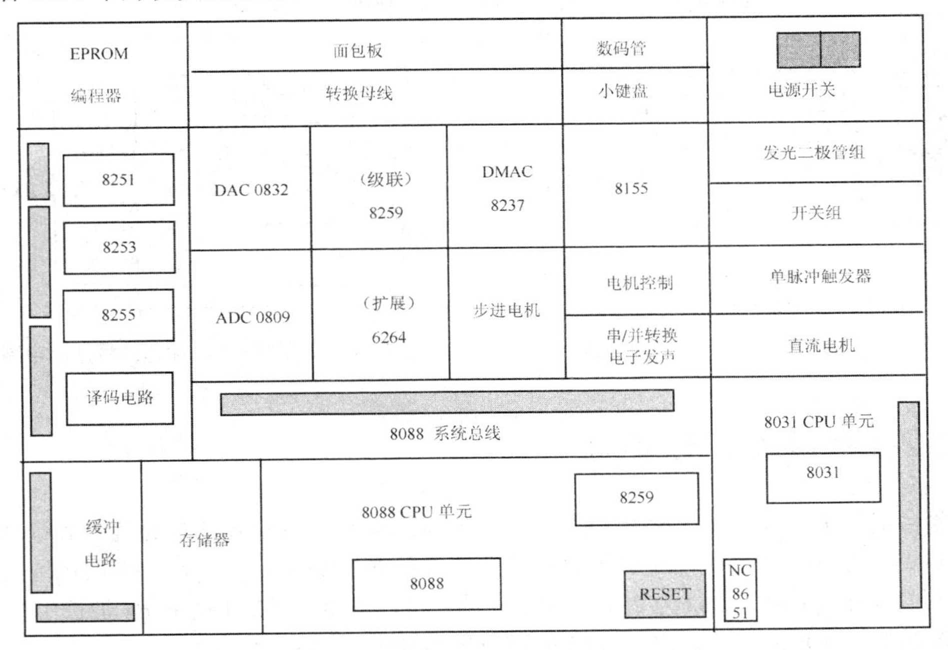

图 12.1　TDN 86/51 教学实验系统布局简图

3. TDN 86 实验系统的系统总线

实验台上提供给实验项目的系统总线定义如表 12.2 所示。

表 12.2　实验台的系统总线

信号线	说　明	信号线	说　明
$XD_0 \sim XD_7$	系统数据总线	$XA_0 \sim XA_{19}$	系统地址总线
$\overline{MEMR}$	存储器读信号	$\overline{IOR}$	I/O 接口读信号
$\overline{MEMW}$	存储器写信号	$\overline{IOW}$	I/O 接口写信号
$\overline{MY_0} \sim \overline{MY_7}$	扩充存储器片选信号（10000H～1FFFFH）	$IRQ_0 \sim IRQ_7$	系统 8259A 的中断请求输入信号
$\overline{IOY_0} \sim \overline{IOY_7}$	实验 I/O 接口片选信号（80H～FF H）	$CAS_0 \sim CAS_2$	系统 8259A 的中断级联信号
HOLD	DMA 总线请求输入信号	PCLK	系统时钟源 $_1$（2.386MHz）
HLDA	DMA 总线响应输出信号	OPCLK	系统时钟源 $_2$（1.193MHz）
ALE	地址锁存信号	RESET	复位信号

实验台的存储器和 I/O 接口的读/写控制信号的生成电路如图 12.2 所示。扩充存储器的片选信号的译码电路如图 12.3 所示。实验 I/O 接口片选信号的译码电路如图 12.4 所示。

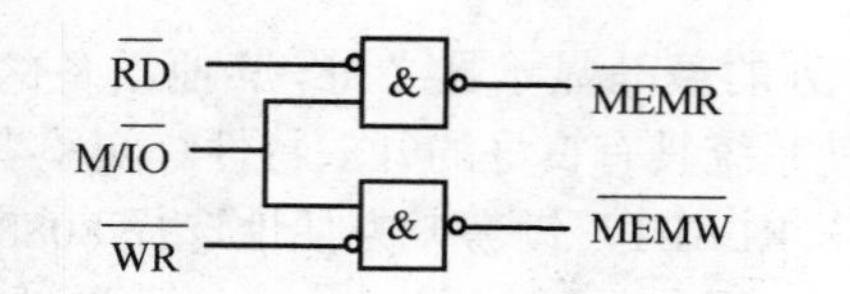

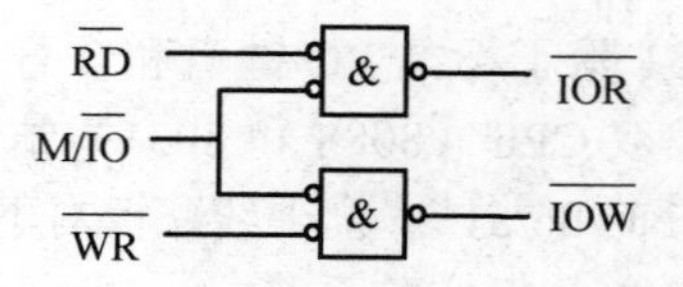

图 12.2　存储器和 I/O 读/写控制信号生成电路

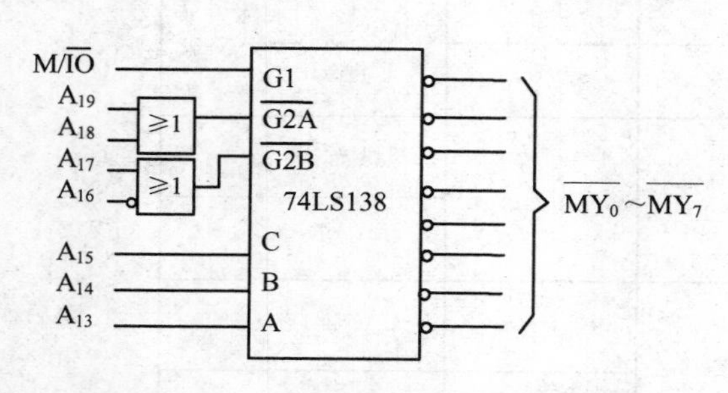

图 12.3　扩充存储器片选信号译码电路

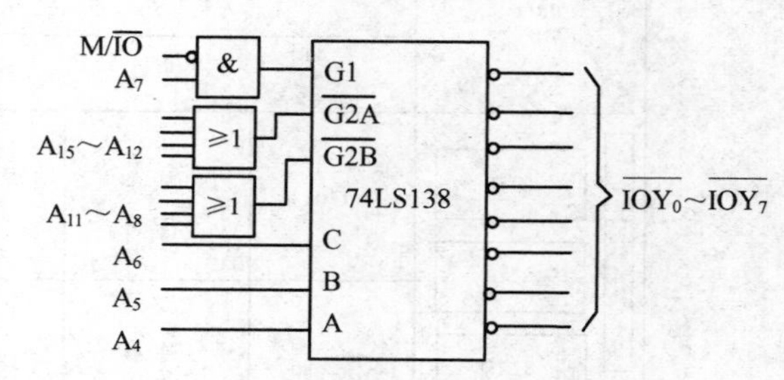

图 12.4　实验 I/O 接口片选信号译码电路

12.2　存储器扩充实验

实验台提供了一片静态 RAM（SRAM）6264 芯片，用于存储器的扩充连接和读/写实验。

6264 是一个 8K×8 位的，28 引脚的双列直插式器件，其中 A_{12}～A_0 为 13 根地址线，D_7～D_0 为 8 根数据线，$\overline{CS1}$，CS2 为 2 个芯片选择端（当 $\overline{CS1}$=0，CS2=1 时 6264 被选中），$\overline{OE}$ 为数据读选通端，$\overline{WR}$ 为写选通端。6264 的控制逻辑如表 12.3 所示。

表 12.3　SRAM 6264 控制逻辑

控制信号 / 工作方式	$\overline{CS1}$	CS2	$\overline{OE}$	$\overline{WR}$	数据线 D_7～D_0
读	0	1	0	1	输出
写	0	1	×	0	输入
非选通	1	×	×	×	高阻态
非选通	×	0	×	×	高阻态

1. 实验目的

① 熟悉 SRAM 6264 的连接和读/写应用。

② 掌握存储器片选信号的译码方式。

2. 实验内容

① 采用全译码方式连接一片 SRAM 6264 存储器芯片。

② 向 6264 存储器芯片写入 26 个英文字母数据，然后读出并显示在屏幕上，以验证存储器的读/写是否正确。

3. 实验提示

（1）硬件连接

6264 是 8KB 的存储器芯片，设定地址范围为 1000H：0000H～1000H：1FFFH，其连接

如图 12.5 所示。6264 的地址线 A_{12}～A_0 接地址总线 XA_{12}～XA_0，数据线 D_7～D_0 接数据总线 XD_7～XD_0，$\overline{OE}$ 接 $\overline{MEMR}$，$\overline{WE}$ 接 $\overline{MEMW}$，$\overline{CS1}$ 接存储器译码电路的 $\overline{MY_0}$，CS2 接+5V。

（2）编程要点

用循环程序在 6264 中写入 26 个英文字母 A～Z 的 ASCII 值 41H～5AH，最后写入“$”，作为字符串结束符号；利用 DOS 调用的 09H 号功能，把 6264 中的 26 个英文字母串在屏幕上显示出来。

实验程序参考流程如图 12.6 所示。

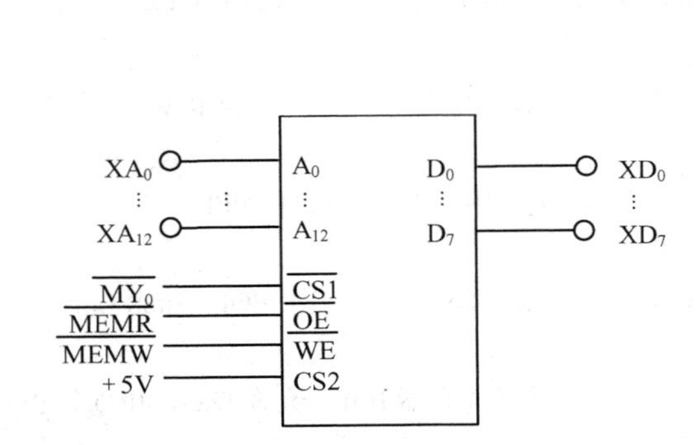

图 12.5　6264 存储器电路

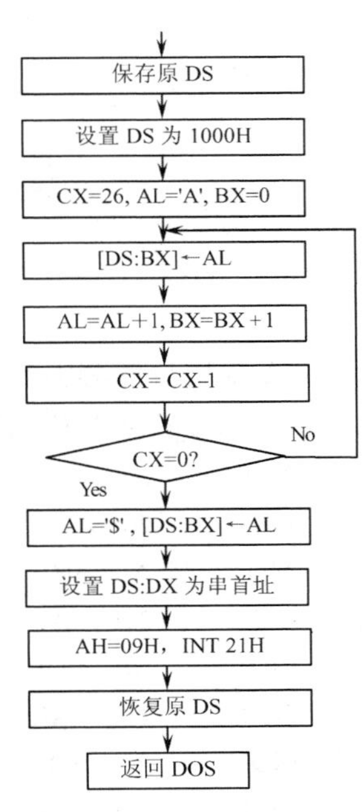

图 12.6　存储器实验程序流程

4. 实验步骤

① 参考图 12.6 流程，编写实验程序。

② 装入并运行实验程序，观察屏幕显示结果。

③ 重新设定 6264 的地址范围为 1000H：4000H～1000H：5FFFH，将 $\overline{CS1}$ 改接 $\overline{MY_2}$。

④ 修改实验程序，运行后观察屏幕显示结果。

5. 实验思考题

① 采用全译码方式，各存储器地址空间之间的关系如何？

② 如果采用线选译码方式，$\overline{CS1}$ 如何接线？各存储器地址空间之间的关系又将如何？

12.3　8259A 中断控制器实验

实验台的系统 8259A 电路如图 12.7 所示。8 个中断请求输入 IRQ_0～IRQ_7 中的部分已被实验系统使用（例如，IRQ_0 定时中断，IRQ_4 串行通信中断等），$\overline{CS}$ 已做固定连接，端口地址为 20H 和 21H。

本实验台系统 8259A 提供 IRQ_6 和 IRQ_7 给用户中断源使用，级联信号 CAS_0～CAS_2 也已引出，可供 8259A 级连实验使用，其他信号线已经与系统对应信号连接了。

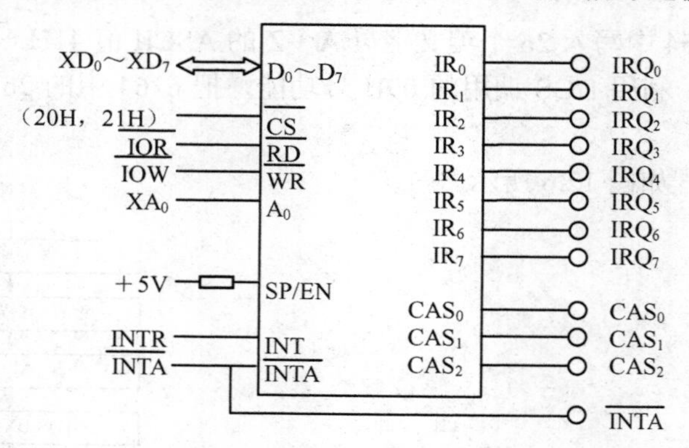

图 12.7　系统 8259A 实验电路

系统 8259A 采用全嵌套中断方式，在实验系统启动时，已经对其进行了以下初始化设置，实验程序无需对系统 8259A 初始化了。

```
MOV     AL，13H          ；设置 ICW1，单片、边沿触发、要 ICW4
OUT     20H，AL
MOV     AL，08H          ；设置 ICW2，中断类型号 08H～0FH
OUT     21H，AL
MOV     AL，0DH          ；设置 ICW4，缓冲方式、正常 EOI、8088 模式
OUT     21H，AL
MOV     AL，3DH          ；设置中断屏蔽寄存器 IMR（允许 IRQ7，IRQ6，IRQ1 中断）
OUT     21H，AL
```

实验用户在使用某个中断请求端时，需要设置中断屏蔽寄存器 IMR，清除对应的屏蔽位允许中断，或设置对应的屏蔽位屏蔽中断。以 IRQ_7 为例，允许/屏蔽 IRQ_7 中断的程序如下：

```
IN      AL，21H          ；取 IMR 的内容
AND     AL，7FH          ；把 IMR7 清零，以允许 IRQ7 中断
（OR    AL，80H          ；把 IMR7 置位，以屏蔽 IRQ7 中断 ）
OUT     21H，AL
```

由于是正常的 EOI 中断结束方式，在中断程序结束时，需要清除中断服务寄存器 ISR 中对应的中断位，以表示完成本次中断。清除中断位的程序如下：

```
MOV     AL，20H          ；把 ISR 中对应位清除，表示本次中断响应结束
OUT     20H，AL
IRET
```

1. 实验目的

① 了解 8259A 如何设置开/关中断、实现中断屏蔽等。

② 掌握中断向量地址表的设置和中断服务程序的设计。

2. 实验内容

① 用单脉冲信号模拟外部中断源，从系统8259A的IRQ_7端申请中断（中断类型号0FH）。

② 每来一个单脉冲触发信号，中断服务程序计数，并在屏幕上显示字符“7”和1个空格。当计数到10次，则屏蔽IRQ_7中断，主程序结束。

3. 实验提示

（1）硬件连接

单脉冲信号发生电路如图12.8所示。按钮开关K每按动一次，输出端口KK+和KK−分别产生一个正、负单脉冲信号，宽度约1ms。

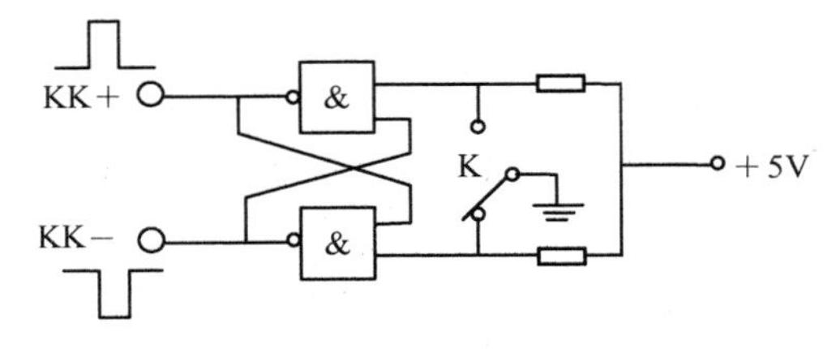

图12.8　单脉冲触发电路

实验只需将单脉冲发生器KK+输出端和系统8259A的IRQ_7输入端连接。

（2）编程要点

① IRQ_7中断类型号是0FH，其中断向量表地址是0段的003CH～003FH。

② 分别进行主程序和IRQ_7中断子程序的设计，参考流程见图12.9和图12.10。

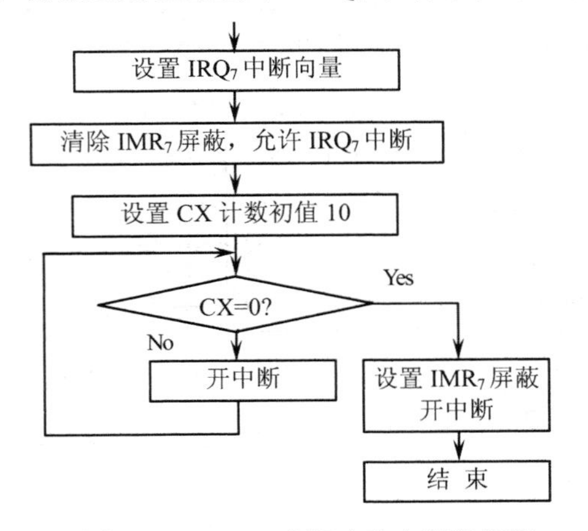

图12.9　8259A中断实验主程序流程

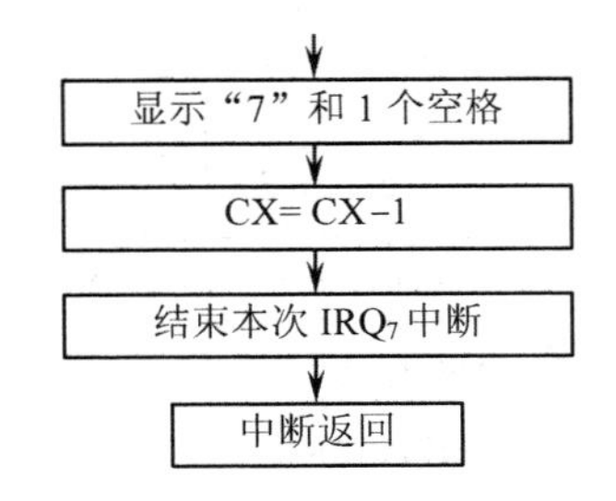

图12.10　8259A中断实验子程序流程

4. 实验步骤

① 参考图12.9和图12.10流程，分别编写主、子程序。

② 装入实验程序，启动主程序运行，多次按动单脉冲按钮K，观察屏幕显示结果。

5. 实验思考题

① 程序运行中若按下单脉冲按钮超过10次，会产生什么结果？为什么？

② 实验主程序不会自动结束，采用什么方式可以退出主程序？

③ 如果做 8259A 级连实验，主、从片如何连接？如何分别进行初始化设置？

12.4 8237A DMA 控制器实验

Intel 8237A 是一种高性能的可编程 DMA 控制器。由于 8237A 只能提供 16 位地址，MA 传输时需要在高 4 位地址线 A_{19}～A_{16} 连接下拉电阻。当 CPU 控制系统总线时，A_{19}～A_{16} 为 CPU 发出的最高 4 位地址信号，而当 8237A 控制系统总线时，A_{19}～A_{16} 恒为 0000。所以，8237A 控制的存储单元地址范围为 00000H～0FFFFH，正好是本实验台的数据区。

1. 实验目的

① 掌握 DMA 数据传输的基本原理。

② 掌握 8237A 存储器到存储器的 DMA 传输方法。

2. 实验内容

使用 8237A 实现存储器到存储器的数据传送(硬件的快速“搬家”)，将系统数据区 03000H 地址开始的 256 个字节数据传送到 04000H 地址开始的数据区中去。

3. 实验提示

（1）硬件连接

① 实验系统提供的 8237A 连接电路如图 12.11 所示，其中 74LS373 是 8237A 必须外接的锁存器，用于锁存 DMA 传送时从 DB_7～DB_0 输出的高 8 位地址 A_{15}～A_8。

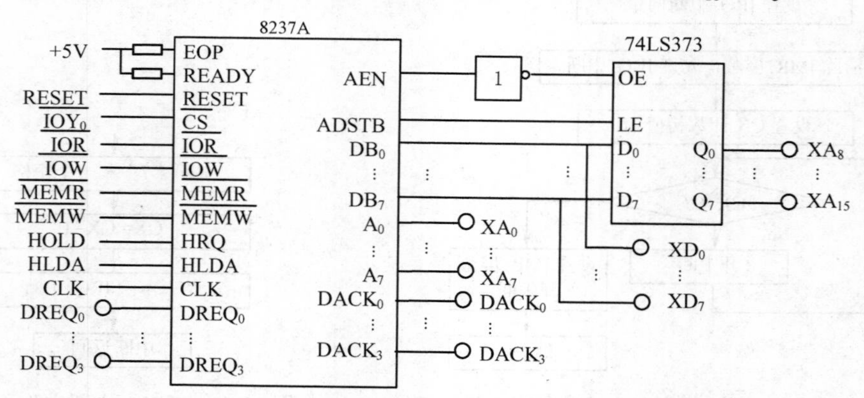

图 12.11 8237A 实验电路

② 系统已设定 8237A 的端口地址为 00H～0FH。

③ 要求 $DREQ_0$～$DREQ_3$ 接地。

（2）编程要点

① 8237A 的存储器到存储器的传送，固定使用通道 0 和通道 1。通道 0 的地址寄存器存放源地址 3000H，通道 1 的地址寄存器存放目的地址 4000H，字节计数器存放计数值 256。

② 8237A 通道的地址寄存器和字节计数器都是 16 位的。对它们写入 16 位数据，需要分

2 次实现：先写数据低 8 位，再写数据高 8 位。

③ 本实验采用通道 0 的软件请求启动 DMA 传送，在初始化设置之后，发“请求”字到请求寄存器，即开始了传送。传送完毕，8237A 自动转入空闲状态。

④ 8237A 实验参考流程如图 12.12 所示。

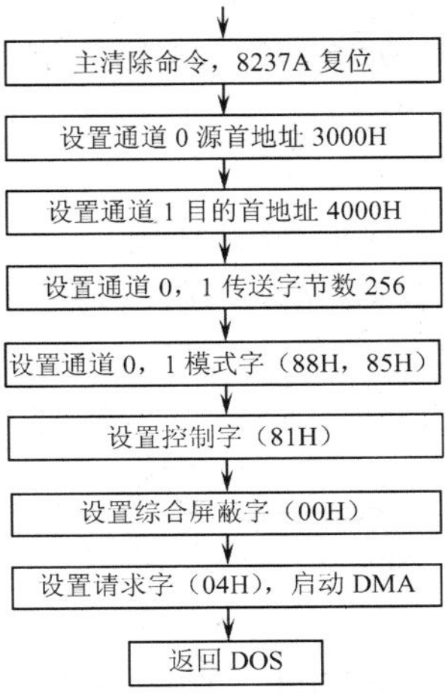

主清除命令，8237A 复位
↓
设置通道 0 源首地址 3000H
↓
设置通道 1 目的首地址 4000H
↓
设置通道 0，1 传送字节数 256
↓
设置通道 0，1 模式字（88H，85H）
↓
设置控制字（81H）
↓
设置综合屏蔽字（00H）
↓
设置请求字（04H），启动 DMA
↓
返回 DOS

图 12.12　8237A 实验参考流程

4. 实验步骤

① 编制一个循环程序：在 03000H 数据区写入 256 个“A”字符；运行该循环程序。

② 装入并运行 8237A 实验程序。

③ DMA 传送结束后，在存储器窗口观察 04000H 数据区的实验结果数据。

5. 实验思考题

① DMA 控制器 8237A 的地址线为什么是双向的？

② 本实验如果采用硬件请求启动 DMA 传送，其软、硬件设计要做什么改动？

12.5　8253 定时/计数器实验

实验台 8253 的连接电路如图 12.13 所示。由于实验系统使用了 8253 的部分计数器，所以 $\overline{CS}$ 已做固定连接，端口地址为 40H～43H。

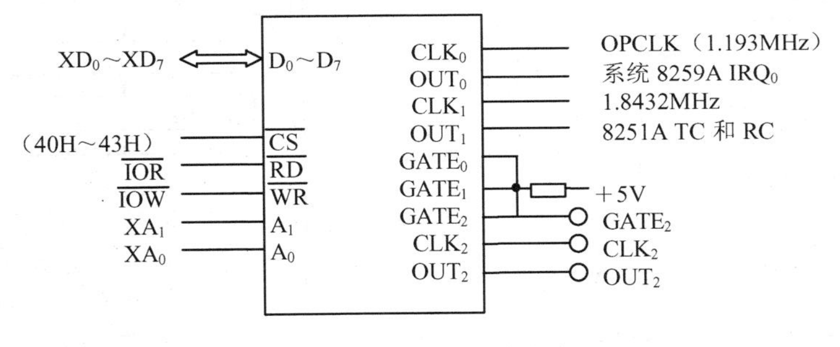

图 12.13　8253 实验电路

计数器 0 为系统 8259A IRQ_0 的定时中断源，计数器 1 为提供给实验 8251A 的发送/接收时钟源，计数器 2 的 $GATE_2$，CLK_2 和 OUT_2 可供实验用户使用。

1. 实验目的

① 掌握 8253 方式 0——事件计数中断的应用。

② 掌握 8253 方式 3——方波发生器的应用。

2. 实验内容

① 用单脉冲信号做 8253 方式 0 的计数触发信号，每来 5 个计数脉冲引发一个中断，共完成 10 次中断结束。引发的中断功能可利用上述 8259A 实验内容，即显示字符“7”和 1 个

空格。

② 用8253构造一个方波发生器（方式3），设定不同的计数常数产生变化的频率信号，驱动扬声器发出不同的蜂鸣声。

3. 实验提示

（1）硬件连接

① 8253方式0实验：把单脉冲发生器的正脉冲输出端KK+连接到8253的CLK_2，把8253的OUT_2连接到系统8259A的IRQ_7。

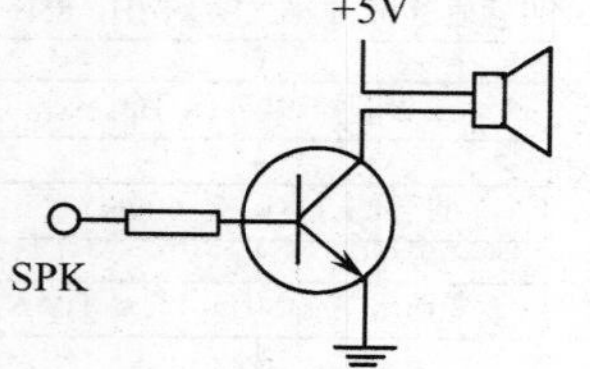

图12.14 电子发声电路

② 8253方式3实验：把系统时钟源OPCLK（1.193MHz）连接到8253的CLK_2，把8253的OUT_2连接到电子发声器（如图12.14所示）的输入端SPK。

（2）编程要点

① 8253方式0实验的主程序参考流程如图12.15所示，子程序流程与图12.10相同。

② 8253方式3实验需要组织一批（设定为16个）不同的计数数据，循环取这些数据作计数初值，产生不同频率的方波，驱动扬声器发出不同声音。每发出一种声音都必须用软件延时一段时间，否则变化的音频分辨不出来。实验参考流程如图12.16所示。

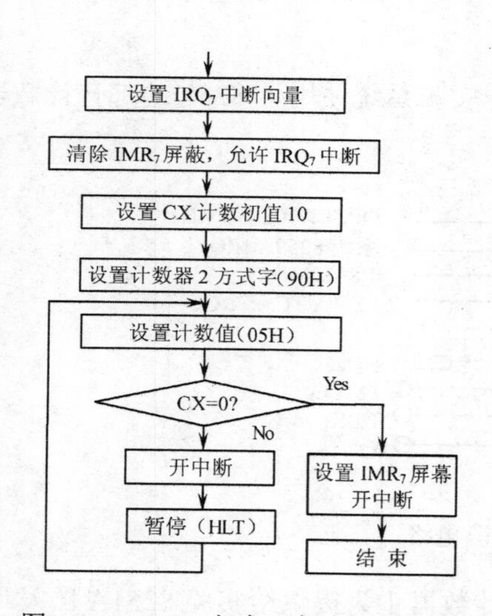

图12.15 8253方式0实验主程序流程

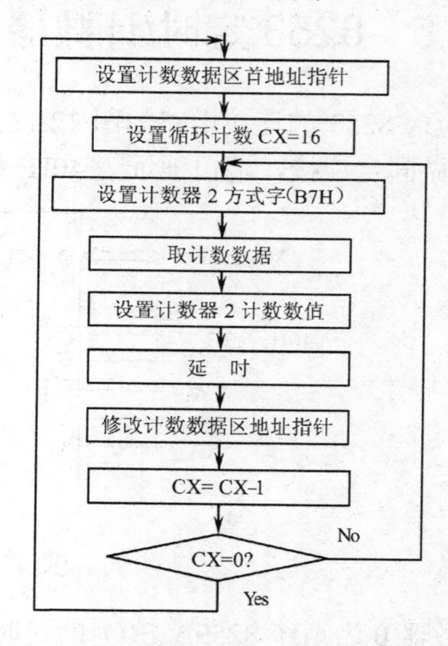

图12.16 8253方式3实验程序流程

4. 实验步骤

（1）8253方式0实验

① 把8253的计数器2按方式0实验方案接线。

② 装入方式0实验主、子程序，启动主程序运行，按动单脉冲按钮开关K，观察屏幕显示结果。

（2）8253方式3实验

① 把8253的计数器2按方式1实验方案接线。

② 装入方式 3 实验程序，启动程序运行，辨别不同的发声频率。

③ 调整设定的 16 个计数数据，使声音尽可能悦耳。

④ 调整声音间隔的软件延时参数，能够很清楚地分辨出每种声音。

5. 实验思考题

① 为什么 8253 方式 0 的计数数值每次都要重新送，而方式 3 则不需要？

② 通过 8253 方式 3 实验，你是否能理解电子音乐的音调和节拍是如何调整的？

12.6 8255A 并行接口实验

8255A 的实验是用一组输入/输出数据做无条件方式和中断方式的并行传送。8255A 的连接电路如图 12.17，提供输入/输出数据的电路如图 12.18 所示。输入数据由一组（8 个）电平开关 S_i 提供，S_i 开关闭合时 K_i 为 1，断开时 K_i 为 0。输出数据提供给一组（8 个）共阳极的发光二极管的阴极 L_i，L_i 端输入 0 时发光二极管亮，输入 1 时发光二极管灭。

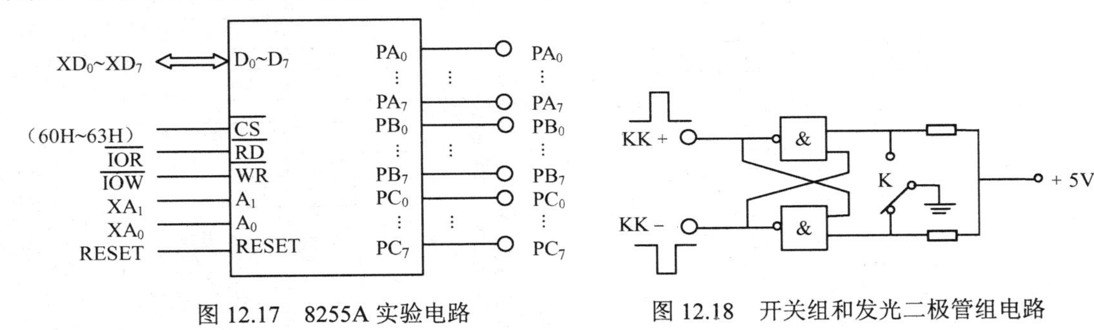

图 12.17 8255A 实验电路

图 12.18 开关组和发光二极管组电路

1. 实验目的

① 掌握 8255A 方式 0 基本输入/输出方法。

② 掌握 8255A A 方式 1 中断方式输入/输出的实现过程。

2. 实验内容

将 8 个电平开关数据输入给 8255A，用这个数据做 8 个发光二极管的阴极值输出。

① 8255A 方式 0 实验：随意拨动 8 个电平开关，用开关值控制对应发光二极管的亮/灭。

② 8255A 方式 1 实验：用单脉冲模拟输入选通信号引发中断，在中断程序中用电平开关值控制对应发光二极管的亮/灭。

3. 实验提示

（1）硬件连接

① 8255A 的 A 口作为输出，PA_7～PA_0 分别连接 8 位发光二极管的 L_7～L_0。

② 8255A 的 B 口作为输入，PB_7～PB_0 分别连接 8 位电平开关的 K_7～K_0。

③ 8255A 端口地址系统已设定为 60H～63H。

④ 8255A 方式 1 的中断实验是将单脉冲输出端 KK+接 8255A 的 PC_2，作为对 B 口的输

入选通 STB 信号，8255A 的 PC_0 接 8259A 的 IRQ_7，作为 B 口的输入中断请求信号。

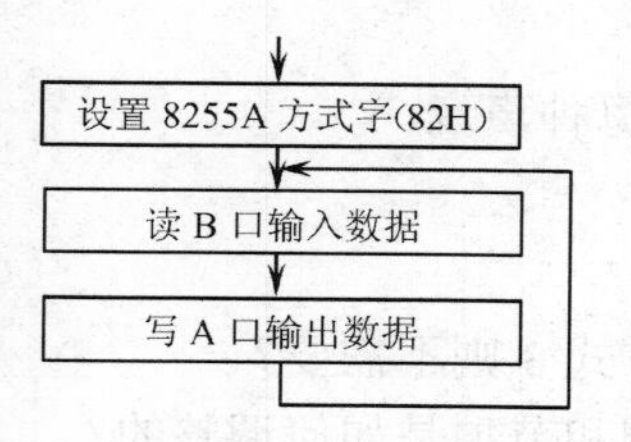

图 12.19　8255A 方式 0 实验流程

（2）编程要点

① 8255A 方式 0 实验：设置 8255A 的 A、B 端口均工作于方式 0，A 口输出，B 口输入，方式控制字为 82H。实验程序参考流程如图 12.19 所示，一直是在读 B 口，写 A 口。

② 8255A 方式 1 实验：设置 8255A 的 A 口为方式 0 的输出，B 口为方式 1 的输入，方式控制字为 A6H。由于 B 口是方式 1，需要开中断允许 $INTE_B$，即将 PC_2 置位。实验主、子程序参考流程如图 12.20 和图 12.21 所示。

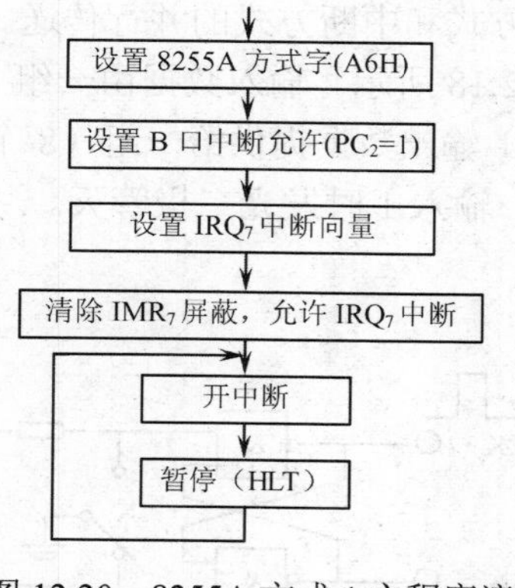

图 12.20　8255A 方式 1 主程序流程

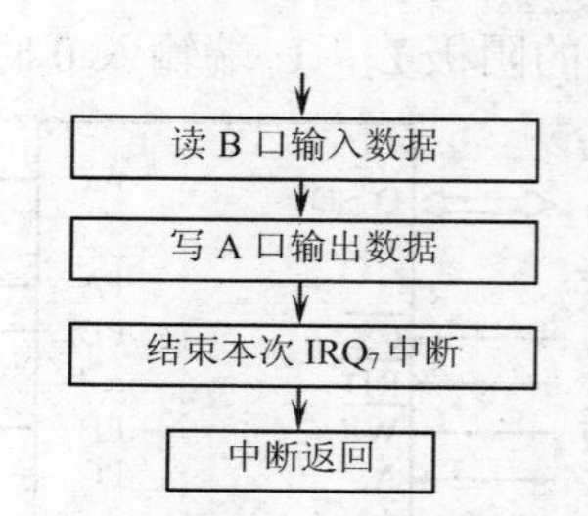

图 12.21　方式 1 中断子程序流程

4. 实验步骤

① 方式 0 实验：装载并运行图 12.19 实验程序，任意拨动开关，观察发光二极管亮/灭状态发生变化是“实时”的。

② 方式 1 实验：装载图 12.20 和图 12.21 实验程序，运行实验主程序，当输入开关拨动完成，按下产生 KK+单脉冲的按钮键，发出输入数据“准备好”信号，引发一个 IRQ_7 中断。观察发光二极管亮/灭状态发生变化是“受控”的。

注意：方式 0 和方式 1 实验程序均不会自动结束，按 Ctrl+C 控制键强制退出程序。

5. 实验思考题

比较 8255A 分别用直接、查询、中断方式并行传输数据的硬件连接和编程设计的差异。

12.7　8251A 串行接口实验

8251A 是通用的可编程串行异步/同步通信接口，其实验单元由 8251A，MCI489（TTL 到 EIA 电平转换器），MC1488（EIA 到 TTL 电平转换器），以及 RS-232C（9 针）总线接口组成，如图 12.22 所示。还必须把电源+12V，–12V 连接到实验单元。

8251A 的 RxC 和 TxC 接收 8253 计数器 1 的方波输出。参见 8253 电路图 12.13，CLK_1 接 1.8432MHz 时钟，OUT_1 要得到频率 153.6kHz，计数值为 12（000CH）。

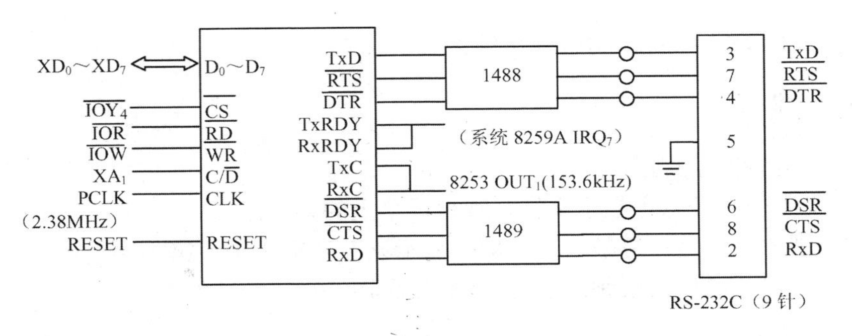

图 12.22　8251A 实验电路

如果采用中断方式通信，TxRDY 和 RxRDY 可以连接系统 8259A 的 IRQ_7 做中断请求。

1. 实验目的

① 理解串行通信的基本特性，掌握串行接口芯片与外部的连接。

② 掌握 8251A 异步通信的方法。

2. 实验内容

① 连接发送端 TxD 和接收端 RxD，构成一个自发自收的通信环路。

② 把从键盘输入的字符串行发送出去，用查询方式把串行接收到的字符显示在屏幕上。

3. 实验提示

（1）硬件连接

① 按照图 12.22 做 8251A 的基本连接，8251A 端口地址系统已设定为 C0H 和 C1H，即片选端 $\overline{CS}$ 连接 I/O 接口译码电路的 $\overline{IOY}_4$。

② 单机的自发自收通信要分别做三对连接：RxD 和 TxD，RTS 和 CTS，DTR 和 DSR。

（2）编程要点

编制查询方式的单机自发自收通信实验程序，参考流程如图 12.23 所示。

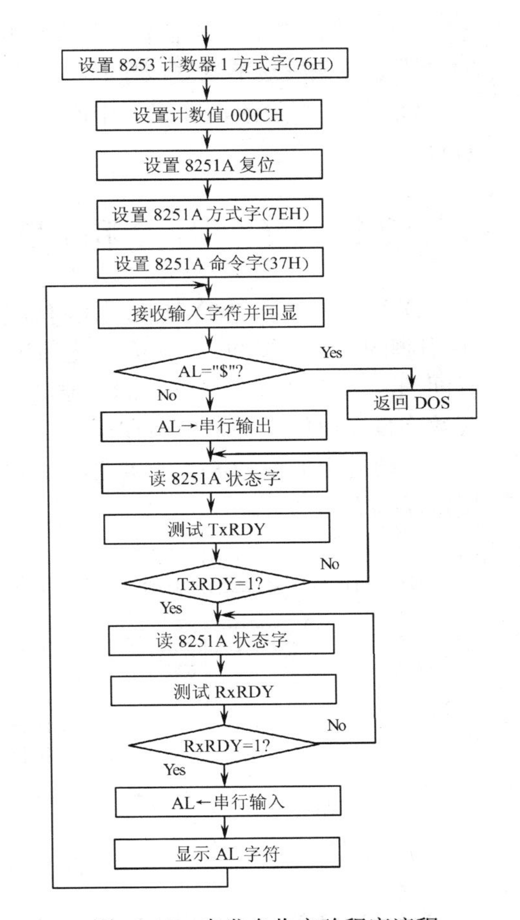

图 12.23　自发自收实验程序流程

① 8251A 方式字 7EH：波特率因子 16，数据位 8 位，偶校验，1 个停止位。

② 8251A 命令字 37H：发送和接收均允许，错误标识复位，RTS 和 DTR 为 1。

③ 一般对 8251A 端口做“OUT”操作后，要调用一个适当的软件延时子程序，以确保 8251A 硬件能完成相应操作。

④ 8251A 复位操作一般是采用对 8251A 控制端口写入 3 个 0 和 1 个 40H 的设置。

⑤ 接收输入字符并回显用 01H 号 DOS 功能调用，在屏幕显示接收的字符用 02H 号 DOS 功能调用。

⑥ 键盘敲入“$”字符，实验程序结束。

4. 实验步骤

① 装入并运行实验程序。

② 在键盘上敲入任意可显示字符，观察屏幕上的显示结果。

观察到的现象应该是：每敲入一个键，显示该键字符 2 次，第 1 次是键盘输入的回显字符，第 2 次是经串行通信接收到的字符， 2 次显示字符应相同。

5. 实验思考题

① 实验程序中的键盘输入和串行发送是“并行”还是“串行”？在键盘上快速敲入字符时会不会造成发送的堵塞或字符丢失？为什么？

② 如果实验改用双机、中断方式的串行通信，双机如何接线？试设计中断发送/接收程序。

12.8 DAC0832 和 ADC0809 实验

D/A 转换器和 A/D 转换器是将数字量与模拟量进行相互转换的器件。DAC0832 是一个 20 引脚的，带双缓冲锁存器的，电流输出型的 8 位 D/A 转换器，其精度 8 位，电流输出稳定时间 1μs。ADC0809 为一个 28 引脚的，带 8 路模拟输入的，逐次逼近型的 8 位 A/D 转换器，其数字量输出经三态输出锁存器，转换时间约 100μs。

实验台上 DAC 0832 的接法如图 12.24 所示。设定其地址为 A0H，则片选端 $\overline{CS}$ 连接 I/O 接口译码电路的 $\overline{IOY}_2$。

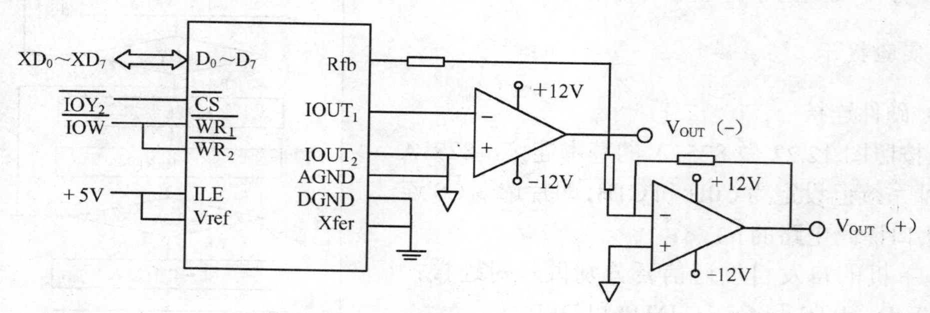

图 12.24 DAC0832 实验电路

DAC0832 的电流输出端 $IOUT_1$ 和 $IOUT_2$ 外接了 2 级运算放大器，第 1 级得到了 Vout(−) 负电压模拟量，第 2 级得到了 Vout（+）正电压模拟量。DAC0832 使用了一级缓冲锁存器方式，转换数据输出并启动 D/A 转换的指令为：

```
MOV    AL，××         ；AL 取转换数据××
OUT    0A0H，AL       ；数据送 DAC0832，启动 D/A 转换
```

实验台上 ADC0809 的接法如图 12.25 所示，设定其地址为 B0H，片选端 $\overline{CS}$ 连接 I/O 接口译码电路的 $\overline{IOY}_3$。ADC0809 的 ADDC，ADDB，ADDA 接地址总线最低 3 位 XA_2，XA_1，XA_0，其编码为所选中的模拟输入通道号，即 $IN_0 \sim IN_7$ 对应的端口地址为 B0H～B7H。EOC 转换结束信号（高电平有效）可作为中断申请信号，也可作为状态信号，供 CPU 采用中断方

式或查询方式时得知 A/D 转换已经结束，将转换好的数据读入 CPU。

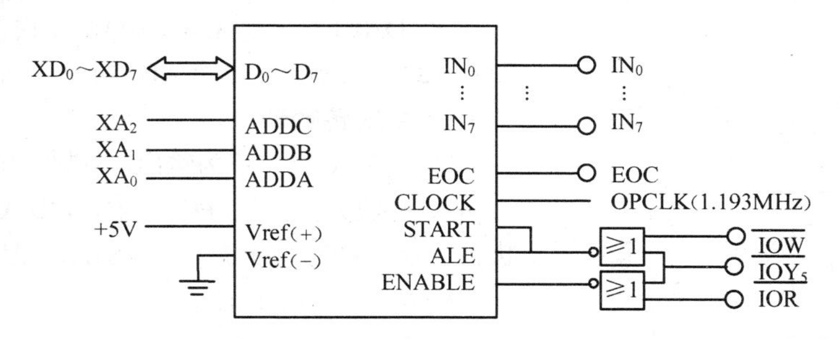

图 12.25　ADC0809 电路

模拟输入通道号的选择以及启动 A/D 转换只需一条“虚写”指令，例如：

```
OUT    0B7H，AL          ；选择 IN7，ALE 信号锁存通道号，START 信号启动 A/D 转换
```

本实验用 ADC0809 的 EOC 做转换结束的状态信号，接 8255A 的 PC_0 位输入，可通过 8255A 的 C 口地址（62H）读出查询。读 EOC 状态信号并测试的指令如下：

```
IN          AL，62H        ；读 8255A 的 C 口
TEST        AL，01H        ；测试 PC0 位
JZ（JNZ）    ×××           ；判 ZF 标志位可得知 EOC 状态，转×××标号
```

1．实验目的

① 掌握 DAC0832 和 ADC0809 的使用方法。

② 掌握 D/A，A/D 联合转换的过程。

2．实验内容

① 使用 ADC0809 测量外部输入模拟电压，将转换结果的 8 位二进制值控制发光二极管组的亮/灭。

② 利用 DAC0832 将一组电平开关代表的数字量转换为模拟量，再通过 ADC0809 将该模拟量再转换为数字量，并送发光二极管组显示。

3．实验提示

（1）硬件连接

① ADC0809 实验：将如图 12.26 所示的可调电位器电路的 Vin 端接 ADC0809 的 IN_7 路模拟输入端（XA_2，XA_1，XA_0 编码为 111）。ADC0809 的 D_7～D_0 接 XD_7～XD_0，其转换好的数据通过 8255A 的 PA_7～PA_0 接发光二极管组的 L_7～L_0，EOC 接 8255A 的 PC_0。

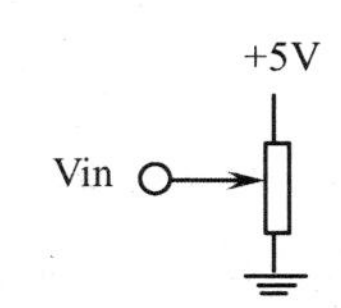

图 12.26　可调电位器电路

② DAC0832 和 ADC0809 联合实验：开关组的 K_7～K_0 接 8255A 的 PB_7～PB_0，B 口读入的开关值通过 XD_7～XD_0 接 DAC0832 的 D_7～D_0；DAC0832 的模拟输出端 Vout(+)接 ADC0809 的 IN_7 路模拟输入端，XA_2，XA_1，XA_0 编码为 111；ADC0809 的 D_7～D_0 接 XD_7～XD_0，转换好的数据通过 8255A 的 PA_7～ PA_0 接发光二极管组的 L_7～L_0，EOC 接 8255A 的 PC_0。

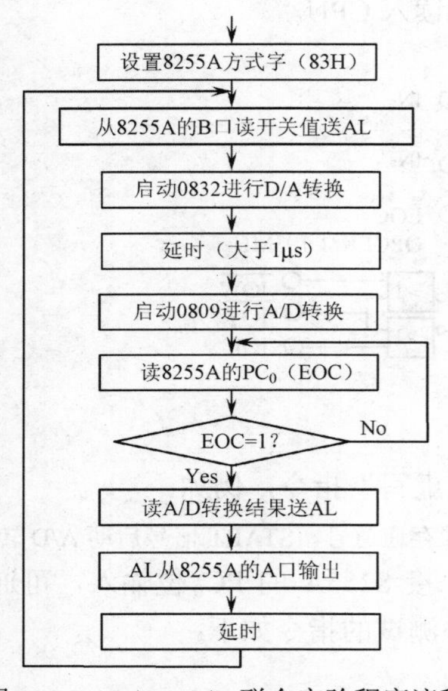

图 12.27　D/A、A/D 联合实验程序流程

（2）编程要点

① DAC0832 和 ADC0809A/D 联合实验参考流程如图 12.27 所示，单独的 ADC0809 实验完全可以参照其中的 A/D 转换部分。

② 8255A 的 A 口为输出，控制发光二极管组；B 口为输入，接收开关组值；PC_0 为输入，做 ADC0809 的 EOC 状态信号。8255A 的方式字为 83H，设置指令为：

```
MOV     AL，83H
OUT     63H，AL
```

4. 实验步骤

① 装入 ADC0809 实验程序运行，启动 IN_7 路进行 A/D 转换。使用电位器调节输入电压 Vin，转换完成后把结果送发光二极管组显示。观察 8 位发光二极管的亮/灭变化。不断重复上述过程。

② 装入 DAC0832 和 ADC0809 联合实验程序运行，拨动开关组，观察发光二极管组的亮/灭状态，并与开关值比较。

5. 实验思考题

① 若利用 ADC0809 的 EOC 做中断请求信号，将怎样连线？程序又将如何设计？
② 若利用 DAC0832 产生一个锯齿波或梯形波，如何设计程序？如何观察实验结果？

12.9　时间数码显示系统实验

小键盘和 LED 七段数码显示器是实验系统常用的输入/输出设备。本实验是应用多个可编程接口、小键盘和数码显示器的综合实验——电子钟显示系统。

1. 实验目的

① 了解小键盘结构，掌握读取小键盘输入的方法。
② 了解七段数码管显示数字的原理，掌握其动态显示方法。
③ 进一步掌握 8255A 的应用，掌握实时处理程序的设计。

2. 实验内容

设计使用 8255A 接口控制小键盘和数码管的一个简单的定时显示装置——电子钟。用 4 个数码管显示时间，2 位分值，2 位秒值（另有一个固定显示的“-”符号，做分值和秒值之间的分隔）。小键盘是 4×4 的 16 个键，布局如图 12.28 所示，分别为 0～9 数字键、控制计时/显示的 5 个功能键和一个留待扩展使用的 F 键。5 个功能键定义为：

0	1	2	3
4	5	6	7
8	9	C	G
S	P	E	F

图 12.28　小键盘布局

C 键（清除）——显示 00-00；
G 键（启动）——显示以××-××格式变化的分、秒值；
S 键（停止）——显示××-××不变；

P 键（设置初始值）——设置分、秒初值；

E 键（终止程序）——熄灭数码管，退出程序。

3. 实验提示

（1）硬件连接

① 8255A 的 A 口，B 口连接以共阴极 LED 显示器组成的 4 位数码显示器（B_3，B_2，B_1，B_0），A 口做数码管的段码输出，B 口（仅用低 4 位）做数码管的位码输出。8255A 的 C 口控制 4×4 小键盘，$PC_{7\sim4}$ 做小键盘的行线输出，$PC_{3\sim0}$ 做小键盘的列线输入。实验电路连接如图 12.29 所示。

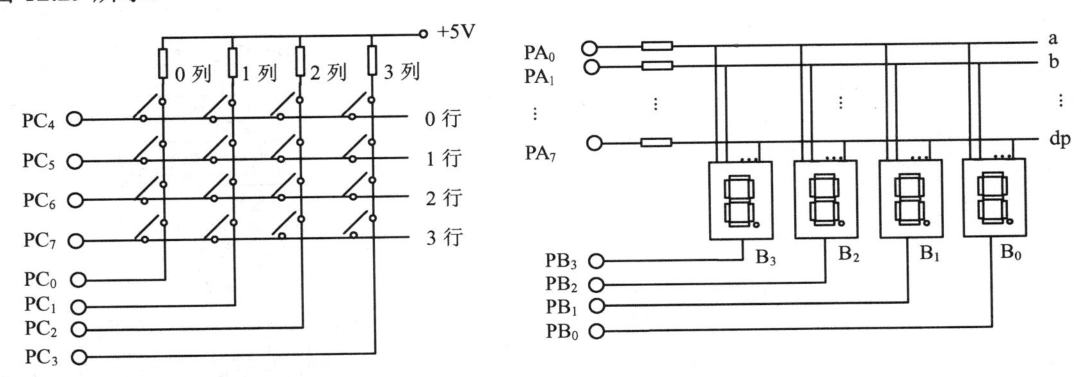

图 12.29　8255A 连接 4×4 键盘和 4 位动态 LED 显示器接口电路

② 实验系统已经用时钟源 OPCLK（1.193MHz）经 8253 的计数器 0 做方波分频，产生周期为 4ms 的时钟信号，向系统 8259A 的 IRQ_0 发定时中断信号，其连接线如图 12.13 所示。

（2）编程要点

① 实验需要编制两个程序模块：主程序和 IRQ_0 定时中断子程序。主程序参考流程如图 12.30 所示，IRQ_0 定时中断参考流程如图 12.31 所示。

② 主程序流程中“扫描键盘”程序采用行扫描法，可以参考 11.1.1 节给出的程序例。

③ 主程序流程中“从左到右显示分、秒值”程序段的处理步骤：

取一个显示数字，换成段码，从 A 口送出；

送位码（仅有 1 个 0），从 B 口送出，点亮一个数码管；

延时；

送位码（全 1），熄灭所有的显示器（避免发生闪烁）；

如果已经是最右边的数码管（CH=FEH）就结束显示过程，否则继续；

修改显示指针（+1），指向下一个要显示数字；

修改位码（CH 循环右移一位），指向下一个要点亮的数码管；

重复上述过程。

④ 实验使用的各个编程接口情况如下：

8259A 端口地址 20H～21H，IRQ_0 中断类型号 08H，中断向量表地址 20H～23H。

8253 端口地址 40H～43H，方式字为 36H，CLK_0 接 1.193MHz 时钟，OUT_0 要得到 4ms 周期的时钟，计数值为 1193×4。

8255A 端口地址 60H～63H，方式字为 81H。

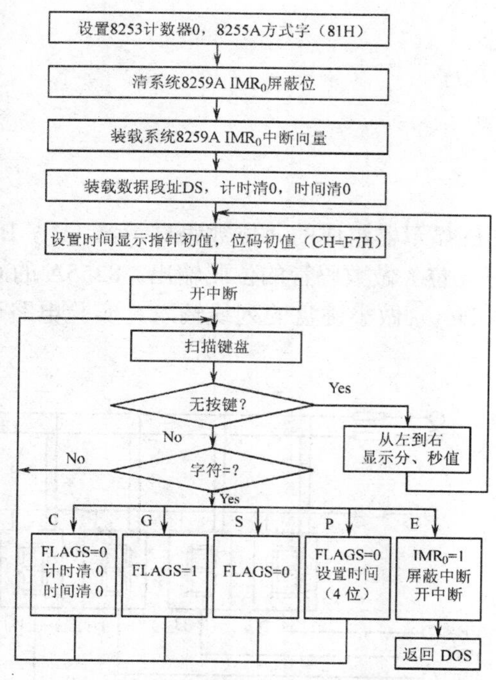

图 12.30　电子钟实验主程序流程

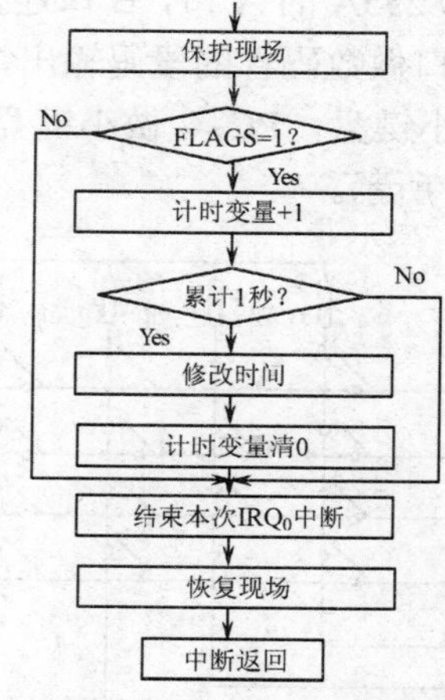

图 12.31　电子钟定时中断子程序流程

⑤ 实验程序要建立两张表：一个是按行、列顺序排列的 16 个键对应的键码值表 Keytbl，通过查表能换成按键的键码；另一个是 0～9 数字的七段显示段码值表 Tabel，显示的每位分/秒数据通过查表能换成对应的段码。对于这两张表，查表换码的程序流程：

→设置 DS：BX 为表首址→设置 AL 为查表的序号（0，1，2，…）→用“XLAT”指令得到换码值

⑥ 实验程序设置一个逻辑变量 FLAGS，FLAGS=1，正常计时，FLAGS=0，停止计时；设置一个计时变量 TIMES，累计定时中断的次数，满 1 秒时，TIMES 清 0 并修改时间单元。2 位分值（2 字节）和 2 位秒值（2 字节）的时间单元（共 4 字节）在计时满 1 秒时，秒值+1；当 2 位秒值是 60 秒时，秒值清 0 并分值+1；当 2 位分值是 60 分时，秒值、分值均清 0。

⑦ 实验程序的数据段（设定为 DS 段）组织如下：

```
DATA    SEGMENT
Tabel   DB  3FH，06H，5BH，4FH，66H，6DH，7DH，07H，7FH，6FH  ；0～9 共阴极段码表
Keytbl  DB  '0123456789CGSPEF'    ；16 个按键的编码表
Dismem  DB  4  DUP（？）           ；4 个字节的分、秒值时间单元
FLAGS   DB  ？                     ；逻辑变量单元，=1 计时，=0 不计时
TIMES   DB  ？                     ；计时变量单元，+1 计数，=250 为满 1 秒钟（4ms×250）
DATA    ENDS
```

4. 实验步骤

① 装载实验程序并运行，使用键盘各个功能键，观察是否得到所设计的功能要求。

② 调整延时参数，得到较理想的显示效果。

5. 实验思考题

① 在“扫描键盘”和“显示时间”中有多个延时程序段，请分析它们的作用。

② 若采用线反转法扫描键盘，请设计“扫描键盘”程序流程。

附录 A 8086/8088 指令系统表

符号说明

r：	8 位或 16 位寄存器	prt：	8 位 I/O 端口地址
r8/r16：	8/16 位寄存器	lab：	标号
a：	8 位或 16 位累加器（AL 或 AX）	prc：	过程名
rs：	段寄存器（CS 或 DS 或 ES 或 SS）	n：	中断类型号（0～255）
F：	状态寄存器	∧：	逻辑与运算符
i：	8 位或 16 位立即数	∨：	逻辑或运算符
i6/i8/i16：	6/8/16 位立即数	⊕：	逻辑异或运算符
m：	内存字节或字单元		
m8/m16/m32：	内存字节/字/双字单元		

类　型	指令格式	指令操作	备　注
数据传送类	MOV r，r MOV r，m MOV m，r MOV r，i MOV m，i MOV rs，r16 MOV r16，rs MOV rs，m16 MOV m16，rs	r←r r←（m） m←r r←i m←i rs←r16 r16←rs rs←（m16） m16←rs	除了 POPF 和 SAHF 之外，均不影响所有标志位
	LEA r16，m16	r16←（m16）的偏移地址	
	LDS r16，m32	r16←（m32），DS←（m32+2）	
	LES r16，m32	r16←（m32），ES←（m32+2）	
	PUSH r16 PUSH rs PUSH m16	SP←SP−2，（SP+1，SP）←r16 SP←SP−2，（SP+1，SP）←rs SP←SP−2，（SP+1，SP）←（m16）	
	POP r16 POP rs（除 CS 外） POP m16	r16←（SP+1，SP），SP←SP+2 rs←（SP+1，SP），SP←SP+2 m16←（SP+1，SP），SP←SP+2	
	PUSHF	SP←SP−2，（SP+1，SP）←F	
	POPF	F←（SP+1，SP），SP←SP+2	
	LAHF	AH←F 的 0～7 位	
	SAHF	F 的 0～7 位←AH	
	XLAT	AL←（BX+AL）	
	XCHG r，r XCHG r，m	r←→r r←→（m）	
	IN a，prt IN a，DX	AL/AX←（prt） AL/AX←（DX）	
	OUT prt，a OUT DX，a	（prt）←AL/AX （DX）←AL/AX	

续表

类　型	指令格式	指令操作	备　注
算术运算类	ADD r，r	r←r+r	影响状态标志位（SF，ZF，CF，AF，OF，PF），不影响控制标志位（IF，DF，TF）
	ADD r，m	r←r+（m）	
	ADD m，r	m←（m）+r	
	ADD r，i	r←r+i	
	ADD m，i	m←（m）+i	
	ADC r，r	r←r+r+CF	
	ADC r，m	r←r+（m）+CF	
	ADC m，r	m←（m）+r+CF	
	ADC r，i	r←r+i+CF	
	ADC m，i	m←（m）+i+CF	
	INC r	r←r+1	
	INC m	m←（m）+1	
	SUB r，r	r←r–r	
	SUB r，m	r←r–（m）	
	SUB m，r	m←（m）–r	
	SUB r，i	r←r–i	
	SUB m，i	m←（m）–i	
	SBB r，r	r←r–r–CF	
	SBB r，m	r←r–（m）–CF	
	SBB m，r	m←（m）–r–CF	
	SBB r，i	r←r–i–CF	
	SBB m，i	m←（m）–i–CF	
	DEC r	r←r–1	
	DEC m	m←（m）–1	
	CMP r，r	r–r	
	CMP r，m	r–（m）	
	CMP m，r	（m）–r	
	CMP r，i	r–i	
	CMP m，i	（m）–i	
	NEG r	r←0–r	
	NEG m	m←0–（m）	
	MUL r8	AX←AL*r8	
	MUL r16	DX，AX←AX*r16	
	MUL m8	AX←AL*（m8）	
	MUL m16	DX，AX←AX*（m16）	
	IMUL r8	AX←AL*r8	
	IMUL r16	DX，AX←AX*r16	
	IMUL m8	AX←AL*（m8）	
	IMUL m16	DX，AX←AX*（m16）	
	DIV r8	AL←AL/r8，AH←余数	
	DIV r16	AX←（DX，AX）/r16，DX←余数	
	DIV m8	16AL←AX/（m8），AH←余数	
	DIV m16	AX←（DX，AX）/（m16），DX←余数	
	IDIV r8	AL←AL/r8，AH←余数	
	IDIV r16	AX←DX，AX/r16，DX←余数	
	IDIV m8	AL←AX/（m8），AH←余数	
	IDIV m16	AX←DX，AX/（m16），DX←余数	
	CBW	如果 AL<0，则 AH←FFH，否则 AH←0OH	不影响所有标志位
	CWD	如果 AX<0，则 DX←FFFFH，否则 DX←0000H	

续表

类型	指令格式	指令操作	备注
BCD码调整类	DAA	如果（AL∧0FH）>09H 或 AF=1，则 AL←AL+06 如果（AL∧F0H）>90H 或 CF=1，则 AL←AL+60H	影响状态标志位 DAA 和 DAS 用于组合 BCD 码的调整，其他用于非组合 BCD 码的调整 AAM 用于 MUL 指令之后 AAD 则用于 DIV 指令之前
	DAS	如果（AL∧0FH）>09H 或 AF=1，则 AL←AL−06 如果（AL∧F0H）>90H 或 CF=1，则 AL←AL−60H	
	AAA	如果（AL∧0FH）>09H 或 AF=1 则 AH←AH+1，AL←（AL+6）∧0FH	
	AAS	如果（AL∧0FH）>09H 或 AF=1， 则 AH←AH-1，AL←（AL−6）∧0FH	
	AAM	AH←（AL/10）的整数，AL←（AL/10）的余数	
	AAD	AL←AH*10+AL，AH←0	
逻辑运算类	AND r，r AND r，m AND m，r AND r，i AND m，i	r←r∧r r←r∧（m） m←（m）∧r r←r∧i m←（m）∧i	影响状态标志位 （CF=0，OF=0）
	TEST r，r TEST r，m TEST m，r TEST r，i TEST m，i	r∧r r∧（m） （m）∧r r∧i （m）∧i	
	OR r， OR r，m OR m， OR r， OR m，i	r←r∨r r←r∨（m） m←（m）∨r r←r∨i m←（m）∨i	
	XOR r，r XOR r，m XOR m，r XOR r，i XOR m，i	r←r⊕r r←r⊕（m） m←（m）⊕r r←r⊕i m←（m）⊕i	
	NOT r NOT m	r←r 取反 m←（m）取反	不影响所有标志位
逻辑移位类	SHL/SAL r，1 SHL/SAL r，CL SHL/SAL m，1 SHL/SAL m，CL	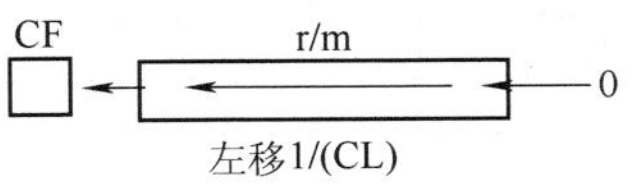 CF ← r/m ← 0 左移1/(CL)	影响状态标志位
	SHR r，1 SHR r，CL SHR m，1 SHR m，CL	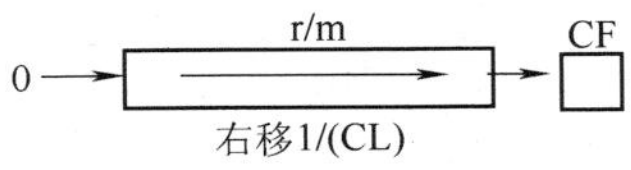 0 → r/m → CF 右移1/(CL)	
	SAR r，1 SAR r，CL SAR m，1 SAR m，CL	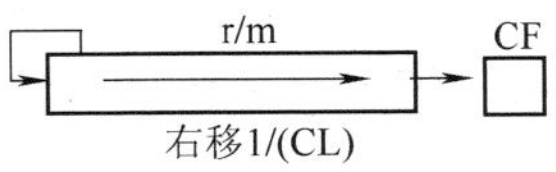 r/m → CF 右移1/(CL)	

续表

类型	指令格式	指令格式	备注
逻辑移位类	ROL r，1 ROL r，CL ROL m，1 ROL m，CL	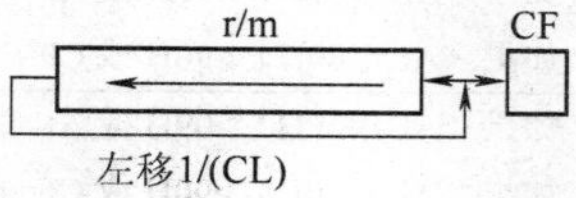 r/m → CF 左移1/(CL)	仅影响 CF，OF 状态标志位
	ROR r，1 ROR r，CL ROR m，1 ROR m，CL	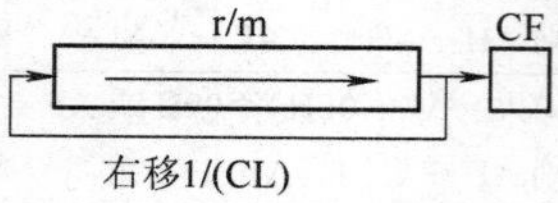 r/m → CF 右移1/(CL)	
	RCL r，1 RCL r，CL RCL m，1 RCL m，CL	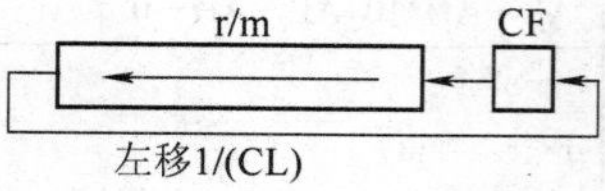 r/m ← CF 左移1/(CL)	
	RCR r，1 RCR r，CL RCR m，1 RCR m，CL	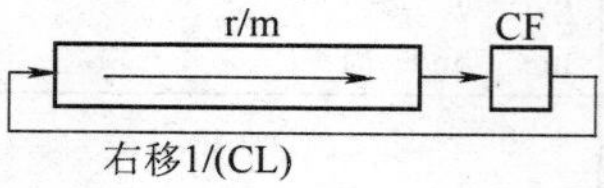 r/m → CF 右移1/(CL)	
串操作类	MOVS src，dst MOVSB MOVSW	（ES：DI）←（DS：SI）， DI←DI±1/2，SI←SI±1/2	除了 CMPS 和 SCAS 影响状态标志位外，其他均不影响所有标志位 DF=0，相应指针加 1 或加 2， DF=1，相应指针减 1 或减 2
	LODS src LODSB LODSW	AL/AX←（DS：SI），SI←SI±1/2	
	STOS dst STOSB STOSW	（ES：DI）←AL/AX，DI←DI±1/2	
	CMPS src，dst CMPSB CMPSW	（DS：SI）－（ES：DI）， DI←DI±1/2，SI←SI±1/2	
	SCAS dst SCASB SCASW	AL/AX－（ES：DI）， DI←DI±1/2， SI←SI±1/2	
	REP REPZ/REPE REPNZ/REPNE	如果 CX≠0，则重复串操作，CX←CX－1 如果 CX≠0 且 ZF=1，则重复串操作，CX←CX－1 如果 CX≠0 且 ZF=0，则重复串操作，CX←CX－1	
无条件转移类	JMP SHORT lab（短转） JMP lab （近转） JMP lab （远转） JMP r16 JMP m16 JMP m32	IP←OFFSET lab IP←OFFSET lab IP←OFFSET lab， CS←SEG lab IP←r16 IP←（m16） IP←（m32）， CS←（m32+2）	不影响所有标志位

续表

类型	指令格式	指令操作	备注
有条件转移类	JAE/JNB lab JNC lab	如果 CF=0，则 IP←OFFSET lab，否则 IP←IP+2	不影响所有标志位 转移目标地址必须在 –128～+127 范围内
	JB/JNAE lab JC lab	如果 CF=1，则 IP←OFFSET lab，否则 IP←IP+2	
	JNZ/JNE lab	如果 ZF=0，则 IP←OFFSET lab，否则 IP←IP+2	
	JZ/JE lab	如果 ZF=1，则 IP←OFFSET lab，否则 IP←IP+2	
	JNS lab	如果 SF=0，则 IP←OFFSET lab，否则 IP←IP+2	
	JS lab	如果 SF=1，则 IP←OFFSET lab，否则 IP←IP+2	
	JNP/JPO lab	如果 PF=0，则 IP←OFFSET lab，否则 IP←IP+2	
	JP/JPE lab	如果 PF=1，则 IP←OFFSET lab，否则 IP←IP+2	
	JNO lab	如果 OF=0，则 IP←OFFSET lab，否则 IP←IP+2	
	JO lab	如果 OF=1，则 IP←OFFSET lab，否则 IP←IP+2	
	JA/JNBE lab	如果（CF∨ZF）=0，则 IP←OFFSET lab 否则 IP←IP+2	
	JBE/JNA lab	如果（CF∨ZF）=1，则 IP←OFFSET lab 否则 IP←IP+2	
	JGE/JNL lab	如果（SF⊕OF）=0，则 IP←OFFSET lab 否则 IP←IP+2	
	JL/JNGE lab	如果（SF⊕OF）=1，则 IP←OFFSET lab 否则 IP←IP+2	
	JG/JNLE lab	如果（（SF⊕OF）∨ZF）=0 则 IP←OFFSET lab，否则 IP←IP+2	
	JLE/JNG lab	如果（（SF⊕OF）∨ZF）=1 则 IP←OFFSET lab，否则 IP←IP+2	
	JCXZ lab	如果 CX=0，则 IP←OFFSET lab 否则 IP←IP+2	
	LOOP lab	CX←CX–1，如果 CX≠0 则 IP←OFFSET lab，否则 IP←IP+2	
	LOOPE/LOOPZ lab	CX←CX–1，如果 CX≠0 且 ZF=1 则 IP←OFFSET lab，否则 IP←IP+2	
	LOOPNE/LOOPNZ lab	CX←CX–1，如果 CX≠0 且 ZF=0 则 IP←OFFSET lab，否则 IP←IP+2	
过程调用和返回类	CALL prc （段内） CALL r16 （段内） CALL m16 （段内） CALL prc （段间） CALL m32 （段间）	SP←SP–2，（SP+1，SP）←IP，IP←OFFSET prc SP←SP–2，（SP+1，SP）←IP，IP←r16 SP←SP–2，（SP+1，SP）←IP，IP←（m16） SP←SP–2，（SP+1，SP）←CS，CS←SEG prc SP←SP–2，（SP+1，SP）←IP，IP←OFFSET prc SP←SP–2，（SP+1，SP）←CS，CS←（m32+2） SP←SP–2，（SP+1，SP）←IP，IP←（m32）	不影响所有标志位
	RET （段内） RET val （段内） RET （段间） RET val （段间）	IP←（SP+1，SP），SP←SP+2 IP←（SP+1，SP），SP←SP+2+val IP←（SP+1，SP），SP←SP+2 CS←（SP+1，SP），SP←SP+2 IP←（SP+1，SP），SP←SP+2 CS←（SP+1，SP），SP←SP+2+val	

续表

类　型	指令格式	指令操作	备　注
软件中断和返回类	INT n	SP←SP−2，（SP+1，SP）←F，IF←0，TF←0 SP←SP−2，（SP+1，SP）←CS，CS←（n*4+2） SP←SP−2，（SP+1，SP）←IP，IP←（n*4）	除 IF=0，TF=0 外，不影响其他标志位
	INTO	如果 OF=1 则 SP←SP−2，（SP+1，SP）←F，IF←0，TF←0 SP←SP−2，（SP+1，SP）←CS，CS←（00012H） SP←SP−2，（SP+1，SP）←IP，IP←（00010H） 否则 IP←IP+1	
	IRET	IP←（SP+1，SP），SP←SP+2 CS←（SP+1，SP），SP←SP+2 F←（SP+1，SP），SP←SP+2	
处理器控制类	STC	CF←1	不影响标志位
	CMC	CF←CF 取反	
	CLD	DF←0	
	STD	DF←1	
	CLI	IF←0	
	STI	IF←1	
	LOCK	封锁总线前缀	
	WAIT	等待外同步（TEST）信号	
	ESC i6，m ESC i6，r	数据总线←（m） 数据总线←r	
	HLT	CPU 暂停（动态）	
	NOP	空操作	

附录 B　BIOS 中断调用表

INT	AH	功　能	调 用 参 数	返 回 参 数
10	0	设置显示方式	AL=00 40×25 黑白方式 =01 40×25 彩色方式 =02 80×25 黑白方式 =03 80×25 彩色方式 =04 320×200 彩色图形方式 =05 320×200 黑白图形方式 =06 640×200 黑白图形方式 =07 80×25 单色文本方式 =08 160×200 16 色图形（PC jr） =09 320×200 16 色图形（PC jr） =0A 640×200 16 色图形（PC jr） =0B 保留（EGA） =0C 保留（EGA） =0D 320×200 彩色图形（EGA） =0E 640×200 彩色图形（EGA） =0F 640×350 黑白图形（EGA） =10 640×350 彩色图形（EGA） =11 640×480 单色图形（EGA） =12 640×480 16 色图形（EGA） =13 320×200 256 色图形（EGA） =40 80×30 彩色文本（CGE400） =41 80×50 彩色文本（CGE400） =42 640×400 彩色文本（CGE400）	
10	1	置光标类型	（CH）0～3=光标起始行 （CL）0～3=光标结束行	
10	2	置光标位置	BH=页号 DH，DL=行，列	
10	3	读光标位置	BH=页号	CH=光标起始行 DH，DL=行，列
10	4	读光笔位置		AH=0 光笔未触发 =1 光笔触发 CH=像素行，BX=像素列 DH=字符行，DL=字符列
10	5	置显示页	AL=页号	
10	6	屏幕初始化或上卷	AL=上卷行数 AL=0 整个窗口空白 BH=卷入行属性 CH，CL =左上角行，列号 DH，DL =右下角行，列号	
10	7	屏幕初始化或下卷	AL=下卷行数 AL=0 整个窗口空白 BH=卷入行属性 CH，CL =左上角行，列号 DH，DL =右下角行，列号	
10	8	读光标位置的字符和属性	BH=显示页	AH=属性 AL=字符

续表

INT	AH	功　能	调 用 参 数	返 回 参 数
10	9	光标位置显示字符及其属性	BH=显示页 BL=属性 AL=字符 CX=字符重复次数	
10	A	在光标位置显示字符	BH=显示页 AL=字符 CX=字符重复次数	
10	B	置彩色调板 （320×200 图形）	BH=彩色调板 ID BL=和 ID 配套使用的颜色	
10	C	写像素	DX=行（0～199） CX=列（0～639） AL=像素值	AL=像素值
10	D	读像素	DX=行（0～199） CX=列（0～639）	
10	E	显示字符（光标前移）	AL=字符 BL=前景色	
10	F	取当前显示方式		AH=字符列数，AL=显示方式
10	13	显示字符串 （适用 AT）	ES：BP=串地址，CX=串长度 BH=页号，DH，DL=起始行，列 AL=0，BL=属性， 　串：char，char，… AL=1，BL=属性， 　串：char，char，… AL=2， 　串：char，attr，char，attr，… AL=3， 　串：char，attr，char，attr，…	光标返回起始位置 光标跟随移动 光标返回起始位置 光标跟随移动
11		设备检验		AX=返回值 bit0=1，配有磁盘 bit1=1，80287 协处理器 bit4，5=01，40×25BW（彩色板） 　　=10，80×25BW（彩色板） 　　=11，80×25BW（黑白板） bit6，7=软盘驱动器号 bit9，10，11=RS-232 板号 bit12=游戏适配器 bit13=串行打印机 bit14，15=打印机号
12		测定存储器容量		AX=字节数（KB）
13	0	软盘系统复位	DL=驱动器号	
13	1	读软盘状态	DL=驱动器号	AL=状态字节
13	2	读磁盘	AL=扇区数 CH，CL=磁道号，扇区号 DH，DL=磁头号，驱动器号 ES：BX=数据缓冲区地址	读成功：AH=0 　　AL=读取的扇区数 读失败：AH=出错码
13	3	写磁盘	同上	写成功：AH=0 　　AL=写入的扇区数 写失败：AH=出错码

续表

INT	AH	功　能	调 用 参 数	返 回 参 数
13	4	检验磁盘扇区	同上（ES：BX 不设置）	成功：AH=0 AL=检验的扇区数 失败：AH=出错码
13	5	格式化盘磁道	ES：BX=磁道地址	成功：AH=0 失败：AH=出错码
14	0	初始化串行通信口	AL=初始化参数 DX=通信口号（0，1）	AH=通信口状态 AL=调制解调器状态
14	1	向串行通信口写字符	AL=字符 DX=通信口号（0，1）	写成功：（AH）7=0 写失败：（AH）7=1 （AH）0～6=通信口状态
14	2	从串行通信口读字符	DX=通信口号（0，1）	读成功：（AH）7=0 AL=字符 读失败：（AH）7=1 （AH）0～6=通信口状态
14	3	取通信口状态	DX=通信口号（0，1）	AH=通信口状态 AL=调制解调器状态
15	0	启动盒式磁带电动机		失败：AH=出错码
15	1	停止盒式磁带电动机		失败：AH=出错码
15	2	磁带分块读	ES：BX=数据传输区地址 CX=字节数	AH 为状态字节 AH=00 读成功 =01 冗余检验错 =02 无数据传输 =04 无引导 =80 非法命令
15	3	磁带分块写	DS：BX=数据传输区地址 CX=字节数	AH 为状态字节 （同上）
16	0	从键盘读字符		AH=扫描码 AL=字符码
16	1	读键盘缓冲区字符		AH=扫描码 ZF=0，　AL=字符码 ZF=1，缓冲区空
16	2	取键盘状态字节		AL=键盘状态字节
17	0	打印字符回送状态字节	AL=字符 DX=打印机号	AH=打印机状态字节
17	1	初始化打印机回送状态字节	DX=打印机号	AH=打印机状态字节
17	2	取打印机状态字节	DX=打印机号	AH=打印机状态字节
1A	0	读时钟		CH：CL=时：分 DH：DL=秒：1/100 秒
1A	1	置时钟	CH：CL=时：分 DH：DL=秒：1/100 秒	
1A	2	读实时钟（适用 AT）		CH：CL=时：分（BCD） DH：DL=秒：1/100 秒（BCD）
1A	6	置报警时间（适用 AT）	CH：CL=时：分（BCD） DH：DL=秒：1/100 秒（BCD）	
1A	7	清除报警（适用 AT）		

附录C　DOS功能调用（INT 21H）表

AH	功　能	调 用 参 数	返 回 参 数
00	程序终止（同 INT 20H）	CS=程序段前缀	
01	键盘输入并回显		AL=输入字符
02	显示输出	DL=输出字符	
03	异步通信输入		AL=输入字符
04	异步通信输出	DL=输出数据	
05	打印机输出	DL=输出字符	
06	直接控制台 I/O	DL=FF（输入） DL=字符（输出）	AL=输入字符
07	键盘输入（无回显）		AL=输入字符
08	键盘输入（无回显） 检测 Ctrl-Break		AL=输入字符
09	显示字符串	DS：DX=串地址 （$ 为串结束字符）	
0A	键盘输入到缓冲区	DS：DX=缓冲区首地址 （DS：DX）=缓冲区最大字符数	（DS：DX+1）=实际输入字符数
0B	检验键盘状态		AL=00 有输入 =FF 无输入
0C	清除输入缓冲区并请求指定的输入功能	AL=输入功能号（1，6，7，8，A）	
0D	磁盘复位		清除文件缓冲区
0E	指定当前默认磁盘驱动器	DL=驱动器号　0=A，1=B，…	AL=驱动器数
0F	打开文件	DS：DX=FCB 首地址	AL=00 文件找到 =FF 文件未找到
10	关闭文件	DS：DX=FCB 首地址	AL=00 目录修改成功 =FF 目录中未找到文件
11	查找第一个目录项	DS：DX=FCB 首地址	AL=00 找到 =FF 未找到
12	查找下一个目录项	DS：DX=FCB 首地址 （文件名中带*或?）	AL=00 找到 =FF 未找到
13	删除文件	DS：DX=FCB 首地址	AL=00 删除成功 =FF 未找到
14	顺序读	DS：DX=FCB 首地址	AL=00 读成功 =01 文件结束，记录无数据 =02 DTA 空间不够 =03 文件结束，记录不完整
15	顺序写	DS：DX=FCB 首地址	AL=00 写成功 =01 盘满 =02 DTA 空间不够
16	建文件	DS：DX=FCB 首地址	AL=00 建立成功 =FF 无磁盘空间
17	文件改名	DS：DX=FCB 首地址 （DS：DX+1）=旧文件名 （DS：DX+17）=新文件名	AL=00 成功 =FF 未成功

续表

AH	功　能	调 用 参 数	返 回 参 数
19	取当前默认磁盘驱动器		AL=默认的驱动器号 0=A，1=B，2=C，…
1A	置 DTA 地址	DS：DX=DTA 地址	
1B	取默认驱动 FAT 信息		AL=每簇的扇区数 DS：BX=FAT 标识字符 CX=物理扇区的大小 DX=默认驱动器的簇数
1C	取任一驱动器 FAT 信息	DL=驱动器号	同上
21	随机读	DS：DX=FCB 首地址	AL=00 读成功 =01 文件结束 =02 缓冲区溢出 =03 缓冲区不满
22	随机写	DS：DX=FCB 首地址	AL=00 写成功 =01 文件结束 =02 缓冲区溢出
23	测定文件大小	DS：DX=FCB 首地址	AL=00 成功，文件长度填入 FCB =FF 未找到
24	设置随机记录号	DS：DX=FCB 首地址	
25	设置中断向量	DS：DX=中断向量 AL=中断类型号	
26	建立程序段前缀	DX=新的程序段前缀	
27	随机分块读	DS：DX=FCB 首地址 CX=记录数	AL=00 读成功 =01 文件结束 =02 缓冲区太小，传输结束 =03 缓冲区不满 CX=读取的记录数
28	随机分块写	DS：DX=FCB 首地址 CX=记录数	AL=00 写成功 =01 盘满 =02 缓冲区溢出
29	分析文件名	ES：DI=FCB 首地址 DS：SI=ASCIIZ 串 AL=控制分析标志	AL=00 标准文件 =01 多义文件 =FF 非法盘符
2A	取日期		CX=年 DH：DL=月：日（二进制）
2B	设置日期	CX：DH：DL=年：月：日	AL=00 成功 =FF 无效
2C	取时间		CH：CL=时：分 DH：DL=秒：1/100 秒
2D	设置时间	CH：CL=时：分 DH：DL=秒：1/100 秒	AL=00 成功 =FF 无效
2E	置磁盘自动读写标志	AL=00 关闭标志 =01 打开标志	
2F	取磁盘缓冲区的首址		ES：BX=缓冲区首址
30	取 DOS 版本号		AH=发行号，AL=版号
31	结束并驻留	AL=返回码 DX=驻留区大小	

续表

AH	功　能	调 用 参 数	返 回 参 数
33	Ctrl+Break 检测	AL=00 取状态 =01 置状态 （DL） DL=00 关闭检测 =01 打开检测	DL=00 关闭 Ctrl-Break 检测 =01 打开 Ctrl-Break 检测
35	取中断向量		AL=中断类型号 ES：BX=中断向量
36	取空闲磁盘空间	DL=驱动器 0=默认，1=A，2=B，…	成功：AX=每簇扇区数 BX=有效簇数 CX=每扇区字节数 DX=总簇数 失败：AX=FFFF
38	置/取国家信息	DS：DX=信息区首地址	BX=国家码（国际电话前缀码） AX=错误码
39	建立子目录（MKDIR）	DS：DX=ASCII Z 串地址	AX=错误码
3A	删除子目录（RMDIR）	DS：DX=ASCII Z 串地址	AX=错误码
3B	改变当前目录（CHDIR）	DS：DX=ASCII Z 串地址	AX=错误码
3C	建立文件	DS：DX=ASCII Z 串地址 CX=文件属性	成功：AX=文件代号 失败：AX=错误码
3D	打开文件	DS：DX=ASCII Z 串地址 AL=0 读 =1 写 =2 读/写	成功：AX=文件代号 失败：AX=错误码
3E	关闭文件	BX=文件号	失败：AX=错误码
3F	读文件或设备	DS：DX=数据缓冲区地址 BX=文件号 CX=读取的字节数	读成功：AX=实际读入字节数 =0 已到文件尾 读出错：AX=错误码
40	写文件或设备	DS：DX=数据缓冲区地址 BX=文件号 CX=写入的字节数	写成功：AX=实际写入字节数 写出错：AX=错误码
41	删除文件	DS：DX=ASCII Z 串地址	成功：AX=00 失败：AX=错误码（2，5）
42	移动文件指针	BX=文件号 CX：DX=位移量 AL=移动方式（0，1，2）	成功：DX：AX=新指针位置 失败：AX=错误码
43	置/取文件属性	DS：DX=ASCII Z 串地址 AL=0 取文件属性 =1 置文件属性 CX=文件属性	成功：CX=文件属性 失败：AX=错误码
44	设备文件 I/O 控制	BX=文件代号 AL=0 取状态 =1 置状态 DX =2，4 读数据 =3，5 写数据 =6 取输入状态 =7 取输出状态	成功：DX=设备信息 失败：AX=错误码
45	复制文件号	BX=文件号 1	成功：AX=文件号 2 失败：AX=错误码

续表

AH	功　　能	调 用 参 数	返 回 参 数
46	人工复制文件号	BX=文件号 1 CX=文件号 2	成功：AX=文件号 2 失败：AX=错误码
47	取当前目录路径名	DL=驱动器号 DS：SI=ASCII Z 串地址	（DS：SI）=ASCII Z 串 失败：AX=错误码
48	分配内存空间	BX=申请内存容量	成功：AX=分配内存首址 失败：BX=最大可用空间
49	释放内存空间	ES=内存起始段地址	失败：AX=错误码
4A	调整已分配的存储块	ES=原内存起始地址 BX=再申请的容量	失败：BX=最大可用空间 AX=错误码
4B	装配/执行程序	DS：DX=ASCII Z 串地址 ES：BX=参数区首地址 AL=0 装入执行 =3 装入不执行	失败：AX=错误码
4C	带返回码结束	AL=返回码	
4D	取返回码		AX=返回代码
4E	查找第一个匹配文件	DS：DX=ASCII Z 串地址 CX=属性	AX=出错码（02，18）
4F	查找下一个匹配文件	DS：DX=ASCII Z 串地址 （文件名中带?或*）	AX=出错码（18）
54	取盘自动读写标志		AL=当前标志值
56	文件改名	DS：DX=ASCII Z 串（旧） ES：DI=ASCII Z 串（新）	AX=出错码（03，05，17）
57	置/取文件日期和时间	BX=文件号 AL=0 读取 =1 设置（DX：CX）	DX：CX=日期和时间 失败：AX=错误码
58	取/置分配策略码	AL=0 取码 =1 置码（BX） BX=策略码	成功：AX=策略码 失败：AX=错误码
59	取扩充错误码	BX=0000	AX=扩充错误码 BH=错误类型 BL=建议的操作 CH=错误场所
5A	建立临时文件	CX=文件属性 DS：DX=ASCII Z 串地址	成功：AX=文件号 失败：AX=错误码
5B	建立新文件	CX=文件属性 DS：DX=ASCII Z 串地址	成功：AX=文件号 失败：AX=错误码
5C	控制文件存取	AL=00 封锁 =01 开启 BX=文件号 CX：DX=文件位移 SI：DI=文件长度	失败：AX=错误码
62	取程序段前缀地址		BX=PSP 地址

* AH=00～2E 适用 DOS 1.0 以上版本。
AH=2F～57 适用 DOS 2.0 以上版本。
AH=58～62 适用 DOS 3.0 以上版本。

参 考 文 献

1．杨文显 等．现代微型计算机与接口教程．北京：清华大学出版社，2004

2．朱庆保，张颖超，孙燕．微机系统原理与接口．南京：南京大学出版社，2003

3．丁辉，陈书谦，朱海峰．汇编语言程序设计．北京：电子工业出版社，2003

4．李芷，杨文显．微机接口技术及其应用．北京：电子工业出版社，2002

5．朱定华．微机原理与接口技术．北京：北方交通大学出版社，2002

6．洪志全，洪学海．现代计算机接口技术．北京：电子工业出版社，2000

7．贾智平，石冰．计算机硬件技术教程——微机原理与接口技术．北京：中国水利水电出版社，1999

8．李继灿，李华贵．新编16-32位微型计算机原理及应用．北京：清华大学出版社，1997

9．戴梅萼，史嘉权．微型计算机技术及应用——从16位到32位（第二版）．北京：清华大学出版社，1996